多元视角下的云南公路

张长生　著

MULTIPLE PERSPECTIVES ON HIGHWAYS IN YUNNAN
—THE ANALECTS OF ZHANG CHANGSHENG

——张长生论集

内 容 提 要

本书收录了作者近些年来关于云南公路建设、管理研究与思考的论文，共计20篇。这些论文是作者着眼云南经济社会发展大局，在长期的工作实践中不断学习、实践、探索、创新的心得体会。作者通过理论与实践的结合，阐释了公路交通发展的一些客观规律和普遍原理，同时结合云南公路建设管理实际，对公路交通管理如何适应经济发展与社会变革、适应现代交通运输业发展等作了深入的研究和探讨。

本书涉及面广，内容丰富，观点鲜明，材料翔实，具有较强的参考借鉴价值，可供公路行业广大从业人员阅读。

图书在版编目（CIP）数据

多元视角下的云南公路 ：张长生论集 / 张长生著 . —北京 ：人民交通出版社，2013. 9

ISBN 978-7-114-10893-8

Ⅰ. ①多… Ⅱ. ①张… Ⅲ. ①道路建设—云南省—文集②公路管理—云南省—文集 Ⅳ. ①F542. 874-53

中国版本图书馆CIP数据核字（2013）第220704号

书　　名：多元视角下的云南公路——张长生论集
著 作 者：张长生
责任编辑：孙　玺　黎小东
出版发行：人民交通出版社
地　　址：（100011）北京市朝阳区安定门外外馆斜街3号
网　　址：http：//www. ccpress. com. cn
销售电话：（010）59757973
总 经 销：人民交通出版社发行部
经　　销：各地新华书店
印　　刷：北京天宇万达印刷有限公司
开　　本：787×1092　1/16
印　　张：23. 5
字　　数：320千
版　　次：2013年9月　第1版
印　　次：2013年9月　第1次印刷
书　　号：ISBN 978-7-114-10893-8
定　　价：65. 00元

序

交通运输是国民经济的基础产业和重要的服务行业。云南是一个以公路运输为主的省份，公路货运量占全省年运输量的90%以上。发展公路交通，对集边疆、少数民族、贫困、山区为一体的云南省来说显得更为重要。

张长生同志是一位从交通运输战线逐步成长起来的优秀少数民族干部，他在多个技术、管理和领导岗位上工作过，在每个岗位上都有所建树，是近年云南交通运输事业实现跨越发展的参与者、实施者和见证人。同时，他还勤于学习、善于思考。《多元视角下的云南公路——张长生论集》一书，正是他着眼云南经济社会发展大局，在长期的工作实践中不断学习、实践、探索、创新的结果。作者通过理论与实践的结合，阐释了公路交通发展的一些客观规律和普遍原理，同时结合云南公路建设管理实际，对公路交通管理如何适应经济发展与社会变革、适应现代交通运输业发展等，作了深入的研究和探讨。全书涉及面广，内容丰富，观点鲜明，材料翔实，具有较强的指导性和可操作性，对促进云南省交通运输事业科学发展、和谐发展、跨越发展具有参考和借鉴作用。希望本书的出版能引起一些共鸣和思考，吸引和激励更多的人关注、热爱、投身和发展交通运输事业。

原云南省副省长 刘平

2013年6月

自　序

我从事交通工作三十多年，公路不仅是事业与追求，更是人生中不可或缺的重要部分。由于组织的长期培养，我养成了在工作中“勤于思考、不断改进”的习惯，“正近著秋吟绿窗，写幽情费尽了思量”。多年来，我在基层公路建设与管理工作中掌握和积累了不少基础资料。通过参加2005年复旦大学MPA培训班、2006年中央党校第五期中青班的学习，在专家教授的指导下，我在理论认识上进一步得到了提高，促使我对这些资料进行认真思考，并针对云南省公路交通发展存在的问题，整理出这本公路建管方面的文集，其目的是希望给更多的同行作参考，让对事业充满情怀的公路人作为工作中的一点资料。

公路作为国民经济的基础性产业，其公共服务性决定了公路具有社会公益性、经济先导性和资源密集性。随着经济社会的快速发展，人们不仅关心人的物质状态，而且关心人的精神状态，正是这种二元化需求矛盾的存在，交通运输发展面临着诸多风险和危机，无论遭遇到哪种风险和发生哪种危机，都有可能给现代交通运输事业的建设带来冲击、背负压力。如果说从局部的、专业技术的方面来研究公路建设与管理，早已由前辈专家开始从事并获得若干成绩，那么，系统地通过多元文化视角来探讨公路建设与管理思想，目前仍旧值得我们开展深入的研究与总结。

这本文集以资料为基础，通过选目释文和概说评论的表述方式，将我多年公路建管工作的实践经验进行了总结与提升。全书从哲学入手，坚持辩证的观点，整体把握组织文化的发展规律，将实践总结经验及理论研究成果融入到公路建管的全过程，紧紧围绕“科学发展、快速发展、协同发展和安全发展”这一主题，展开了多方位的审视和梳理。特别是按照云南省公路局党委提出的“12435”发展思路，通过沥青路面规范化养护劳动竞赛、“321”工程建设、“7＋1”协同发展活动、职工百元增资计划等，总结全省干线公路管理养护单位中取得的成功经验，从中找出人、财、物、时间、信息的互动互补关系，延伸了公路管理体制、机制改革，以及现代交通运输事业发展、稳定的科学措施及其重大意义。本书通过对公路建管现状及改善措施的分析研究，系统阐述了这样一种体会，即情况是不断变化的，不能只用老眼光、老办法去解决新问题，不然就会碰壁。希望本书对塑造云南交通“文明交通精神”、“和谐交通精神”具有参考借鉴价值。

“闲坐细思量，惟吟不可忘。”在文集的整理过程中，得到了很多同事、朋友的关心和帮助，如资料的收集、问题和观点的讨论，甚至在文稿上，都给予了大量支持。在此，我谨向诸位表示衷心的感谢！

“仔细思量，又乃不可。”文集的出版，难免有许多不足之处，敬请各位同行、朋友和读者指正。

张长生

2013 年 7 月

目　录

路 在 云 南

云南，作为一个边疆省份，财力有限。全省面积的94%是山区半山区，127个县中还有73个贫困县，至今，还有七百万人未解决温饱。1994年，全省农民人均纯收入只有803元，比全国农民人均纯收入1220元还低417元。然而，新中国成立以来，特别是党的十一届三中全会以来，云南的公路建设有了巨大的发展。至1994年底，公路通车里程达65578公里，在全国30个省、市、自治区中排列第三。是什么原因使云南的公路建设具有超越国内经济大省的位置？下面无妨做一些回顾。

回顾之一：发展交通的深层动力哪里来

20世纪70年代初，我省才实现“县县通车”。在以计划经济为主的年代，缓慢发展的交通与缓慢发展的经济成正比。进入80年代以后，随着一个个经济特区的建立并超常规的发展，云南人产生了前所未有的紧迫感。面对这种情况，处于改革末端的云南提出了“出省通边，外引内联，背靠大西南，走向东南亚”的发展思路，许多地州也拿出了“借船出海、借地生财、借鸡下蛋”的举措，使“市场经济”在80年代后期就得以引入并发挥了巨大作用，公路建设也因之得到较大发展。这里我们注意到这样一个事实：在整个80年代里，虽然通车里程的增幅比70年代略低，但公路的技术等级明显提高，其中，一级路比70年代增加11公里，三级路比70年代增加1628公里，四级路比70年代增加8231公里。很明显，此时我省的公路建设已从粗放经营型向质量效益型转化。90年代初，云南省委又提出农村经济要走“三结合、一体化”的发展道路，城乡之间的经济活动出现了许多以市场经济为背景的新型联合，使农村经济从单一、零星、分散走向集约化、规模化、区域化经营，随着农村经营体制的变革，一项“大修农村公路，改善农村运输条件”的活动在群众中兴起。党的十四大后，“建立社会主义市场经济体制”成为全国经济体制改革的目标，我省的经济也因此而焕发出前所未有的勃勃生机，公路建设在市场经济的推动下发展势头迅猛异常，仅1993年至1995年的三年间，用于公路建设的投资就达54.08亿元，相当于整个80年代公路投资的1.86倍。正是由于国家经济政策经历了70年代以前的“计划经济”、80年代的“有计划的商品经济”、90年代的“社会主义市场经济”这样一个梯次走向的过程，在观念上经历了70年代以前的“闭关自守”、80年代的“改革开放”、90年代的“与世界经济接轨”这样一个逐步开放直至与“世界经济大循环”的变化过程，我省的经济获得了突飞猛进的发展，农村经济正在向农、工、商一体化，产、供、销一条龙的经营体制过渡，乡镇企业走过了创业初期的“小作坊”而进入高、新产品开发阶段，整个城乡经济不仅在产业结构上而且在所有制结构上都更加体现出市场经济的特点。市场经济的发展呼唤着交通的同步发展，也带动着交通的同步发展。所以，无论山区为解决“温饱”修建乡村公路，坝区为了“脱贫致富”提高路面等级，还是开发区为了“奔小康”修建高速公路，其目的都是为了发展经济，满足人民生活需要，因而，是市场经济这个深层动力推动了交通的发展。正因为如此，在短短的几年内，我省重点经济区域之间的现代化交通、地州之间的大容量交通、县乡村之间的多元式交通才能产生如此惊人的变化。

回顾之二：高速发展的交通产生了空前的正效应

交通是现代文明的象征，交通越发展，交通的现代化程度越高，所产生的社会、经济效益就越大。从我省的实际看，交通发展产生的正效应至少有如下几点：

一是促进了经济的快速增长。从表1中的几个数据可看出，公路里程增加越快，国民生产总值增长也越快，经济发展也越快。当然，决定经济增长的因素很多，但交通发展无疑是主要因素之一。交通的发展，刚性推动一、二产业的发展并弹性带动第三产业的发展，促进整个经济总量的增加。从微观上看，微观经济多属单向性经济，自身调节能力弱，对交通的依赖性更大，很多地方通公路与否成了经济“死”或“活”的关键。景东县原是个交通比较闭塞的贫困县，新中国成立后，特别是1980年以后，全县大搞公路建设，到1990年，公路密度达每百平方公里为31.9公里，比全省同期水平高17个百分点。公路网的形成，使全县的资源得到开发，1990年仅林化税利一项收入就达534.2万元，占全县财政收入的30.5%。该县花山乡，1974年未通公路时，乡供销社运进的农用物资仅5吨，虽然主产甘蔗，但年产量不足1000吨。公路修通后，促进了该乡生产的大发展。1990年，运进的农用物资就达90多吨，当年甘蔗产量就超过10000吨，仅此一项收入就增加100多万元。

公路通车里程与国民生产总值、国民收入关系表　　表1

年份	公路通车里程（公里）	国民生产总值（亿元）	国民收入（亿元）
1950	3388	9.53	8.56
1970	28200	38.52	34.59
1980	45171	84.27	74.92
1990	56536	384.96	309.93
1994	65578	959.88	—

注：1992年起国民收入数据不详。

新平县老厂乡达英村在未通公路前是一个特困村，一年有几个月要靠国家救济，1985年修通公路后，当地村民大力开采铅锌矿石出售，仅一年的时间户均存款就达1.2万元，家家掀掉草屋建瓦房。交通对经济发展的促进不仅显而易见而且得到量化证明。

二是促进了农村新型经济支柱的形成。首先，交通促进了乡镇企业这个经济支柱的形成。现在，乡镇企业的发展在农村城镇、乡村已呈万马奔腾之势。这除了国家产业政策的倾斜外，还与农村交通的快速发展有着直接的联系。因为随着农村公路网的日趋完善，交通运输较为便捷，农村大大小小的工厂就在原料点兴建而无需进城靠镇。1994年我们对西盟县交通扶贫工作进行调查时，县委政府一致肯定，交通带动了新型乡镇企业的发展，如西盟锡有色产业年产值为1300万元，实现税利300万元，还有2万亩橡胶林的开发等等。由于生产过程在时空上的缩短，生产组织由复杂变得相对简单，致使乡镇企业的建设、乡镇企业经济效益的实现相对容易，促使乡镇企业由小变大成长为今天“三分天下有其一”的新型经济支柱。其次，促进农村商品基地的形成。交通以超常规的速度向山区延伸，给农村许多小流域、小坝区带来了发展机遇。许多地方的名、特、优产品因为公路的修通而走出大山，市场的需求一下子打破了这些产品在自给自足封闭状态下的平衡，突如其来的经济效益激励农民去扩大再生产，通过“销售—生产—扩大销售—扩大再生产”这样循环往复，小流域、小坝区的经济就逐步向某项支柱产业集中，形成了农村新型的商品基地。例如南华县天申堂乡，那里主产白芸豆，十一届三中全会以前因乡村交通不便，产品无法变为商品；十一届三中全会以后，当地群众修建了120多公里的乡村公路，使全乡八个行政村的主要居民点全部通汽车。通车后，广阔的海内外市场调动了农民发展白芸豆的积极性，白芸豆不但成为当地的支柱产业，而且成为我省出口创汇的拳头产品之一。再次，敦促部分贫困山区变成新的经济增长点。我省的贫困山区，“吃穿靠救济，花钱靠贷款”。贫穷原因千差万别，有的是生态失衡所致，有的是灾害严重作为，有的是交通闭塞造成。而因交通闭塞造成贫困的地区，随着交通的发展，有优势资源的贫困山区一举变成了当地的工业区，成为当地新的经济增长点。如镇雄县果珠彝族乡拉埃村，1992年修通公路后，利用丰富的硫铁矿资源办起了硫精砂厂，昔日荒凉的穷山沟，如今机声隆隆，车辆频繁往来。该硫精砂厂每年为乡里创收200万元。

三是促进了新的社会分工。交通的快速发展有力地冲击古老的自然经济，男耕女织的传统家庭分工随着交通的发展、市场经济的推进而解体，使“你挑水我浇园”的田园牧歌式生活几乎不复存在。习惯于向大地求生存的农民突然觉得地阔天高，开始了多项分离，或向采矿业集中，或向运输业集中，或向饮食服务业集中，或向高起点的种养业集中，使农村的产业结构、社会分工从“平面”变成“立体”。世世代代“脸朝黄土背朝天”的农民，因为交通建设带来的发展机遇挣脱了土地的束缚，到土地以外的领域去拓展生存空间，分流了农村大量的剩余劳动力，减轻了土地的负荷，并以单个或联合经营的方式加入农村市场经济的运转，推动了农村经济的立体化发展。这种新的社会分工使广大的农民变成了农村市场经济的生力军，并建立起农村市场经济崭新的源流关系。

四是促进了农村现代文明的进程。交通的发展使农村经济成几何级数增长，相当一部分农民拿着从土地那里获得的报酬并以此为最初的投资走向城镇发展第三产业。农民的大量进城并以向土地投入的那种勤劳开展经营，推动了城市经济的竞争，促进了城市经济的高速发展，推动着城市现代化建设的步伐。由于农民投资和政府投资的不断增加，农村城镇规模日益扩大，相当一部分县城可与州府媲美，部分农村集镇俨然成了小县城。另外，在交通要道口，过去仅有几间鸡毛小店，由于通车通电，农民倾力投资，以至商旅云集，几年间变成了当地经济、文化的小中心。还有很多过去既无街也无店的荒僻之处，由于公路在那里分岔，或者是跨河架起一座桥梁，农民就在这些“人化了的自然”的地方经商办企业，使这些地方变成了店铺林立，人头攒动的新型农村集镇。这一切，作为交通本身并未直接投资，但因公路的通畅使城市与农村之间的交流变得更加容易，并把部分农民吸附在这些地方。显然，缘于交通，农村城市化的进程大力加快，这种进程完全符合我们国家对未来社会发展的构想，对于破解目前“二元结构”比重严重倾斜的现实问题有重大意义。

总之，交通对社会发展的促进是全方位的，特别是在建立社会主义市场经济体制、脱贫致富奔小康的今天，各种行业的发展都以竞争的方式而不是以自给自足的方式进行，而交通的发展为竞争创造了条件，竞争又刺激着农村市场的发育、农场市场经济的建立和完善。所以，农村“两个文明”的建设与交通的发展有着密不可分的关系。

回顾之三：发展交通的基本经验

我省的交通事业能够迅猛发展，带共性的经验有以下几点：

第一，领导重视，认识统一。我省铁路少，水运不发达，公路数量少，等级低，严重制约了经济的发展。针对这一现实，我省在1984年召开了省、地、州、市、县和交通部门领导参加的“公路建设会议”，提出“开发云南，首先要建设交通，若要富，先修路”的指导思想。在这一思想的指导下，各地开展了“修路致富”的大讨论，讲历史与现实的对比，讲云南与沿海城市的差距，讲潜力与希望的所在，讲开发与脱贫的捷径。通过大讨论，各级领导与广大群众都把认识统一到省里提出的指导思想上来，变“要我修路”为“我要修路”，变“不冷不热”为“积极参与”，变“室内空谈”为“实地规划”，变“两眼向上”为“两手先干”，迅速掀起全省群众性修建公路的高潮。在施工过程中，各级领导现场指挥，现场协调，对征地、搬迁、赔偿等一系列工作不推不绕，定期解决，使大部分公路当年开工，当年使用。

第二，轻重有别，注重效益。“贫困面宽，交通落后”是我省大部分县、乡的基本情况。因此，在公路建设中，各地都要求上项目，但财力又十分有限，为避免摊子大、效益小，在立项上反复论证，反复筛选，以林、矿资源基地为主，优先在经济效益高的地方修路；以经济作物区、人口稠密区为主，优先在品种多、产量大的粮、烟、糖、茶、药基地修路；以组建交通网、解决不合理运输为主，优先安排缩短里程最多，经济效益最显著的断头路、经济路、迂回路的连接或改扩建；以贫困山区为主，优先在能尽快脱贫的地方修脱贫路。由于优选工程，突出经济路、富民路、脱贫路这一重点，做到了修一条成功一条，及时发挥效益。

第三，分级投资，民办公助。发展交通，是国家、集体、个人三者利益的共同需要，只有调动这三者的积极性，才能解决所需的人力、物力、财力。为此，采取“中央赈济，省地补助，县乡自筹，群众投劳”的分级投资方式，解决了修筑公路所需的大部分资金和劳力。从1980年到1994年的十五年间，在公路建设上共使用中央以工代赈资金9.088亿元，老少边贫地区补助费0.329亿元，省财政补助1.402亿元，地县乡自筹及群众集资2.273亿元，组织了100多万群众投工投劳，使公路建设财力、劳力上得到了保障。在组织施工中，采用“统一规划，换工互助”的办法，既集中了优势劳力又避免了“一平二调”。如景东县在组织群众修筑公路中就广泛采用这种方法：甲村修路，乙村帮忙，记录好乙村劳力完成的土石方或工时；乙村修建时，甲村回报等量的土石方或工时。这种方法，力量集中，组织简便有号召力，群众乐意、干部满意，大家出力，共同受益。

第四，层层承包，责权明确。为使公路建设这项造福城乡的伟大工程高速推进，采用了“层层承包”的办法把建设任务落到实处。省地（州、市）签订经济承包合同，下达公路建设任务，规定建设规模、质量、工期、补助标准、验收办法等内容，按合同兑现奖惩，省地（州、市）对县签订合同，县对乡签订合同，乡对村签订合同，层层落实任务，直至把任务落实到村到户到人。各级责权分明，上下依合同办事，增强了监督、管理力度，增强了各级责任心，加强质量管理，保证工程如期完成。

第五，建养并重，平稳发展。加强养护，这是巩固修路成果的关键措施。在几十年的公路建设中，一方面组织劳力大军劈山开路，使公路平均每年以1382公里的速度延伸；同时又及时组织力量加强保护，以保证所修公路正常通行，发挥效益。养护上，采用专业、临时、突出三结合的办法进行，如玉溪地区采取指挥部、工交局、养护队三支队伍进行养护；昭通地区加强静态管理，从落实养护机构、实行承包责任制、加强路产路权管理等方面着力，提高养护质量；宁蒗、富民、牟定、景东等县通过人大制定“护路周”、“护路日”，开展全民养护。由于把“计划上的指令性、操作上的市场性”两者进行融合，用法律、行政、经济、市场诸多手段强化养护，使公路建设平稳发展，做到了修通一条公路，带活一方经济，富裕一方人民。

第六，依法治路，保护产权。近几年来公路事业快速发展、有一个重要因素就是加强了路政的管理。自国务院颁布《公路管理条例》、交通部发布《公路路政管理规定》以后，我省的公路管理即步入了法制化轨道，许多地、州成立路政管理机构，组建专职路政队伍，着装上岗，依法对路产路权进行界定，依法对毁坏道路设施等行为进行治理、整顿乃至打击，改变了过去公路管理无法可依、方法随意、手段软弱的状况。如镇雄县在1100公里主要公路上埋设了1.7万棵界桩，明确并收回了路产路权；腾冲县成立了公路路政大队，有力地加强了县乡公路的管理；文山州各县成立路政管理中队，配备了专职路政人员，统一着装上岗，提高了路政管理的严肃性和权威性。由于加大了依法治路力度，我省仅1994年就查处各种违章事件188起，清除违章建筑3.6万平方米，清除违章堆积8000多立方米，收取路产赔款费9万多元。将公路管理纳入法制化轨道，切实保护路产路权不被蚕食和侵占，使公路建设在数量、质量上都有了可靠保证。

面对现实：我们应该非常清醒

当我们站在“季军”位置上回望时，无论纵向还是横向比较，我省公路建设的成就都是令人自豪的。如今，在交通发达的滇中地区，所有公、私企业的车队可以浩浩荡荡纵横驰骋而日进斗金；“大款”们可以驾着自己的车到他们要去的地方；小生意人可以乘公共汽车随心所欲地赚东西南北的钱；“二道贩子”靠一辆车反复倒腾一年也能挣个两三万元；即使是农民，在两亩地上花样翻新地做文章，一年也能生产出几千元的农产品。在交通发达程度仅次于滇中的其他地区，先富起来的农民在自己的家门口就可以坐上客车到州府省城“潇洒走一回”；普通老百姓，所有的生产、交换都可以沿着通过村子的那条公路去完成，而无需赶上马帮把铃声抖落在陡峭的山间。应该说，我省的交通已经登上了新的台阶，已经改变了人们的生活方式，一些地方已经踏进了现代化的门槛。但是，我们也应看到，当市场经济以比我们想象快得多的速度向我们冲来时，我们的交通又出现诸多的不适应，形势依然严峻。一是公路技术等级普遍较低，容量也呈饱和状态，“瓶颈”仍未消除。二是公路密度小，我省的公路密度到1994年仅为25.9公里/百平方公里，在全国排列第23位。三是抗灾能力弱，“边贫”地区公路晴通雨阻现象十分突出，不能有效保障这些地区市场经济的正常运转。四是还有12个乡未通公路，使本来就落后的山区与发达地区的差距越来越大，严重影响了全省“脱贫致富奔小康”的整体步伐。还应当指出的是，市场经济并不因为山区的贫困而表现出丝毫的怜悯，她钟情的是发达的交通、先进的通信、先进的生产力，而“边贫”地区即使通了公路，也是昔日羊肠小道的扩大，三里十八弯，一年仅通半年车。至于未通车的地方，交通运输仍然是人背马驮；农民最大的见识还是去赶不到100米长的乡街子；一张省报从省城到乡里最少也要20天，市场经济必然因条件不足而在“边贫”地区处于低速运转状态。一边是发达地区的高歌，一边是“边贫”地区的呻吟，其结果当然是“边贫”山区无休止的贫困下去。

对一些“流行说法”的再认识

只有发展交通，大修公路，才能带动“边贫”地区的全方位发展。帮助“边贫”地区发展经济，近年来各级政府做了许多发展交通的实事。但由于“边贫”地区历史积淀的贫困包袱太重，国家虽多年给予扶持，但贫困状况尚未根本好转，于是，人们对扶贫工作的方式、方针、政策就有了更深入的关注。这些“流行说法”是怎样的呢?

一是“拼盘说”。即“边贫”地区在发展经济过程中所立的每个项目，其投资来源由中央、省、地（州）、县、乡、农户按比例分担，施工过程中先使用地方筹措的资金，若地方资金不到位，上级资金也不下拨。这种方式的好处是调动了地方的积极性，增强了地方的责任心。“拼盘说”当然有其道理。现实生活中确有少数地方在经济建设中花国家的钱大手大脚，既无科学预算也无规章制度，随心所欲，钱来了就花，花了又要，收效却不大，给国家造成浪费，加重了负担。然而，“拼盘”的最大弊端是对“边贫”地区具有“要挟”的性质。

本来就穷，哪里拿钱来“拼”？无钱可拼，只好搞摊派，这样又增加了农民负担，以致许多可上的项目因“拼”不了“盘”而作罢。因而，在“边贫”地区，执行“拼盘说”实际上会减少国家的投入，“拼盘”政策越是执行得一丝不苟，“边贫”地区的经济就越是难于发展。因而，在开展“扶贫攻坚”的今天，“拼盘说”应执行得更加灵活，更加切合贫困山区的实际，来点倾斜政策。

二是“兴教说”。持这种观点的同志认为，“边贫”地区贫苦的根源是人的文化素质低，因此治穷要先治愚，要把工作重点放在发展教育、开办学校上，至于基础设施建设，经济项目等以后再慢慢来。在这种思想指导下，国家每年都挤出一定资金支持“边贫”地区建设校舍，几年以来，部分贫困山区儿童“入学难”的问题有所好转，但时至今日，“边贫”地区儿童交不起学费的现象还较为普遍，辍学率仍然高居不下。为什么“重教”然不能“兴教”呢？根源是事关“边贫”地区国计民生的基础设施依然是20世纪50年代的模式，未能使经济与教育同步发展，由此看来，“兴教说”只能是解决问题的途径之一，而非从根本上治“贫”的良方。

三是“造血说”。即多年坚持扶贫已给“边贫”地区“输”了很多“血”，但贫困状况未能有多大好转，特别是因为长期“输血”使“边贫”地区产生了一种“等、靠、要”的思想，不利于经济发展，今后要走开发扶贫的道路，变“输血”为“造血”。“造血说”当然是正确的，问题是“造血说”只提出了设想，没有就“输”与“造”的关系作进一步的明确，于是，“输血”部门就根据这一说法匆忙地撤去“血源”，致使“边贫”地区后来不仅得不到“血”，连原来该输的“血”也不能享受，整个“肌体”处于严重的“贫血”状态。客观地讲，“边贫”地区近年来确实得到了以工代赈、老少边贫地区补助费等一些资金，但这些资金远远不能使“边贫”地区的“病体”康复，更不要说进入“造血”状态了，因此，“造血说”虽然是正确的，但在实际操作上却超前了。

四是“刀刃说”。即“边贫”地区不是重点经济，也不是重点开发区，既然搞市场经济，资金也就要用在“刀刃”上，投放到效益最好的地方去。当然，目前就经济大局看，“边贫”地区无论从区位还是从经济实力上讲，都是微不足道的。但“边贫”地区同样有丰富的资源可开发，同样是经济“潜能”释放点，只不过时机未到而已，对“边贫”地区进行投资同样能获得经济效益，只是个时间问题。另外，从社会整体发展角度看，“边贫”地区应当加快步伐，才能与社会总体形成和谐，如果“边贫”地区总是处于贫困状态，贫困问题就会转化为政治问题。因此，“刀刃说”显然有失偏颇。

五是“钓鱼说”。即“边贫”地区为了开发某一项目首先筹措一部分资金，不足部分再向上级争取。这种情况被部分同志看作是下边“钓”上边的“鱼”，认为“边贫”地区根本没有开发这一项目的能力，无非是采用“钓鱼”的办法把上边的钱弄下去罢了，因而在立项、研究资金等方面表现出某种程度的冷漠，我们认为真正的“钓鱼”工程应坚决反对，但问题是每遇到“边贫”地区来汇报，争取资金，有相当一部分同志就认为是来“钓鱼”的，未听汇报就持一种否定心理，这样，“边贫”地区在争取项目上无形中增加了许多困难。

六是“吃奶说”。即国家的投资总量只有这么多，谁经常来争取项目谁得的投资就多，爱哭的孩子有奶吃。然而，“边贫”地区无论从区位、从人的素质、从开放意识、从交通工具、从信息掌握等方面都难和发达地区相比，无论怎样“哭”，都达不到发达地区的“水平”，这种以“哭”的厉害程度决定投资数量的做法，“边贫”地区显然是远远处于劣势的。

综上所述，可以看出，作为“边贫”地区，患的是“贫困综合症”，只解决某一方面的困难对摆脱贫困显然是不够的，根本办法是加强指导，而不应因某种不妥的事例在决策上产生动摇，也不应因“边贫”地区处于非重点经济区而在投资上产生歧视，更不应因“哭”得少而引不起重视。

作一种有针对性的思考

“边贫”地区是我省“扶贫攻坚”的重点，虽然国家近几年已加大了这些地区的投资量，但客观地讲，这种投资仅只属“救济”性质而绝不是“开发”，要使“边贫”地区在本世纪基本消除贫困，国家对这些地方的公路建设应给予足够的重视。第一，在计划上要上“盘子”。要把“边贫”地区的公路建设纳入计划，才能保证“边贫”地区的公路建设适应经济发展的需要。第二，在投资总量上要有明显的倾斜。争取纳入计划的只是解决问题的第一步，更重要的是在投资总量上要有明显的“倾斜”，并且“倾斜度”不能以占“以工代赈”的多少百分点为标准，而要以能否保证修通某条公路为标准，投资上不能仅以“以工代赈”为来源，还要从其他渠道配套解决。“边贫”地区贫困的一个重要原因是不通公路，与发达地区虽然只隔数重山，但就是这几重山，却使贫困山区在观念、思维模式、经营方式等方面大有与世隔绝之感。因此，“边贫”地区的公路建设要在以下三方面下工夫：一是尽最大的可能向边远山区、贫困山区延伸，特别是向不通公路的乡镇延伸，消除“死角”，使这些地方具有发展经济的最基本条件。二是加大投资力度，提高公路等级。“边贫”地区的公路大多是等外路，这些路由于先天投入不足，虽勉强修通，但晴通雨阻，一年能通车的时间仅几个月；有的路因坍塌或水毁无钱修复而成了“废路”。因此，“边贫”地区的公路建设重点应放在提高路面质量和技术等级上，增强抗灾能力。“边贫”地区的干线公路基本上应为三级，支线绝大部分也应达到四级标准，而且好路率不低于60%。这样，才能保证山区交通运输的正常运转。三是抓好断头路的连接。“边贫”地区的断头路较多，断头路的存在就使得信息联系、经济联系不可避免地产生断头，形不成“经济链”。因此，要优先将那些经济意义大的断头路连接起来，形成农村公路网络，互相促进，共同发展。

“边贫”地区的公路建设要取得突破性进展，就必须调动起国家和地方的积极性，因此，有必要对当前的投资、经营方式进行一定程度的改革。

第一、“适当补助”的投资方式应当改革。“边贫”地区由于对公路修、改建有强烈的愿望，国家财力又有限，于是公路建设的投资方式就成为“地方为主，适当补助”。这种方式资金明显不足但地方又怕失去机遇，只好硬着头皮上。由于资金严重不足，“地方为主”事实上成了空话，这就导致很多公路建设变成“胡子工程”，支离破碎几春秋，注入资金长期无效益。建议将“适当补助”改为“加大投入”，不修则已，修则必通。

第二、“层层转包”的经营方式应当改革。现在的公路建设，甲方包给乙，乙转包给丙，丙再转包给丁，层层转包，层层克扣，最后用到工程上的资金已严重不足，施工方只好偷工减料，导致公路质量差，相当一部分公路修通之日就是返工之时。这种“层层转包”的经营方式，发包方不能有效监督施工方，当然就无法保证质量。

第三、“条块分割”的协作方式应当改革。条块分割，互设“关卡”是当今社会的一大通病。“边贫”地区修建公路也同样遇到难题，例如施工中涉及通信设施、输电设施、防洪设施移动等，各行业不是从支持交通的角度积极配合，而是各自出示“尚方宝剑”，最终只好加大赔偿额，大家争食“唐僧肉”，迫使公路建设的单位造价一压再压。因此，建议今后国家对“边贫”地区的公路建设在工程协作上作一些明确的规定，以使“边贫”地区在基础设施建设中少遇障碍。

第四、“单人舞”、踢皮球、苦撑危局的施工组织方式应当改革。在“边贫”地区的公路建设中有三种现象值得重视：一种是“单人舞”，即施工由某个单位承建独立完成，不与当地发生任何联系。由于“边贫”地区没有任何形式的参与，因此在用料、用地等方面常常受到当地的刁难，搞得施工方与当地老百姓都很有意见，导致工程续续停停，进展缓慢。另一种现象是“踢皮球”，就是在施工中不管大小难题，一脚踢给地方政府，你协调好我就施工，协调不好我走人，形成“麻烦是你的，赚钱是我的”这样一种不和谐的关系。再一种现象是“苦撑危局”，即国家就“边贫”地区的某一公路工程拨一笔明显不足的款项，并令地方政府如期完成，地方政府既要与施工单位协调，还要与上级部门协调，资金不足，苦撑危局。

我们认为，在市场经济大背景下，对“边贫”地区公路事业的投资，既不能像计划经济时代那样百分之百地无偿，也不能完全按照市场经济的价值规律全额有偿，而要根据“边贫”地区的实际，建立起一种既有激励作用，又能使“边贫”地区承受的投资机制。这个机制至少应具备如下特点：一是国家投资占主导地位。“边贫”地区只要还未摆脱贫困，国家在公路建设上的投资任何时候都要处于主导地位。由于“边贫”地区经济落后，很多地方还在温饱线上挣扎，还无力在公路建设上投资，公路建设主要依靠国家，超过“边贫”地区承受能力的集资、拼盘，都不切合“边贫”地区的实际。二是要与当地政府联为一体。“边贫”地区的公路建设，是国家宏观经济的一部分，但主要受益是“边贫”地区。因此，在规划、设计、施工、养护等方面都要与当地政府、当地群众加强联系，让公路建设的过程成为当地干部提高组织指挥能力的过程，成为剩余劳力找到工作增加收入的过程，这样才能有利于诸多矛盾的解决，才能充分调动地方的积极性。三是体现出社会效益与经济效益的最大兼容。在社会主义市场经济条件下，向“边贫”地区投资要充分考虑无偿与有偿的科学比例，这是大前提。但由于“边贫”地区是多种贫困因素的集合，因此，无论从党的宗旨的角度，还是从解决社会主义社会基本矛盾的角度，以及从建设有中国特色社会主义理论的角度，对“边贫”地区的投入都应把“社会效益”放在重要位置给予考虑。应该看到，“边贫”地区的经济效益来源于社会效益，所以，两者最大兼容就是在注重社会效益的前提下如何使经济效益达到最大值。四是既能体现“政府倾斜”，又能激励“山区自强”。如前所述，“边贫”地区在计划经济时代已做出超经济区域的贡献，发达地区对“边贫”山区的矿产、木材、人才等资源已做出了超前“预支”，而这一切都是以政府行为实现的。在搞市场经济的今天，“边贫”地区由于资源被“透支”而无力加大公路建设的力度，因此，政府应对此给予“倾斜”，在一定程度上讲，这种“倾斜”是一种责任和使命。但是仅靠政府单方面的努力是不够的，还必须有山区的自强，这种自强才是振兴山区经济真正的“燃点”和“催化剂”。没有山区的努力、自强，政府投资越“倾斜”，“边贫”地区越容易产生“等、靠、要”思想，越不利于“边贫”地区的脱贫。

如何才能调动“边贫”地区人民群众的积极性呢？一是加大宣传力度，让群众明了国家对“边贫”地区的关心。农村的经营体制改为家庭联产承包责任制后，许多公共设施已被“化整为零”，加大了宣传工作的难度，特别是在“不通路、不通电、不通话”的“三不通”山区，宣传工作几乎处于空白。因此，要加大宣传力度，让群众了解国家为“边贫”山区修公路是对“边贫”山区人民的关心。否则，公路建设进入这些地区后，不仅不为当地群众欢迎，还会被层层敲竹杠。二是尽可能让“边贫”地区群众承包公路工程。“边贫”地区的公路建设，除技术含量较高的工程外，应尽可能让当地群众承包，让他们通过修建公路获得经济收入。三是确定符合山区实际的“拼盘”。目前，“边贫”地区搞“拼盘”的资本就是劳动力，而劳动力所能支付的劳动是有限的，因此，“拼盘”一定要切合实际，不能把拼盘搞成徭役。我们认为，只要达到“群众有义务感和责任感”的目的即可。四是把部分财政拨款改为财政借款。修建“边贫”山区公路的全部无偿投资，可以把其中一部分变为有偿。让“边贫”地区进入“负债经营”状态，以增强其使用资金的责任心。作为借贷的这部分资金，可由上一级交通部门专项列账管理，也可由“边贫”地区自行收回，作为本地发展交通的基金滚动使用。五是改变“两头紧、中间松”的管理方式。“边贫”地区相当一部分公路工程，上级主管部门一般只抓立项、验收，中间阶段则由“边贫”地区去“自由发挥”，这样，“边贫”地区在责任心、紧迫感方面，就处于相对“宽松”的状态。因此，施工中要加强技术指导，要组织人大代表、政协委员不定期进行监督检查，要在经济上定期进行核算，以增强“边贫”地区的责任感。“边贫”地区在我省还占有很大比例，没有“边贫”地区的“小康”，就没有全省的“小康”，而“边贫”地区实现“小康”的首要条件是改变落后的交通状况。因此，尽管市场经济正在改变着我们的投资观念，尽管我们的财力还十分有限，但发展“边贫”地区的交通事业无论如何都应当成为全省经济工作中的大事。

哲学理论在公路管理中的运用

管理中离不开哲学，公路管理中尤其如此。

“哲学”的准确表述是：哲学是理论化、系统化的世界观，是自然知识、社会知识和思维知识的概括和总结，哲学既是世界观又是方法论。哲学从产生那一天起，就为统治阶级所垄断并为其服务，直到马克思主义哲学产生，劳动人民才有了自己的哲学，才有了从属于劳动人民并为劳动人民服务的科学世界观和方法论。本文试图从马克思主义哲学的角度入手，对公路管理中如何运用马克思主义哲学理论作一些阐述。

一、从科学发展来明确发展思路

（一）修通思想之路，才有路通之价值

科学发展观是指导发展的世界观和方法论的集中体现，是运用马克思主义的立场、观点、方法认识和分析社会主义现代化建设的丰富实践，深化对经济社会发展一般规律认识的成果，是推进经济建设、政治建设、文化建设、社会建设必须长期坚持的根本指导方针。在新的历史时期，云南省公路行业坚持用科学发展观武装头脑、指导实践、推动工作，推动经济社会发展切实转入科学发展的轨道，十分重要的一点就是从哲学上深刻领会和准确把握科学发展观。

云南省公路局一贯重视对干部职工的教育和培养，人才培养过程中贯穿了科学发展观的管理理念，深刻认识到人才就是资源，资源就是财富，对段队长、支部书记、所站长、中青年干部等的培训已经形成制度。

人才作为资源，有一个不断地发现、培养和开发利用的问题，把人力

仅仅看成是成本，看成是负担，这是对人的消极看法。把人力当成资本，是对人的一种积极能动的看法。把人当作成本，就会把注意力放在节约成本，采取低工资、少福利、慢增长、少用人上。而把人力当成资本，就会把注意力放到如何使人力发挥最大的作用，创造更大的效益上，就会把提高人力素质、开发人的潜能作为人力资源管理的基本职责。

随着云南省公路建设养护事业的发展，需要大批新型管理人才和科技人才。人员培训是发现和培养人才的一个有效途径，只有持续不断地开展人员培训活动，并从中发现人才，很好地培养人才，才能达到开发人才资源、使用人才资源的目的。通过培训，组织可以从中发现、区分受训员工的特殊才能、执掌的工作领域，做到“人尽其才、才尽其用”，搭建有利于人才发挥才能的舞台，并在组织内部为各种人才的合理流动提供便利条件，使其在适合自己的岗位上充分发挥最大的作用。

培训活动考虑了不同目标群体各自的特点，做到因材施教，针对不同文化水平、不同职务岗位、不同要求以及其他差异，区别对待。段队长培训侧重于提高决策能力和战略眼光，所站长培训主要立足于提高经营管理能力和开拓进取精神，工程技术人员的培训着重于专业技能的提高，一般职工则要提高基础文化知识和技术操作水平。通过这些方式最大限度地发挥培训的功能，使员工的才能在培训中得到培养和提高，并在经营中得以体现。

人员培训是调动职员工的积极性、实现人事和谐的重要手段。虽然员工所处岗位不同、层次不同、角色各异，但都渴求不断充实自己，完善自己，使自己的潜力充分发掘出来。这种自尊、自我实现的需要一旦得到满足，将产生深刻而持久的工作动力。对公路建设管养人员“高工资”不再是吸引或留住他们的唯一或最重要的标准，而有吸引力的培训则变得越来越重要了。随着科学技术发展和社会进步，各种职位对人的智力素质与非智力素质的要求都在迅速提高，就有可能造成人与职位要求不协调的现象。要解决这一矛盾，一方面可通过人员调动以“适事选人”的方法实现人事和谐，另一方面则是通过人员培训以“使人适事”，使其更新观念、增长知识和能力，适应职位要求，改善其人际关系，这是实现人事和谐更为有效的手段。

（二）修路修人生，养路养人品

按照马克思主义理论，客观事物本身是运动的、变化的和发展的，对公路行业也是如此。我们的行业取得今天的成绩，就是通过不断地发现问题，不断地用改革的手段解决问题而实现的。因此，如果在行业改革的问题上，用发展的眼光去看待，并明确改革的目的是解决存在的问题，实现行业的发展，那就会在思想认识上承认改革是一切工作的动力，从而接受改革，坚持改革不动摇，在行动上支持改革，改革也会取得预期的效果。

文化的熏陶、教化、激励的作用即凝聚、润滑、整合的作用，使文化成为化解人与自然、人与人、人与社会等种种矛盾的重要力量。借助于企业文化这个先进的管理方法，企业的管理者在管理上充分调动企业职工的积极性和创造精神，为企业创造了更多的效益，促进了企业的发展，有效地提高了企业管理的效率。云南省公路局对干部职工的管理也离不开这种力量的引导和调控。针对云南省公路系统特点，云南省公路局试图在政府管理中塑造一种类似企业文化的“政府文化”，提炼出一种“政府文化中的价值观”来让我们的干部职工去遵循，以提高政府管理的效率。

第一，在政府日常工作中，构建一种“政府文化”，形成一个为全体干部职工所认同并遵守的、带有政府工作特点的文化理念及价值观，并努力使其成为政府工作的价值准则。这个共同的价值观决定了政府的基本特征，成为绝大多数干部职工心目中一种实实在在的东西，在日常的行政工作中作为一种价值准绳去衡量工作的方向及力度，努力使其成为全体干部职工自觉遵守的行为规范。这种“政府文化”通过明确的向公务员指出政府的要求，向干部职工灌输这种实实在在的价值观，使干部职工对政府的价值观产生内心的共鸣，从而把政府的价值观转化为内心的共鸣，积极的将其付诸实施。从而使这种文化代表了政府工作的灵魂，成为政府管理可持续发展的不竭动力。

第二，在政府管理中，坚持以人为本，实现政府管理的人本思想。在构建和谐社会进程中，坚持以人为本的价值理念，就是要在政府管理中贯彻以人为本的重要原则，把以人为本体现在政府管理的指导思想之中，体现在政府管理的工作成效上。从而形成一种以人为中心，以关心人、爱护人的人本主义思想为导向的价值观，形成一种重视人的发展的“政府文化”。

人是做好政府管理的根本出发点。政府管理要从满足人的全面需求，促进和实现人的全面发展的角度出发，只有真正做到尊重人、关心人、理解人、帮助人，这样才能调动广大干部职工的积极性，创造出更高的工作热情。同时，人还是做好政府管理的根本保证，无论什么管理，最终都要靠人来完成，而且要依靠大多数人的努力才能完成。做好人的工作，不仅要相信人，充分调动人们的积极性、主动性和创造性，还要团结人，团结一切可以团结的力量，更要依靠人，善于集中所有人的智慧，凝聚所有人的力量。只有人得到了全面的发展，才能在政府管理工作中发挥出更大的作用，提高政府整体工作效率。

第三，切实保障干部职工的权益是“以人为本”的政府管理理念的集中体现。多年来，我们对干部职工一直提倡“无私奉献”，这当然是对的，但是常常忽略对干部职工权利的保障，这样，有悖于“人性化的管理”。须知，权利和义务是一枚硬币的两面，为了使干部职工更好的履行义务，必须切实保障其法定权益，如在身份方面的身份保障权、辞职权，职务方面的工作条件要求权，经济方面的获得工作报酬权、享受福利保险待遇权，以及休假、晋升等其他权利。这些权利体现着干部职工的人格尊严和社会地位，只有给予充分有效的保障，才能切实满足干部职工的需求，才能真正实现“以人为本”，从而使干部职工可以更加尽心尽力的履行自己的工作义务。

针对公路行业的一些深层次问题，云南省公路局提出：抓住历史机遇，用积极、稳妥的改革手段，实现行业的快速、可持续发展和员工利益的最大化。深入研究政策、深入调查研究、深入制订改革方案。确保老有所养，在职的有活干，利益相关者满意，真正体现“发展是目的，改革是动力，稳定是前提”的要求。

其一，尊重历史，进行人性化的改革。云南公路的改革不能割断历史，不能忘记两万多名离退休职工和两万多在职职工对云南公路事业和对经济社会发展所作的贡献。没有这些人的艰苦奋斗，就没有云南公路的今天。因此，改革必须按照科学发展观、构建和谐社会的要求，进行人性化的改革，让绝大多数人享受到改革的成果。

其二，要把握时机，不做无准备之改革。比如，2003 年的改革举措——两个结构调整，当时是因为没有政策性增资问题，我们有调整的余地。目前情况发生了变化，政策性增资是一个绕不过的问题，不调都不够，别说调了。这就是在打时间差，也就是时机。再一个就是调整的顺序问题，我们先进行的是养护计划结构的调整，而对生产结构的调整，则是经过近一年的调研后，确立了“321”工程措施后才开始的，这就是改革的方法。因为抓住了时间差，我们才有实施大中修工程，建设所、站和料场及解决职工生活用房等问题的机会。在这 3 年间，由于产生了政策性增资的问题和联合治超的问题，导致调整的余地越来越小，到 2005 年可调整的资金为零。如果当时（2003 年）不抓住时机，随后也就不可能取得路好、人心稳的局面。因此，改革的时机和办法都是非常重要的。如果时机不成熟，其结果可能是事倍功半。

其三，要研究政策，平稳推进行业改革。我们要认识到，公路行业的改革不是云南省公路局所能决定的，改革是一个系统工程，涉及的部门多、政策多，这就需要政府主导，进行协调，才能出台较为完善的配套政策，实现改革目标。云南省公路局党委在改革的问题上是慎重的，前 3 年主要把改革的重点放在打牢基础和激活机制上，巩固了路况，夯实了养护基础设施，解决了职工的后顾之忧；并对管养分离改革提出了“123”的工作步骤，即：第一年调研提方案；第二年试点总结；第三年全面推行。因此，在对待改革的问题上，一定要做到“态度积极，方案周详，步伐稳健”，平稳地推进公路行业的各项改革。

人心稳定，是公路事业兴旺的保障。对于一项事业来讲，如果从事这项事业的人“热爱本职，珍视自己，有团队精神”，那么，在事业发展过程中所遇到的任何困难和问题，都会因为大家具有众志成城的精神而得到化解。而“热爱本职，珍视自己，有团队精神”的基本表现就是“人心稳定”，只有“人心稳定”了，对所从事的工作才有事业心，对事业和自身才有责任感；有了事业心和责任感，才有团结一致努力实现组织目标的精神和动力，事业兴旺也才有保障。因此，我们要在维护行业职工“人心稳定”方面下工夫，使想做事的人有机会做事，使能做事的人发挥能力，营造一种能够发挥职工积极性、主动性和创造性的工作环境，为公路事业的兴旺提供保障。

利益保障是公路事业兴旺的体现。利益保障简而言之就是各得其所。公路事业兴旺在利益保障上的具体表现主要有两个方面。一个是对外的，表现为公路部门向社会提供良好的公路交通条件，满足公路使用者的利益需求。这方面只要做到了“人心稳定”，所管养的公路质量也就有了保证，“路况良好”，达到了“通、平、美、绿、安”，公路使用者的利益需求也就有了保证；另一个是对内的，就是要使公路部门的职工，无论是离退休的还是在职的，都要做到“福利好、收入增”。对于离退休的职工，要让他们老有所养，精神愉快，安度晚年；对于在职的职工，要使他们有事可做——保障正常收入，创造做事的条件——增加收入。通过保障各方利益，使公路使用者和广大职工都能享受到公路事业兴旺的实惠，进一步推进公路事业的发展。

二、辩证唯物主义理论指导下的公路建设管养体制转变思考

（一）哲学必须关注公共性

公路建设管养具有明显的公共性，哲学必须关注公共性。

公共服务理论是马克思政治经济学的重要部分，它是在马克思政治经济学基本理论和方法的指导下，从个人和社会存在以及发展的最基本需要出发，从整体和供给角度探讨了公共产品的存在原因、本质及其供求等基本理论问题。这一理论对把握当前我国社会主义市场经济条件下扩大公共服务问题的研究，奠定了理论基础。

1. 用满足社会共同利益需要的本质说明其具体消费的特殊性

在《哥达纲领批判》中，马克思批判拉萨尔的“不折不扣的劳动所得”时分析到，社会总产品在进行个人分配之前，必须扣除“用来应付不幸事故、自然灾害等的后备基金或保险基金”，“用来满足共同需要的部分，如学校、保健设施等”，“为丧失劳动能力的人设立的基金”等。在马克思看来，这些关系到社会存在和发展的共同利益需要必须得到有效满足，然后才是对社会总产品的其余部分的个人分配，才能谈得上个人的消费和发展。从马克思的分析可以看出，社会总产品中满足社会存在和发展的共同基本需要部分，实质上指的正是理论界所探讨的公共产品范畴。不过马克思是从整体和供给的角度研究公共产品，认为公共产品的存在是社会存在和发展的共同利益需要导致的，研究的重点是社会总产品的分配问题。显然，满足这部分共同利益需要的社会总产品与进入个人分配的社会总产品在消费上具有不同的属性，现实生活中，公共产品的特殊性表现在它具有消费的均等性和非排他性。很显然，这种消费具有特殊性。

在马克思看来，不是由于市场失灵产生的，而是来源于它是社会总产品中满足人与社会存在和发展的基本共同需要部分并直接由社会提供，社会成员个人不用等价付费而共同享用，由此它才会在具体消费过程中表现出均等性、非排他性等相对于私人产品而言的消费特殊性。但是，不能因为某一产品或服务具有相对于私人产品而言的这些消费特殊性，就说它是公共产品，只能说公共产品在消费的过程中会表现出这些特殊消费属性。

2. 从整体和供给角度把握其供求及方式

针对公共产品的供给问题，马克思曾举例做过明确地论述：“节约用水和共同用水是基本的要求，这种要求，在西方，例如在弗兰德和意大利，曾使私人企业家结成自愿的联合；但在东方，由于文明程度太低，幅员太广，不能产生自愿的联合，所以就迫切需要中央集权的政府来干预。因此亚洲的一切政府都不能不执行一种经济职能，即举办公共工程的职能。”可以看出，这里马克思给出了公共产品供给的两个主体，即“私人企业家结成自愿的联合”和政府；两种供给方式及其选择标准，即市场和政府供给方式以及生产力发展水平决定的一定社会发展水平下的社会共同利益需要性质标准。从整体的角度来看，公共产品要满足的社会共同利益需要，必然要求有一个作为整体利益的代表来提供，政府和私人企业家结成的自愿联合都是整体利益的代表，因此才能在实践中承担公共产品供给主体的角色。同时，以整体为研究出发点考察这种共同利益需要，围绕着这部分社会需要来提供相应的公共产品。这就表明决定公共产品供给的需求因素是社会存在和发展最基本的共同需要，而不是现实中因市场失灵所产生的市场需求。

从公共产品供给所满足的社会共同利益需要来看，在社会生产力发展水平较低的情况下，社会总产品比较少，所以绝大部分产品必须用来满足维持社会生存的最基本需要。比如，在原始共产主义社会，部落氏族将所有的劳动产品当作共同财产满足衣食住行的最基本的共同生存需要。当社会生产力发展水平比较高时，社会共同利益需要也相应地丰富起来，不仅仅停留在维持社会生存的一些基本的共同需要上，如马克思在《哥达纲领批判》中所言，在生产资料公有制条件下，“和现代社会比起来，这一部分一开始就会显著地增加，并随着新社会的发展而日益增长”。就供给方式而言，当社会生产力发展水平比较低时，共同利益需要主要体现为维持社会存在的最基本方面，供给方式也就比较单一地依靠共同利益的代表机构直接从社会产品中扣除。当社会生产力发展水平达到一定程度时，社会共同需要也在不断拓展，满足社会共同发展需要部分的比重也越来越大，公共产品、公共服务的供给方式也随着社会经济的发展而日趋多元化，开始在计划和市场两种主要资源配置方式中按照一定的标准进行选择。

就选择标准而言，马克思公共产品理论强调根据一定社会生产方式发展水平下的社会共同利益需要性质，来决定到底适合政府计划供给还是应用市场手段供给。马克思举例说，在当时的西方由于社会生产力发展水平较高，节约用水和共同用水这种社会共同利益需要不仅仅是生存的基本共同需要，而且也是进一步发展的共同需要，并且这部分社会需要是那些私人企业家进一步发展自身企业所必需的共同利益需要，它的社会效益比较集中地体现在这些市场主体身上，因此它适合在这些市场主体之间应用市场方式来解决这部分社会需要的满足问题。而在东方，由于生产力发展水平低、幅员辽阔导致这种社会需要不能产生自愿的联合来满足，使其不适合应用市场的方式来供给，如果等到应用市场的方式来满足这种社会需要，则必然会影响到社会的存在和发展，所以也就会由政府从社会总产品中直接扣除相应部分来满足。

（二）公路公共属性的探讨

公路具有很强的社会公益性，一般是国家所有，供全社会共同使用，所以从本质上讲具有公共产品的属性。从非竞争性和非排他性分析，公路消费具有一定范围内的非竞争性。公路一旦建成，其消费有一个拥挤点，即适应交通量。当公路上的车流量低于适应交通量时，通行 1 辆车和通行 10 辆车对路面的损害程度基本一样，它的消费具有非竞争性，路上行驶的车辆对其他车辆不产生影响；但当车流量高于拥挤点时，公路消费就具有了竞争性，每增加 1 辆车，都会影响到其他车辆的行驶质量，可能会对每 1 辆车造成拥挤成本。可见，公路具有非竞争性，不过这种非竞争性是有限制的。

在近年种种社会矛盾中，作为公共产品的公路的短缺问题引发了舆论的高度关注。改革开放 30 多年来，经济持续增长，公路供给短缺问题反而更加突出，只进行政策性的调整和机制性的改革，已经难以满足公众对交通发展需求的增长。随着我国经济的持续增长，民众的物质需求和社会文化方面的精神需求也在不断增长，并且对交通发展的需求更是急剧攀升，现行的供给体制和保障体系与社会的快速发展相比，已经严重不相适应。在传统的农业社会中，主要的社会构成是自给自足的家庭生产模式，人民需要政府提供的公路数量和质量都极其有限。但是，当人类从传统的农业社会向现代工商业社会转变时，需要由政府统一解决的公路建设管理需求急剧增加，对政府的服务职能和执行能力提出了更高要求。

当前，社会各阶层、各群体都普遍感到发展交通的紧迫性，因此也就对公路的主要提供者——政府行政管理部门抱怨不已。在我国，导致公路资源相对紧缺的原因是多方面的，其中现行的宏观经济政策、产业政策和财政政策的作用产生了很大的影响，尤其是国家财政支出的最基本职能就是进行国民收入的再分配，而这一再分配过程是调节公共产品供给的最有力手段。

（三）我国公路建设管养的传统供给模式及其弊端

在我国，改革开放以前，公路建设、管养、提供一律纳入到国家的统一大计划中，政府几乎承担着所有公路建设管养服务的提供任务：企业由政府建、企业领导由政府派、资金由政府拨、价格由政府定、盈亏由政府统一负责，企业并不存在什么经营风险，实行的是政企高度合一的模式。政府既是公路建设管养领域国有资产的所有者，又是具体业务的垄断经营者，还是规制政策的制定者和监督执行者。这种供给模式在初期确实起到了促进我国公路建设管养框架在较短时间内得以形成、公路网络的较快扩张和服务迅速普及等积极作用，但随着我国经济的发展，其固有的弊端便开始暴露。

一是缺乏外部竞争压力，导致运营低效。我国公路建设管养基本上采取纵向一体化的组织结构，跨地区、跨所有制成分的运营主体相对较少，市场和地域的分割使企业之间缺乏有效竞争，普遍存在机构臃肿、人浮于事、工作效率低、信息传递效率差等组织管理低效率现象，致使应有的潜在规模经济效益未能得到较好发挥，产品或服务的成本高，而且还出现了企业凭借其垄断优势任意延伸垄断范围损害消费者和用户选择权的问题。

二是价格由政府制定，无法体现市场需求。我国的公路建设管养价格由政府制定，而政府在制定价格时，往往会更多地考虑政治和社会目标，较少按经济学原理办事。

三是缺乏压力与激励机制，致使服务意识淡薄。由于政府的垄断提供，导致公路建设管养缺乏市场竞争的压力，同时公路建设管养服务企业没有任何自主权，在人事、产品价格方面由政府安排。因此，公路建设管养行业服务意识有待进一步加强。

四是有限的政府财力难以满足公路建设管养的发展。随着经济的发展和人民生活水平的提高，社会对交通发展的需求不断扩大，但从供应方面看，由于在公路建设管养的主要领域，政府几乎是唯一的投资者，有限的财政收入使政府无法满足不断增长的投资需求。

（四）公路建设管养市场化改革中政府责任的转变

现阶段，由于我国的经济社会发展，公共需求的快速增长和利益关系的深刻变化，政府职能转型面临一个新的比较严峻的挑战。随着社会结构进一步分化，社会矛盾更加复杂，不同社会主体之间的利益冲突不可避免。如果这些矛盾和问题处理不好，不仅会激化社会矛盾，还会由此导致经济社会发展的中断或者停滞。

1. 转变政府责任是进一步深化改革的关键

政府责任转变是实现公路建设管养领域改革和新发展的关键。市场经济条件下政府职能的确立和财政职能的转变，直接影响和促进公路建设管养领域改革；如何正确而有效地发挥政府在公路建设管养领域改革发展中的作用，事关公路建设管养领域改革的成败。如何重新配置政府的行政管理权力，如何转变政府的管理方式使之更加符合市场经济的要求，是公路建设管养市场化深化改革中一个很重要的问题。这是因为，当前公路建设管养领域改革的各方面矛盾和问题，大都与政府的职能定位有关。从这个意义上说，公路建设管养领域改革的实质是政府改革，政府改革不到位，公路建设管养领域改革就难以推进。按照市场化改革进程的要求，政府改革的一个基本目标，是由经济建设性政府转向公共服务型政府的转变，政府的主要职责是解决经济社会发展中面临的突出矛盾，创建市场经济发展的良好环境。公路建设管养领域的投资和经营不是政府的主要职能，政府在公路建设管养领域的主要作用是提供可靠的制度环境和良好的市场环境。因此，必须在公路建设管养领域中加快政府职能的转变，彻底实现政企分开，才能有效地发挥政府在改革中的作用。具体来说，在公路建设管养市场化改革进程中，政府肩负的重任不在于引进何种经济成分的投资者，而是要引入一套能够使行业活跃起来的市场竞争机制。政府应尽快改变直接办企业的局面，只需管市场准入、资格经营期设计、价格论证决策、安全运营和服务质量的监管以及环保效益，其余事项可一并交给企业这一市场主体去处理，政府的主要职责是要在公路建设管养服务市场化改革中引进激励机制和竞争机制，进行产权制度改革，以吸引社会参与。

一方面政府应该投资一些没有利润的公益性事业；另一方面，对于一些能产生经济效益的公路建设管养，也可以由政府投资，有偿出让给企业经营。政府的主要任务还是提供清晰的规划，提供政策支持和服务，创造一个守信用的环境。政府要逐渐由直接建设与提供公路建设管养，转向制定扶持政策与措施，颁发和修改项目的经营许可证，制定和监督管制价格与进入市场的管制等，以规范企业的市场行为，使政府的角色逐步从公路建设管养的直接提供者转向促进者，动员私人、投资机构直接参与到公路建设管养建设项目中来。政府首先应该逐步退出竞争性的生产或服务领域，一时不能完全退出，也应在保留公共部门的同时，引进民间资本或民营企业以促进竞争；二是在必须由政府控制的领域，尽量通过管理、租赁、承包或特许合同来赋予民营公司经营；三是通过商业化的公共机构来提供必须由政府提供的公共产品或服务。

2. 我国公路建设管养服务市场化改革中政府责任转变的方向

我国政府的责任主要应从以下几个方面来进行变革，以促进公路建设管养服务市场化改革的进一步发展。

一是树立有限责任政府的观念，重新认识和界定政府职能。在公路建设管养的发展中，观念方面的障碍仍然不可低估。虽然在当代，政府对社会所承担的责任是有限的，已被越来越乡的国家和民众所认可。但是在现实生活中，特别像我国这样长期实行计划经济体制的国家，政府管理完全按照这样的思路进行改革，阻力是不小的。在现阶段，我们之所以要强调确立有限政府新理念的重要性，还在于长期计划经济管理体制下所形成的管理理念、价值观至今仍根深蒂固。这种全能型政府观念，还有很大的惯性，作为一种观念形态，它的转变往往也会更加艰难缓慢。这就要求我们在未来的市场化改革中，只有牢牢树立起有限责任政府的新理念，才能对各种公共事务实行有效的管理。

政府在公路建设管养改革中，应树立公共产品的市场化运营理念，使人们转变公路建设管养“福利型”、“供给制”的观念。目前许多方面的改革尚不深入的重要原因，就是由于受到计划经济思想的束缚和对“公共产品”理论的片面理解，政府和有关部门仍存在对民营企业的歧视性。对民营企业在政策上不平等，在国资进退、银行贷款、项目审批等许多具体问题上，有关部门和实际操作人员都存在着“宁国勿民”的观念，宁可对存在问题的国资项目放行，也不对条件更优越的民资项目开绿灯。民营企业游离于专业行业协会之外，缺乏获取政府和行业信息的通畅渠道。

因此，必须改革以审批制为代表的行政性准入机制，缩小审批范围、减少审批环节、缩短审批时间，以促进民间资本投入到公路建设管养领域中来。

二是加强法制建设，完善市场化改革的法律法规。公路建设管养市场化改革应建立在稳定、值得信赖的、能得到有效实施的法律体系之上。为使公路建设管养领域改革和新发展有一个充分的、合理的法律法规基础，政府应该加大制度建设与制度创新力度，同时提高法规质量和政策的透明度。

从全国各省公路建设管养改革实践看，沿袭一种先改革后立法的传统，即经过一段时间的改革，根据所出现的问题，制定相应的法律，这带有头痛医头、脚痛医脚的倾向。虽然这种方法针对性强，但却是以较大改革成本为代价的。另外，许多法律的规定过于原则，缺乏配套法规和规章的支持，法规体系不健全。部分原有法规体系已经无法适应市场经济的需求，甚至有的现行法规和规章已成为规制改革的障碍。即使颁布了相应产业立法，也由于这些法律是由其主管部门牵头起草，而具有较大局限性。

三是建立诚信政府。公路建设管养制度最忌朝令夕改，这是最大的风险之一。公路建设管养吸引民间投资的基本方式是“特许权经营”，它建立在一揽子合同、契约之上。如果真要大范围按商业化公路建设管养来运作，首先就要求政府必须有诚信，这是投资软环境最重要的一条。在政策的制定和执行过程中，如果政府部门不能以一种透明和民主的方式发挥它的功能，政策的不确定性就会增加，企业就不能肯定现有的政策是否在将来会发生变化，因此很难相信政府对长期政策的承诺。这样就会影响企业和其他经济人的事前激励，比如企业担心他们的努力或者特定资产投资的收益会被政府侵占，因此不愿意进行这样的投资。这已经成为民营企业介入公路建设管养领域的最大障碍和风险。由于公路建设管养领域投资的沉淀性，要想真正吸引民间资本，还需增加政府的承诺能力。

政府缺乏信用，起因于政府的行为不受任何约束，它是市场失序的最深层次、最本质的根由。在缺乏监督与制衡机制的情况下，政府容易受到利益集团的影响。在西方国家，由于有成熟的监督和制衡机制，所以政府的承诺是有保障的，但是到目前为止，这些制度在我国尚未完全建立起来，监督没有规范化、制度化，这意味着政府部门很容易受到利益集团的影响。虽然目前我国也建立了一些公众监督制度，但公众监督制度仍停留在零散的、不健全的状态，没有建立作为重要监督方式的听证制度，而且，即使公众的意见通过现有的不完善的制度反映到政府部门，也不一定受到重视。

因此应通过举行公开听证会、同时尽快形成包括司法监督、人大监督、行政督察和社会舆论监督在内的健全的全社会监督体系。

四是培育市场竞争主体、扶持市场。政府对公路建设管养民营化负有引导责任。因此，必须确立民营企业参与公路建设管养提供的法人地位，放松管制，扩大准入的领域。经济效益好的公路建设管养项目比较容易吸引到民间资本的参与，值得一提的是，无利可图的项目也可以通过良好的制度设计，吸引到民间资本。一个经常使用的方法是提供一定期限的经营特许权，并确定服务价格。该期限与价格的组合应该使民间投资有适当的利润。还可以综合采用减免税、资产补偿和财政补贴等方式，吸引民营企业参与。美国政府当年为了鼓励私人企业投资铁路，采用国家无偿赠与土地的政策。海外投资者在投资美国公路项目时也经常提出得到沿线土地开发权的要求。但在这个过程中，政府绝不能轻易给予承诺固定回报，这样将导致效率降低，还会出现使政府出尔反尔，丧失信用的风险。有时一个项目在市场不成熟时是无利可图的，但市场成熟后却是有利润的。政府应该培育市场，并在市场成熟时退出。

此外，从目前的发展来看，公路建设管养领域的竞争比较激烈，投入的周期比较长，回报比较低，所以作为政府应保证对进入公路建设管养领域的企业有一个比较合理的利润。还应扶持培养一批在公路建设管养领域规模比较大、管理比较规范、经营信用比较好的企业。同时要增强社会自理能力，促成民间社会和第三部门与政府的合作，发展设计、工程和法律咨询、监理等中介组织和专业性消费者协会。政府有关部门还应介绍宏观经济形势预测情况和行业的发展态势，为投资者提供信息，使民营资本投资者知道有哪些项目，为投资者提供选择投资的空间和投资决策的机会。与此同时，通过投资新闻发布会、报纸、电台、网络向社会提供信息和投资指南，由政府提供的投资信息，使投资者信任程度高，投资信息成本低，鼓励投资者的积极性最强，政府要以长远的眼光，舍得花大力气，为投资者提供及时、可靠，准确的投资信息，作为投资者决策的重要依据。

无论公众对公路建设管养的质量控制采用哪种机制，也无论公路建设管养是社会经营还是由政府经营，服务质量的控制都离不开政府的作用，因为服务质量本身属于公共产品，对它的消费不具有竞争性和排他性，任何个人行为都不会有效，即使个人能够发挥一些作用，成本也抬高，以至不得不放弃，因此，政府必须承担控制公路建设管养质量的职责。

经济学原理在公路管养中的运用

一、经济学概论

（一）什么是经济学

经济学就是对于与金钱、商品和交易等有关的活动所做的探讨。探讨的问题可以分为生产什么、如何生产和为谁生产三方面。“生产什么”是受到消费者选择的影响，是消费理论研究的范围。“如何生产”包含如何选择生产要素组合、生产多少数量等，这是生产理论研究的范围。“为谁生产”则事关盈余分配，是要素市场理论研究的范围。可以用下图来说明经济体系的结构，如图1所示。

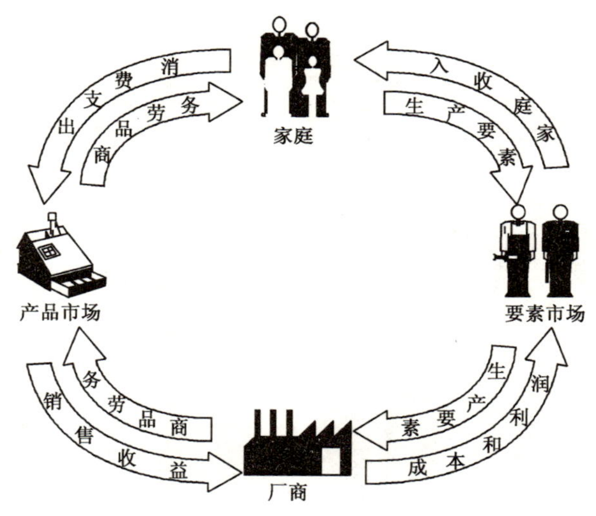

图1　经济体系结构

（1）经济体系内有家庭与厂商决策单位和产品与要素两大类市场。

（2）循环流程的内圈代表商品与劳务的流动，外国代表相应的货币流动。

在经济体系的结构内，最重要的决策单位有两类：一是家庭，二是厂商。家庭一方面提供劳务和资金等生产要素以赚取收入，另一方面则在产品市场购买所需。家庭在产品市场上的支出就成为厂商的收益；而厂商为了能生产产品以取得收益，必须要在要素市场上购买各种要素，其花费就是成本。收益扣除成本后得到的利润要分给提供生产要素的家庭或个人，即为要素收入。家庭和厂商作好决策后，在产品和要素市场上进行交易。在图中内圈代表商品与劳务的流动，外圈代表相应的货币流动，由此构成一个经济体系。其中经济主体息息相关，经济动力循环不已。

（二）经济学的分类

经济学一般分为微观经济学和宏观经济学。

微观经济学研究个别单位（如家庭或厂商）的决策及其互动关系，由此决定价格和资源的配置。

宏观经济学则是把各种个别的经济行为加总，研究各种总体变量之间的关系，从货币、金融、财政、收入分配、经济增长这些方面，探讨整体的经济现象。

（三）经济学的发展历史

经济问题本来就无所不在，有了人类就有了对经济的研究，各个民族在历史洪流中都曾积累了一些零星的知识，考虑过各种经济政策。但这些知识都是零散的，不系统的。1776 年亚当·斯密发表了《国富论》，对经济学问题作了完整的思考，不但综合了以前各个流派思想，而且为后世学者提供了一个思考框架。从此经济学才被学界视力一门独立的学科。亚当·斯密最关心的问题是“个人的利己心如何能与社会公益相结合”。经过研究，他找到了人类社会运行的自然法则，即市场能够把社会分工体系下从事专业化生产的个人结合起来，由此保证个人对私利的追求经过市场竞争的调节之后，不但能带来效率与秩序，并最终能够增加社会福利。这即是他所强调的“看不见的手”的原理，其重要性在今天更是历久弥新。

在传统的（或称为主流）经济学发展的同时，德国的卡尔·马克思从1867年始陆续发表了《资本论》，后经过发展完善成为20世纪社会主义制度的理论基础，开创了一个崭新的时代。

以1936年英国学者发表《就业利息和货币通论》，开创了经济学的一个重要阶段。面对20世纪30年代的经济大萧条，凯恩斯认为政府干预可以弥补市场经济的不足。正是这种观点造就了后世所称的“凯恩斯革命”。虽然他的部分看法已被后起学者所修正，但他使得宏观经济学的经济周期现象重新成为经济学的研究重心。凯恩斯的理论也确立了宏观经济学的地位，而与传统的微观经济学并列为经济学的两大流派。

20世纪60年代，经济学可以说进入了一个蓬勃发展的时期。经济学的研究方法被广泛应用到以前是政治、社会或法律等各个学科的研究主题上，因而被一些学者称为是经济帝国主义。此外，当代微观经济学强调制度如何影响资源配置，也深入研究市场失灵的各种情况，借以了解公共产品与政府的角色；而且还分析不确定状态和不完全信息下的最优行为以及市场上与组织内的激励问题。这些研究都已经结出相当丰硕的成果，大大加深了我们对市场制度和非市场组织是如何运行的这一问题的了解。这些新领域的研究给经济学带来了新的活力，也是跨世纪经济学发展的新趋势。

经济学成为一门独立的学科至今不过两百多年。它的研究方法在20世纪已经逐渐定型，但其探讨的主题和范围却与时俱进，且有向外扩张并影响其他社会学科（如政治学、社会学、法学等）的趋势。除了对其他学科的影响外，经济学家所发展出来的观念和思考方式也正在改变着人们的想法，进而影响到世界的运转。

公路管养属于公共服务，研究的对象是微观经济范畴，公共服务领域的经济研究也是当前经济学界研究的一个重要课题。

二、运用市场经济学研究公路管养的体制性难题

（一）公路管养的市场失灵难题

经济学中的市场，实际是以“产品”来界定，有了特定的产品，才能找到它的总需求、总供给和“市场”均衡价格。下面从市场的角度来分析当前云南的公路管养经济中存在的问题。

云南公路管养改革提倡了多年，也进行过多次的改革，这些改革也引起了云南省交通运输厅和云南省政府领导的重视，但总的来说，到目前为止，还没有找到一种好的公路管养体制。国外的公益性公路的养护也一直在探索改革方法，他们的改革模式也多种多样，至今还没有一种方法是世界公认的管养模式。在国内的这些改革中，也没有一种改革是被公认的，有的省份下放了地方几年，职工人数急剧膨胀，路况质量却不断下降，最后有的省份只得又收了回来。我们的改革从计件工资制到工程费制、公司化管理、市场化管理，总体来说，这些改革措施都没有达到预期的效果，为什么？答案是我们有体制性的障碍。这个障碍就是我们的公路养护市场始终是垄断市场，无论怎么调整都存在市场失灵的问题，下面用一个卖某商品A的市场作为案例来说明我们的市场是怎么失灵的。

案例1：一个公司叫一个采购人员到某一市场里面买某商品A，公司要求采购人员要买得价廉物美，可这里的商品A被一个经销户B垄断了。我们暂且可以把这个公司等同于养护工作的上级政府和广大人民群众，我们就是这个采购员，下级养护单位就是经销户B。大家想象在这样的市场条件下，采购员能买到价廉物美的商品A吗？可以肯定地说，不能！因为这是一个垄断市场，垄断市场就存在市场失灵的问题，价格必然高于成本。我们的公路养护状况也是这样，一个州市设一个总段，一个县设一个段，这个州市县所属的省管公路无论这个总段（段）养得好不好都只能由他们来养。负责任一点，能力强一点的领导就能带领职工把路养得好一点，责任心差，能力差的领导就把路养得很差。可我们没有任何市场选择的余地，

无论养得好不好，都只能由这个总段（段）来养。

这个难题不仅摆在云南省公路局的面前，也同时摆在总段的面前，摆在段的面前，大家都处于没有挑选余地的垄断条件下。这样的条件下要把路养好，不是靠市场手段，只能靠政治手段、组织手段，要凭着基层领导高度的政治责任感。在市场化改革中，我们就要逐步靠内部市场调节来控制路况质量。

（二）管养分离是破解公路管养经济难题的初期手段

垄断导致市场失灵，这是目前形成公路养护市场价格大于成本的根本原因，但成本的过大并不是说人工成本高，并不意味着我们的职工得到了高于市场价格的人工工资，这些过大的成本产生于落后的管养成本和劳动生产效率低下当中。体制问题是上级部门考虑的事，我们认为在现有的管理体制下，只要从机制上着手加强管理，也同样可以提高管理水平，降低管养成本。

我们认为，在初期阶段，当前推广的管养分离可以形成正常的市场监督，有助于提高管理水平，降低管养成本。如案例 1，现在要在市场只有一户卖某商品 A 的情况下，怎么使买卖公平，怎么才能保证商品的质量，就需要市场管理人员，有了市场管理人员，虽然只有一户卖该商品的经销户 B，不能形成市场竞争，但市场管理人员可以规定价格，可以要求不能卖劣质商品，不能缺斤短两。也就是说，要通过改革使原来的管养一体分离，使管和养各负其责。通过管养分离以后，公路管理（分）局就充当了市场管理的角色，管养（总）公司就是卖某商品的经销户 B。

其次从经济人假定的角度出发，我们当前的机制是花国家的钱办国家的事，既不讲效率也不讲节约，控制手段非常软弱。我们要通过管养分离改革，使任何一个单位都把养路投资当作自己的钱一样爱惜和节约，把公路路况质量当作自己的产品一样负责，把“花国家的钱办国家的事”这种模式变为“花自己的钱办自己的事”。

从经济学的角度来讲，通过管养分离我们可以做到以下几点：

1. 管养分离可以确保市场监督机制落实到位

管养分离以后，改革了原来计划监督和执行为一体的情况，可以单独履行监督职能，把自我监督变为他人监督，有利于公开、公平、公正地做好各项监督工作。

2. 有利于养护成本的节约

管养不分离，自己下达计划，自己执行，下达计划不是按养护需求量的市场单价为基础，而是用职工工资需要多少资金反算工程量，以此为依据下达计划。这样的结果就是简单的项目偏多，难干的项目偏少，这就是长期以来路面工程少，路基工程多的一个原因。这样的结果还造成了需要的地方资金不足，不需要的地方资金过剩，缺乏调节机制。管养分离以后不再以职工的工资总额为依据下达计划，而是以工程的需要量来下达计划，并且是按市场单价来下达计划，那么，从计划下达的角度来讲，可以减少一些不必要的项目计划，有效反映公路养护的资金需求，把资金尽可能多地用在提高路况所需要的项目上。从执行角度来讲，因为计划权力不掌握到自己手里，资金的节约可以提高自己的效益，促使执行的建养（总）公司以最低的成本达到最好的质量。

3. 有利于市场的拓展

公路养护的市场招展其实就是销售拓展，销售的是我们过剩的生产能力。企业化的管理模式，扩大了建养（总）公司的经营自主权，减少了企业的依赖，促使建养（总）公司更积极地进行市场拓展，扩大企业的生存空间。

4. 有利于提高养护效率

企业化管理，市场化运作就要按市场规律办事，管理者和职工的收入取决于工程量的完成情况，养护效率的高低决定了人工成本的大小，决定了管理者和职工的收入高低，这就必然提高管理者和职工的积极性，减少施工时间，压缩施工的劳动力成本。

5. 有利于职工的增收

管养分离使管理所从生产型转向管理型，每个管理所配备 3～4 人负责

50～70公里路段的巡查、路基养护考核和部分路段的路面保洁工作，职工的体力工作强度降低，因为职工与农民工之间的工资差异，通过发挥管理效益，职工可以增加200～500元的工资收入。

三、运用市场竞争破解公路养护经济难题

（一）市场化改革是公路养护的必然趋势

1. 公共服务引入市场化是必然趋势

公路养护是一种公共服务，公共服务市场化是20世纪80年代以来国际上行政改革的主要倾向之一，其实质是将市场机制引入公共服务领域，以期解决政府在公共服务领域投入不足、经营不善、效益低下、资源浪费等问题。公共服务市场化，既可以通过转换机制，对公共服务部门进行改革，使之转向市场化，也可以通过引进外部力量，对公共服务部门进行产权重组和承包经营，使之转向市场化，也就是说，公共服务市场化可以选择公营或是民营的不同路径。公路建设目前已经实现了公益性与经营性的分离，作为公路养护目前仍然存在效率低下的问题，国际国内的通常做法就是引入市场机制，提高运行效率。公路养护的市场化并不是我们愿不愿意的问题，而是什么时间推行，我们如何应对的问题，我们不是主动方，而是接方，要主动适应市场化的要求。

2. 市场化改革是单位发展的必由之路

无数的事实证明，一个单位或一个人只有置身于竞争之中才能得到持续性的发展，依靠垄断维持的发展一旦垄断地位被取消，将陷入绝境。从世界近代史国家发展的历史证明，一个国家只有打开国门，引入竞争，才能快速发展，中国正因为闭关锁国才落后于历史发展的大潮流。在同样的历史机遇面前日本却抓住了机会，打开国门，一举成为世界强国。回顾一下对我国入世的争论，当时反对的人不少，以轿车工业为例，当时反对的人就认为我国的一点轿车工业还非常脆弱，还经受不起轿车大国的冲击，可入世几年的发展表明，现在我们的公路上跑的轿车，我国没有参与制造

的牌子很少，我国的轿车工业不仅没有因为入世而淘汰，相反正是通过入世，引入了竞争，我国的轿车工业才取得这样长足的进展。从公路行业发展的历史来看，修建市场因为市场开放比较早，从90年代开始他们就置身于市场竞争之中，他们的发展就要比养护单位要快得多，职工收入的增长也要快得多。因此，我们要克服畏惧、惰性心理，勇于接受市场的挑战。云南省公路局党委正因为认识到这一点，才把市场化改革作为发展思路的首要措施。

案例2：各总段的路桥公司的发展。云南省各总段的路桥总公司始建于20世纪90年代初，建公司初期，采用公路养护管理的生产模式，经过一段时间的运行发现这种模式缺乏市场竞争力。不久，市场经济模式逐步代替了原来的生产管理模式，经过采取市场化运作，路桥总公司的工资福利待遇由自己承担，实行独立核算、自主经营的管理模式，迅速打开了修建市场，成为各总段职工收入最高，完成工程数量最多的单位。有的公司一年完成上亿的产值，与整个总段的纵向产值基本相同。反之，如果我们当初不把路桥公司推向市场的话，不可能取得这样突出的成绩。

3. 市场化是降低成本的最终途径

云南省地处祖国边陲，地形地质复杂，公路建设和养护的资金需求较大，但云南又属于经济不发达的省份，经济状况较差，公路养护的资金投入较少。所以我们只有通过推行公路养护市场化，降低养护成本才能保证正常的公路养护经费。

从表1可以看出，2001年到2005年期间，云南省公路局干线公路养护的资金投入没有明显的增长，但公路客货运量却在急剧增长。2007年云南省管公路资金需求测定为18.04亿元，实际安排资金数为11.1亿元，需求测定数比实际安排数多了6.94亿元，增加的主要原因是沥青路面大中修率按5%计算，加大了沥青路面大中修工程的投入。

由于资金的严重不足，用市场化的运作方式来降低公路养护成本是被迫之举。

2001～2005年养护与管理资金实际发生汇总表（单位：万元） 表1

年份	总计	养路工程费合计	养路事业费合计	养路其他费
2001	104184	59227	19670	25287
2002	106217	58944	18616	28657
2003	106840	54601	22584	29655
2004	109810	53770	22100	33940
2005	112906	58264	19389	35244

（二）市场化改革中的市场定位

1. 在目前的体制下改革

我们的改革不涉及体制，在目前的体制框架下进行，不改变单位性质，不改变职工身份，一切改革都在机制范围内进行。这样可以减少改革阻力，保持职工队伍的稳定，减少改革程序，减少工作量。

2. 市场选择

经济发展的历史表明，垄断是一个国家和一个地区发展的障碍，为此目前许多国家都制定了反垄断法。市场形式分为完全竞争市场、完全垄断市场、垄断竞争市场与寡头垄断市场等四类。目前干线公路的养护市场就处于完全垄断市场状态。这种市场的特征就是唯一的卖者、产品不能替代、独自决定价格、实行价格差别等四个特点，我们目前的公路养护市场四个特点都具备。

市场化改革在我们的意愿内要改到什么程度呢？这取决于改革的目的，即实现行业发展、增强单位实力、提高职工收入。这三个因素的比重决定了改革的程度，决定了要选择哪种市场。如果我们只要行业发展，不兼顾单位实力的增强和职工收入的提高，那么垄断竞争市场是最好的市场。因为公路行业的特性，不可能实行完全竞争市场。垄断竞争市场就是指这种既垄断又竞争、竞争因素更多一些、比较接近完全竞争市场的市场结构。这种市场的特点是许多卖者、产品差别、自由进入、厂商对产品价格略有影响力，这种市场模式也不适合我们。如果要兼顾单位实力的增强和职工收入的提高，那么我们最好的选择就是寡头垄断市场。这里的寡头垄断市场是一个经济概念而不是政治概念。这种市场的特征就是厂商相互依存、厂商数目极少、进出不易、产品同质或异质、厂商行为不确定。这种市场有竞争，但垄断多于竞争。我们选择这一市场的目的是保持垄断地位，维护职工的利益，同时引入竞争机制，促进行业的发展，刺激单位的发展，增强单位的竞争实力，提高职工的收入水平。

3. 市场导入

没有竞争的市场不是成熟的市场，不置于竞争之中的单位不可能有大的发展。目前我们有必要引入一些市场竞争，刺激单位的发展，使单位的生产经营模式更适合市场竞争。只要我们具备了市场竞争能力，一旦公路养护市场真的放开了，我们不仅能够守住市场份额，还可以不断开拓市场。但要看到，目前云南省的公路养护市场的发展态势是，随着高速公路和农村公路的修建，市场在急剧膨胀，虽然我们的市场份额在整个市场中绝对数减少不多，但市场比例却越来越小。我们只靠自己的一亩三分地是发展不了的，我们只有在整个公路养护市场中不断加大自己的市场占有率，才能实现不断地发展。但要实现这种发展并不是死守住自己的一亩三分地，而是要利用这一亩三分地作为“练兵场”，通过引进市场竞争机制，提高我们的市场竞争力，从而实现向外的开拓。如前所述的轿车工业，放开了市场以后，虽然我们让出了部分的国内市场，但我国的轿车工业更发达了，我们占领了更多的国际市场。我相信、导入市场竞争是我们快速发展的最佳途径，我们的各级领导干部也要认识到这一点，正确面对市场的导入。

事实上，我们目前已经在公路养护市场中部分导入了市场竞争，并且在这些竞争领域我们在许多方面成本都是居高不下的。如料场市场，在没有实现大料场以前，我们自己的料子成本比市场上的价格高，许多单位就全部向外采购，出让了料场市场。如路基养护市场，在实现“两个调整”以后，我们发现，如果自己做路基工程项目，成本较承包给市场劳动力要高。因为在简单劳动中，我们只使用了体力成本，没有使用技术和脑力成本，但我们支付的是全部成本的工资，所以成本很高。通过社会化养护，降低了路基养护的成本，将路基养护社会化减少的费用投入到路面养护中。经过测算，这些费用可增加 32%的沥青路面养护材料费。但是，这些都是市场导入，为什么没有对我们的公路养护市场形成冲击呢？因为我们掌握着最后的价格垄断，我们可以根据所产生的成本核定商品价格，而不是由市场调节所形成的市场价格。正因为有这种垄断价格的存在，我们就像在温水中的青蛙一样，永远不会跳出将要沸腾的铁锅。

市场的导入应该有个渐进的过程，如果导入过快，市场强烈的竞争机制会让我们还没有学会竞争的职工败得一塌糊涂，把我们仅有的一点家产也输光。所以，我们的市场化改革只能是渐进式的改革，让职工在这一过程中不断适应市场的竞争，不断增强市场的竞争能力。但不导入真正的市场，市场调节不了商品价格，最终不可能影响生产经营模式，我们的市场竞争能力便会得不到快速的提高。作者的想法是可以在一个总段内拿出一个段进行试点。一个段或者半个段的养护里程全部引入社会竞争力，实行“一路两制”，建立内部市场与外部市场之间的桥梁。形成竞争机制，最终使我们的养护市场用市场价格来主导或调节。

4. 设置保护措施

市场的发育是个渐进的过程，在这一过程当中，我们要设置一些保护措施，如我国有入世中的各种保护措施一样，要利用这些保护措施保持职工队伍的稳定，保证行业的平稳发展。

首先，可以采用补贴措施对我们的高成本实行分阶段的补偿。养护成本产生于公路养护的各个环节，养护成本只能是渐渐式的下降，所以在这一过程中，要与市场价有差别地适当提高内部市场单价，实行双轨制，并随着竞争能力的提高，逐步取消这些差价。

案例 3：某段内外单价差价的测算。该段的职工平均月工资 1500 元(含全部收入)，市场的民工的工资单价是月 1000 元，那么 1500/1000＝1.5，职工的工资是市场民工工资的 1.5 倍，那么工程单价也就是民工的

1.5倍。如果一个日定额能完成1.2平方米水稳基层的修补，日定额市场单价就是1000元/21.5天=46.5元，开挖修补30厘米深的1平方米坑塘的劳动市场单价就是46.5元/1.2=38.7元。职工工资是市场价的1.5倍，那职工完成一个坑塘的修补就应该是38.7×1.5=58元。

其次，要形成降低成本的强制措施。机械使用、料场和技术是公路养护与修建的核心竞争力的主要组成部分，是开拓市场的主要手段，机械和石料也是公路养护的主要成本。有的单位因为机械和石料成本高，就不用机械，石料到外面买，这种做法不可能培养我们的竞争能力，只可能使生产和竞争能力越来越弱，以上三者我们必须加以保护，强制规定必须使用内部机械，不得向外购石料。在机械使用中探寻降低机械使用成本的有效方法，在使用内部石料中，提高生产石料的效率，努力降低料场经营成本，想尽一切办法留住优秀人才，通过这三种措施逐步培养我们的市场竞争能力。

四、运用经济学原理分析和探讨降低公路管养成本的方法

公路管养的成本主要分为直接生产成本和管理成本，下面从两个方面进行分析。

（一）公路养护生产成本分析

在当今的经济竞争中，低成本和高质量是竞争取胜的主要手段，从目前公路管养的形势来看，高成本是我们竞争处于劣势的主要原因。一些高速公路和地方农村公路修建以后本来想交给我们管养，但别人给的是市场价格，我们需要的是我们的内部价格，因为存在内外价格的剪刀差，养护成本比市场价格高，所以许多公路往往都没有得到养护权。成本是相对的，路政管理方面，在路政总队成立前，云南省公路局履行路政管理的成本比三个高速公路路政支队的成本低，所以云南省交通厅党组同意新建成的高速公路路政管理，并由云南省公路局负责。低成本是开拓市场的最好武器，所以降低管养成本是我们的当务之急，下面试图对公路养护成本进行一些分析。

1. 生产成本构成分析

成本分为短期成本和长期成本。短期内公路养护生产所发生的成本称短期成本，如材料费、机械使用费和人工费。长期内公路养护所发生的成本称长期成本，如职工的住房、办公地点、职工教育培训。成本又分为可变成本和固定成本。如材料费、机械使用的油料费和人工费就是变动成本，而料场的征用，堆料的地点、大型机械的购买等属于固定成本。

案例 4：某段公路养护的坑塘养护成本分析。

接案例 3，如果这些坑塘是面积较小的，不适宜用大型机械，假定第一次出去的人是 10 人，平均日工资单价 75 元，破碎锤的台班费 100 元，冲击夯的台班费是 100 元，平板夯的台班费是 80 元，运料车的台班费是 380 元，每平方米的拉运和机械耗油费 8 元，每人每天可能挖补 2 平方米。我们的机械使用费，不能仅仅只算工程中所花费的油料等，而要以市场接轨，按台班进行测算。

在生产中，固定生产要素和变动生产要素之间存在着一个最优组合。当开始变动生产要素以增加产量时，由于变动生产要素逐渐趋向与固定生产要素相配合所需要的最优数量，每单位变动生产要素所带来的产量逐渐增加即平均变动成本趋于减少。但是，到达了固定生产要素和变动生产要素最优组合以后，如果还继续增加变动生产要素以增加产量，两种生产要素的相互配合就变得不协调。这时，每单位变动生产要素带来的产量逐渐减少，所以变动成本到达一定点后将趋于上升。表 2 为公路养护成本表，从表中我们可以看出，平均成本是随修补面积的增加下降的。这是因为当天使用的机械和人是固定的，随着工程数量的增加，所占比例越来越少。边际成本也是不断下降的。为什么当修补到 25 平方米时，边际成本会突然增加呢？这是因为，生产要素中的人力已经到了饱和状态，需要增加人，也就增加了成本。

边际成本就是增加或减少一单位产量所导致的总成本变化。

单位成本的材料费下降是因为材料拉得越多，料场的征用费和料场机械的折旧日费在单位数量上摊得越少。

公路养护成本表（单位：元） 表2

修补面积（平方米）	总成本	固定成本	变动成本	平均成本	平均固定成本	平均变动成本	边际成本	机械使用费	材料费	人工费	人数
10	1817.5	1410	407.5	191.8	141	40.7		740	327.5	750	10
15	2015	1410	605	141	94	40.3	198	780	485	750	10
20	2210	1610	800	115.6	70.5	40	195	820	640	750	10
25	2600	1610	990	109	56.4	39.6	390	860	790	975	13
30	2764	1610	1154	92	53.6	38.4	164	900	954	975	13

在公路养护中的养护成本与完成数量的关系可以用下面的函数曲线来表示（图2）。总成本与变动成本线形一样，高度不一样。

由图2可以看出，固定成本不随产量的变动而变动，表现为一条水平线，变动成本从原点出发，向右上方倾斜，先以递减的方式增长，然后以递增的方式增长。总成本曲线由两部分成本曲线的叠加而形成，位置由固定成本决定，形状由变动成本决定。

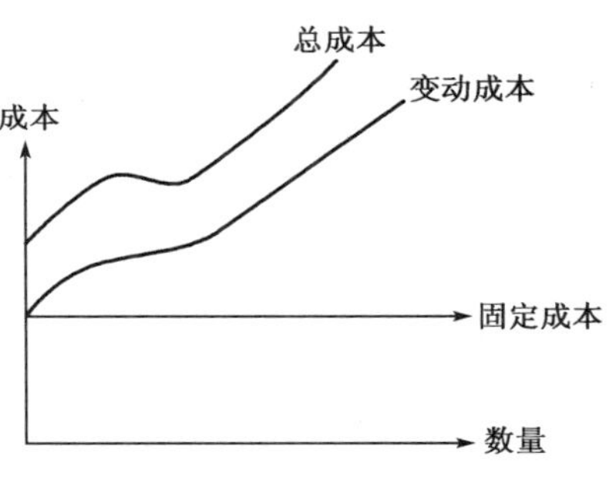

图2 公路养护成本与完成数量关系曲线

2. 降低生产成本。

(1) 降低变动成本。从以上图表中可以看出，短期内的公路养护生产成本的高低都是变动成本决定的。同样的工程量，要降低工程成本就要降低变动成本，在公路养护中，变动成本主要是油料和材料的使用。因此就要想办法降低这两种生产要素的单价。

油料：在我国市场上，油料基本是统一单价，但存在季节差价，我们就要从油料的运输、储存、节约等方面，着手降低单位产品中的油料消耗。同时要努力降低油料的采购单价，大力开展旧沥青回收利用，此外，还要提高科技水平，开展规范化养护，降低养护成本。如沥青的供应是冬季价格相对便宜，2008年中沥青单价最高时每吨达3600多元，为此2007年我们以每吨 2550 元的价格储存了 23180 吨养护沥青。后来的价格是每吨 3150 元，每吨可减少成本 600 元，仅此一项就减少了支出 1300 多万元。所以要学会打时间差，节约公路养护成本。第二要大力开展旧沥青回收利用。我们有的段才半年多一点，一年的沥青计划就用完了，下半年职工没有工作干了，这就是因为没有利用废旧沥青。云南省公路局下发给总段，总段下发给段的沥青计划中，就已经考虑了利用废旧沥青这个因素，哪家不用，沥青肯定就不够用，形成生产要素的组合不协调，职工就没有工作干，有的单位就让职工待岗。待岗工资就那么 500 元，我们的职工上有老，下有小，怎么养家糊口，做领导的一定要有同情心，让职工有饱满的工作量。第三、提高科技水平，降低养护成本。通过开展规范化养护，把以前油面层达 5～8 厘米降到了 4 厘米，节约了在病害修补中价格最贵的沥青材料，由过去超过交通部要求的每公里 2.5 吨标准的 3.2 吨降到 2 吨。

砂石料：砂石料的成本构成中，变动因素主要是破碎成本、运输成本和储存成本。我们一定要想办法提高效率，优化生产组织形式，降低砂石料的成本。

（2）降低固定成本。固定成本有个时间概念，只是说在这个时间段内是固定的，按马克思主义的观点，万物都是变化的，没有固定不变的东西。如劳动力生产要素在商品生产中是变动成本，但对单位来说，单位的人数是固定的，不能像私营企业一样随着其他生产要素的组合需要增减劳动力。所以，对单位来说，劳动力是固定成本。还有机械，一旦购买了，就是固定成本，每天都发生着折旧，料场的征用费用是一次性支出的，这些都是固定成本。固定成本一旦产生就不可随意更改。所以要把固定的生产要素与其他的生产要素相协调，提高固定生产要素的利用率和效率，以降低固定生产要素在商品中的成本。

（3）用替代效应降低生产成本。在生产中，各种生产要素是可以替代的，如人工可以替代机械，劳动可以替代材料。我们的病害修补从以前的操作方式转到现在的规范化操作其实就是一种替代。以前粗放式的生产方式，有的不开挖基层，有的基层用手摆块石，采用灌入法，这些生产方式劳动力成本小，但材料消耗特别多，一个平方米的坑塘要消耗 5～8 公斤的沥青，并且平整度相当差，使用周期短。规范化操作就是用劳动力生产要素替代资源要素，减少总成本。用“一次性修补并长期使用”替代“短期使用并经常修补”。因此在生产中，应研究哪些生产要素之间可以相互替代，哪种替代方式成本最低。

（4）提高科技含量。科学技术是第一生产力，也是降低成本的最佳途径。近几年我们大量使用废旧沥青再生技术降低了材料成本，用沥青改性技术和倒装结构等降低使用周期成本，用机械替代人工降低劳动生产成本，这都是用科技进步降低养护成本的具体实践。

3. 追求最优生产组合

最优生产组合是边际成本最低，最经济合理，利润最大的生产组合方式。在实际的养路生产中，因为生产要素很多，不可能找到全部生产要素都充分发挥作用的组合，只可能是相对的最优生产组合。怎么找到这一种生产组织呢？从表 2 可以看出，固定成本远远大于变动成本，当生产达到主要固定成本的充分利用时整个成本最低，所以生产组织要尽量满足主要的固定生产要素的生产能力，达到最高效率，这时养路成本最低。如案例 4 中，主要的生产要素是运料车、破碎锤、冲击夯、平板夯，这 4 种生产要素占成本 660 元，所以生产要尽量达到四种机械的最高生产能力，如果这 4 种机械每天最多能铺 50 平方米的话，每天铺 50 平方米就是最优生产组合。固定成本中，最容易调整的就是劳动力，每天上路作业时就要考虑劳动力与机械生产能力的组合。如案例 4，如果每天每人能铺 2 平方米，只有 10 平方米的工程量，我们去了 10 人的话，不仅机械的生产不饱满，人的生产也不饱满，形成窝工。最后完不成定额，职工收入降低。

当前我们的主要生产要素是料场、压路机、摊铺机、拌和机和职工。一般一个段至少有一个料场，按每小时 60 立方米的联破机计算，每天可以生产 250 立方米，一年可以生产 75000 多立方米，但一个段一年小修保养的碎石料就需要5000多立方米，即使每个段一年再安排2公里的大修，路面为7.5米的1公里大修也仅需要2000立方米的石料，一个段即使有2公里的大修，一年的全部石料需要不足10000立方米，剩余40000立方米的生产能力。如果石料全部投入到公路养护中的话，需要每年22公里的大修才能达到料场的最大生产能力。这些生产能力对于目前的工程所有量来说是无限大的。所以当前养路生产中最突出的矛盾就是生产能力的过剩和生产能力不足之间的矛盾，工程越多，生产成本就越低，这就是规模经济。

以上说明，生产要素要均衡，否则将发生生产要素报酬递减。西方经济学家指出，在技术水平和其他生产要素投入不变的条件下，连续增加某一生产要素的投入，当可变生产要素的投入量小于某一特定值时，增加该要素投入带来的边际产量是递增的。当这种可变生产要素的投入量连续增加并超过特定值时，增加该要素投入所带来的边际产量是递减的。这就是生产要素（边际报酬/边际产量）递减规律。所以我们在工程机械配置方面要考虑好全部机械的总体生产能力，生产能力处于基本均衡状态。

案例5：一台拌和楼的购置。某段承揽了一个6公里共计3000万元的工程，为了完成路面铺筑任务，花800万元购买了一台2000型的拌和楼。这个拌和楼每小时能拌130吨沥青混凝土，明显高于这个段的其他机械的生产能力。这个拌和楼搬一次的成本是40万元，不可能用于公路养护。这个工程如果租用外部的拌和楼，最多就200万元。后来公路管理段因为资质一直没有能够上高等级路，这拌和楼就成了长期成本，一直就占用资金。按年息6%计算，一年的利息就是48万元，再加上维护保养费，一年就需要近60万元。3年就超过了租用该工程拌和楼的费用。这就是生产不均衡造成的。

高等级公路不再让二级资质施工以后，各总段原来购置的好多机械都已经成了包袱，因为这些机械的生产能力远远超出其他机械的生产能力，在小修和大中修中都用不上，就是因为我们没有注意设备购置的均衡。对这些不均衡的生产要素，要及时进行调整，属于生产力不足的，要给予加强，对生产能力明显高于其他生产要素，并且预期以后不可能达到这种生产量的，要及时给予处理。

4. 实现生产均衡

利润是进行一切生产经营的最终目的，也是是否生产某种商品，是否参与某项工程的决定因素。这里有一个边际收益的问题。边际收益就是增加或减少一单位产量所带来的总收益的变化。如果多干一个单位的工程量所得到的收益比生产这个单位商品所付出的成本大，那么我们还可以再增加工程；反之，如果多干一个单位的工程得到的边际收益比干这个工程所付出的边际成本小，就不能再增加工程量。由此可见，当边际收益等于边际成本时，利润就大，生产就实现了均衡。利用这一原理可调整路基与路面养护的结构。

表 3 是调整以前用工和资金在路基、路面和其他方面所占公路养护成本的比例。

调整前用工和资金在路基、路面及其他方面所当公路养护成本比例 表 3

类型	路基		路面		其他	
	用工	资金	用工	资金	用工	资金
沥青路面	68	30	29	68	2.9	1.5
砂石路面	58	39	39	60	2.2	1
弹石路面	62	38	36	61	2	1

公路的使用收益主要来于路面，只有车辆从路面上通过了，公路才实现了价值，才有了收益。但我们却把 50%以上的用工投入到收益很低的路基养护上。这和成本与收益的关系不成正比，所以在两个结构的调整中，要逐步进行调整，把用工和资金都主要投入到收益较高的路面养护上来。

5. 控制最低总收益

从经济成本上讲，当生产成本大于收益时，就是亏损的，不应该再继续投入生产了。但实际工作中，边际成本已经大于边际收益了，也还得生产，到底我们所能承受的最低收益是多少呢？因为这些设备和机械都已经购买，成本已经发生，在没有其他工程的情况下，固定成本无论有没有工程都已经发生，所以不仅要考虑总成本，也要考虑变动成本，但利润不能低于变动成本。

案例 6：一个工程的最低总收益。某段中了一个标，总价是 500 万元，需要一台压路机、一台装载机、一台摊铺机、料场联破机。这个工程 3 个月完工，扣除材料、人工、油料、车辆等变动成本获利 50 万元。如果按总成本来算，仅 4 台机械 3 个月的台班成本就是 60 万元左右。表面看来，这个工程是吃亏的，不应该干。但实际上，这 4 台机械的成本即使不干这个工程也已经发生，都属于固定成本，这些机械的折旧费是隐性成本。变动成本是明显成本，才是需要短期投入的，所以把变动成本扣除以后还有收益就是应该干的工程。所以最低总收益应该是扣除总长期固定成本以后的最小收益，也就是说应该是总变动成本的最小收益。

（二）降低管理成本提高管理效益

管理成本和生产成本一般交织在一起，很难严格地分开，为了便于分析，把不直接用于生产的其他成本列为管理成本。

我们实施“三个转变”以后，管理成本将大量增加。在管理成本方面要改变管理成本高是因为职工工资高的观念，职工工资只是管理成本中的一部分，不转变这种观念，永远不会切实去降低管理成本。如欧美发达国家管理成本比我们低，可他们的管理人员的工资比我们高，这是因为他们的管理效率比我们高。因此，我们要从管理的各个环节去降低成本。如何提高管理效益，减少管理成本，提高管理收益，成为了我们今后必须重点解决的一项工作。管理成本纷繁复杂，不能一一列举，下面就主要的几个管理方面的成本问题进行一些商讨。

1. 管理的成本与效益分析

管理也是一种经营行为，也应该遵循投入与产出、成本与收益的关系原则，当前有些单位片面理解云南省公路局党委的“三个转变”，以为把劳动密集型转变为管理效益型就是把生产型的职工转为管理型的职工，加大管理人员人数，致使管理成本不断增加。有的总段和段甚至出现了职工不亲自干活，全体路上的活都让民工干。有的路段出现二三个职工守着一二个民工干活的场面，这不是管理效益型，是赤裸裸的剥削和压迫。这样的管理方式绝对收不回成本收益。

管理的最低收益应该是管理收益大于管理者的劳动价格。

案例7：测算一个管理者最少应该管几个民工。有的单位认为职工劳动成本太高，在简单的劳动中就依靠民工来施工，以替代以往的职工劳动。假设某个小工程总投人中的人工费是6400元，需要86个工日，我们把一个月的工日定为21.5个工日，职工的月工资是1600元，民工的月工资是1200元，职工要管几个民工才能收回职工管理成本的最低收益来呢？职工工资与民工工资的差价是400元，1600/400=4人，也就是说，在这样的工资水平上，一个职工至少要管4个民工，管理收益才能与管理成本相等。如果有8个民工，那么半个月这个工程就完成了，支付给民工的工资是4800元，但管理成本只发生了800元，剩余的800元就是管理收益。

事实上，日常的管理中还要发生差旅费等各种费用，如果不提高管理效益，管理成本就无法获得相应的收益。管理者既要注意宏观的管理，也要注意微观的管理，只有从每一个生产管理的环节入手，才能真正降低成本，提高收益。

2. 降低管理成本方法

首先，要扩大生产规模。从案例7中可以看出，同样的生产效率条件下，同样的管理成本所管理的生产成本越大，管理收益越高，如果管4个人，所得到的收益仅够管理成本，如果管8人，就提高了50%的管理收益。我们的“321”工程就是扩大生产规模，减少管理成本，提高管理收益。以前一个段有近10个管理站所，如果以前一个站所一名炊事员，现在并为大所后用2人，那么仅从炊事员一项就减少了8人，如果每个炊事员的工资按1000元计，那么每月就少开支8000元；

其次，要抓高端市场舍弃低端市场。高端产品市场潜力大，附加值高，价格弹性大，利润空间大。低端市场劳动力成本低，市场潜力小，价格弹性小，利润空间小。公路养护工程中路面作业属于高端市场，技术含量大，而路基养护工程属于低端市场，技术含量低，属于简单劳动，只需要体力成本，不需要智力和技术成本，劳动价格低，所以我们要借助外力来承担路基养护工程，把精力主要投入到路面养护工程中。按案例 7 中的劳动价格来测算的话，劳动成本是社会简单劳动力的 1.3 倍（1600/1200＝1.3），在简单劳动中要尽量使用低成本的社会劳动力。

第三，用先进的管理手段代替落后的管理手段。现在电子网络化迅速普及，要用现代的电子网络手段代替传统的管理手段。如会议管理、办公管理利用现代网络手段可以极大地降低管理成本。

案例 8：传达一个会议精神的成本比较。传达方式可以有三种，三种传达方式所产生的管理成本就相差很大。第一种方式是电子方式，将要传达的会议内容输入计算机，通过网络传给各单位，如果输入时间是一个工作人员一天的时间的话，成本就是 80 元。第二种方式是视频会议的方式。如果有 10 个单位，租用一个视频会议会场，成本大体是 5000 元左右。第三种方式是到现场开会。如果会议人员是 50 人，来往三天，那么会议成本是人工工资 80（每天工资）×50（人）×3（天）＝12000 元，住宿费是 2（天）×50（人）×50（每晚住宿费）＝5000 元，伙食费是 4（餐）×20（每餐标准）×50（人）＝4000 元，汽油费是 300（往返里程）×0.12（每公里耗油）×10（车辆数）×5（油价）＝1800 元，直接成本就达到 22800 元。三种传达方式的成本比例分别是 1∶62.5∶285。

第四、要简化管理程序。同样的管理效果管理程序越多越复杂成本越大，所以在管理中要尽力优化管理程序，减少管理成本。为了做到这一点，我们提倡终端管理，只对公路养护的最终质量进行检查，其他的养护程序由养护单位自己负责。在管理和检查中引进社会力量，提高管理效率，降低管理成本。

案例 9：对公路养护质量管理的成本比较。目前对公路养护质量管理主要采取检查的方式，这种方式存在的主要问题是成本大，每次派出的检查组一般为4～5人，一个总段检查一个星期左右，到总段后各总段的人还参与陪同检查，到段上后段上的人要参与陪同检查。如果派出四个组，每个组5人，到总段有5人陪同，检查20天，每季度检查一次的话，每年检查的人工成本就是：10（每组人数加陪同人数）×4（组）×20（天）×100元（每天工资）×4（次）＝32万元。用车是1280车天。其次是检查效果差。因为是本单位检查，如果检查结果对单位利益有影响，检查组成员一般都会对检查出的问题，大问题化小问题，小问题化为没问题，不能真实反映检查的结果。如果采取另外一种检查方式，将会是另外一种检查效果。如果在社会上聘请一个人对公路进行终年巡查，如果算他每年上路250个工作日，人工工资成本为250×100＝25000元，用车是250车天。两种方式的人工费成本比例是1∶128，车辆行驶成本比例是1∶5.12，并且这种检查方法不是本单位的人，不存在检查的不真实，有更好的隐蔽性，克服了形式主义。

公路养护的经验表明，公路养护的好坏主要体现在路面质量上，而路面病害的最终结果是坑塘和沉陷，并且对公路的通行能力影响最大的也是这两种病害。只要控制住路面的这两种病害，公路的通行能力就不会有大的影响。这两种病害也是最容易检查出来的病害，没有技术难度。这样就减少了龟网裂、规范化等检查程序，因为不做好对龟网裂的养护，最终都要发展成为坑塘。规范化主要是成本的问题，怎么节约成本应该是养护单位的事，从市场学的观点来讲，降低成本应该是供应方的事而不是采购方的事。如果基层单位不自觉坚持，事实上公路局要管这个事情也管不了。管理就是要抓住关键环节，只有这样才成降低管理成本。

3. 提高资金收益，降低资金使用成本

由于长期以来领导干部的选拔导向，总段长、段长都是工程干部出身，有的担任行政领导以后，不注意学习市场经济知识，没有较强的资金运作能力。有的领导好大喜功，不注意研究资本市场的规律，对资本运作没有基本的常识。如某总段与地方政府签了一项8亿元的工程，这条路仅30公里长，大家可以简单地算一算，就算一天有1万辆车通过，每辆车收20元的通行费，一年能够有多少成本收益？10000（辆）×365（天）×20＝7300万元。按目前的公路养护的费用与收费成本等各种费用，一年要花五分之一左右，那就只剩5840万元。按30年的收费期限，同比比较只能收到17.4亿元，而每年8.5亿的银行利息就是5100万，扣除银行利息每年只剩740万，要靠这点利润还清8.5亿元需要114年，即使只还施工成本的5亿元也需要67年。所幸的是，国务院出台了公路收费管理办法，延长了收费公路里程，局党委及时终止了这个协议，才没有造成大的损失。我们的领导干部们在签下每一个字时头脑要清醒，心中要装着广大职工，要装着公路事业，不要因为一己之利蒙蔽了双眼，给单位造成不可挽回的损失。

投资公路只是个别现象，投资宾馆就成为了普遍现象。目前云南省公路局共有28家宾馆，能赢利的宾馆有几个，少得可怜。下面按州市三星级宾馆的标准来测算一下，宾馆的资本经营情况。

案例10：宾馆的资本收益。假设一家宾馆的建设成本是1560万元，有77个房间。那么每年的收益是多少呢？按通常的50%的人住率来测算每年的收益就是77（房）×50%×80（元）×365（天）＝112万元。扣除各种成本近40万，纯收益70多万。1560万元每年的银行利息是96万元。也就是说每年的收益不够还银行利息，基本不可能还本。

从全局的宾馆情况来看，全局28家宾馆，合计投资18331万元，按年利率6%计算，每年利息合计1100万元，可今年各家上报的全部宾馆年收益仅为862.16万元。也就是说全局的宾馆处于亏损状态，对经营不好的宾馆要尽快想办法以承包、转让、出租、出售等方式进行处理，扭转亏损状态，及早变现，从酒店行业退出。

在工程方面这样的例子也很多，对一些资金到位差的工程，工程成本不高，完工后账面上盈余比较多，但几百万的欠款长期拿不到手，这部分欠款长期由单位垫资，不仅占用了正常的养护费用，而且长期积累下来，银行利息已经超过了工程盈利。所以领导干部不仅要计算工程成本和效益，在工程施工中也要计算占用的资金成本与收益，以及长期占用资金所造成的成本增长。目前全局各单位为了争取横向工程，共贷款10945万元，每年的利息近700万元。这些贷款是否就能收到相应的收益呢，当领导的一定要认真算一算，划算的就干，不划算的就坚决不能参与。

资金成本过大是制约公路局发展的重要原因。截止到2006年，交通厅累计欠拨公路局各项资金8.46亿元，现在这部分资金压得正常的公路养护也难以运转。通过2006年一次资产清查，全局资产总额42.36亿元，负债总额28.29亿，净资产14.07亿元，资产负债率达66.78%，资产负责率偏高。全局流动资产33.08亿元，其中应收款26.95亿元，占流动资产的81.47%。从中可以看出，一方面大量的资金到不了位，账面上反映为应收账款，另一方面，为了维持单位的正常运转，向银行进行了大量的贷款，目前全局向银行贷款7.77亿元，按照一年期流动资金贷款利率6.75计算，每年要承担5200万元，相当于一个中等总段一年的全部拨款，高额的利息支付加大了资金的紧张程度，同时也增加了公路管养成本。固定资产方面，全局事业单位固定资产原值13.02亿，固定资产净值9.28亿元，其中房屋建筑物资产净值5.42亿元，占58.41%，房屋资产配置结构不尽合理，而且资产的利用率不高，综合利用率不到40%，存在大量的闲置资产和低效运转资产，致使资产难以发挥出应有的经济效益。所以当前对资本和资产运作方面要做好以下几项工作：

（1）谨慎投入。一些大型项目的投入要做好各方面的市场考察，从生产和投资成本以及市场潜力和销售等方面进行考察，作出正确的市场预测。对大型的投资项目必须征求广大职工的意见，没有广大职工的公开意见征求程序不得投入，避免领导班子集体腐败，错误决策。对上千万元的投资项目必须报经局党委同意后才能实施。

案例11：大理总段经过市场分析，改变投资方向，使一笔存在着巨大风险的投资减少了风险并收到了较好的效益。2002～2004年，大理总段在自有的3亩土地上规划建设一个星级酒店，除土地费用以外，还需要贷款

3000多万元。2004年下半年经过多次广泛征求意见、深入论证之后，决定取消酒店项目，改为开发以机关职工住房为主的商住楼项目。经过这一改变，不用承担3000多万元巨额贷款的风险，按当前的银行利率来算，需要每年付出银行利息近200万元。改为开发商住楼以后，开发了15252.17平方米，其中职工住房12013平方米，铺面1964平方米。当时的住房单价为每平方米1520元，目前每平方米已经涨至3000多元，合计1780万元。商铺均价为10000万元，经过公开拍卖扣除建设成本每平方米1520元，可回收资金1700万元。经过改变这一投资方向，这3亩土地总段增加了约300万元基础设施，机关职工的住房得到了改善，而且取得了3500万元的增值效益和实际经济效益。

（2）谨慎贷款。随着国家不断提高银行贷款利息，贷款的使用成本越来越高，贷款投资的成本加大，收益相对减少，不得随意贷款。各总段的大额贷款必须报省公路局同意，坚决杜绝前人贷款得利，后人艰难还款的情况。

（3）不轻易搬迁。现在许多单位房产利用不高的原因就是因为总段或段部搬迁，原来的房屋得不到充分利用，后面盖的房屋过了几年又不够用，过几年又要重新搬迁。频繁的搬迁也占用了大量的自有资金，职工福利得不到改善，职工收入得不到提高。因此要严格控制总段和段部搬迁。

（4）盘活存量资产。云南省公路局一些闲置和低效运转资产，从投入产出分析，已经很不经济，为了让国有资产发挥出应有的经济效益，应该通过引入股份制、拍卖、转让等方式整合资源，盘活资产，最大限度地发挥资产的经济效益。同时要盘活债权。随着横向经济的不断开拓，在横向方面的债权债务关系越来越复杂，要盘活债权关系，减少债权负担。

案例12：砚山公路管理段“以地抵款”，解决了工程款长期拖欠的问题，也解决了“站所建设”的建设用地问题。1996～2001年，砚山段承担了砚山县城的几条市政道路建设，到2002年，砚山县政府还拖欠工程款230余万元。2003年经与县政府协商实施以地抵款，获得了17.25亩，由职工自筹资金建成连排别墅46套，2006年1月全面竣工，所有参建职工已全部入住，解决了职工住房难的问题。如果不采取这种方式来盘活这笔债权，砚山段每年要为230余万元负担16万元的银行利息。通过“以地抵款”不仅不再负担这笔利息，而且职工还享受到了土地和房产增值的巨大利益。另一个以此相反的总段，也是地方政府在市政工程中拖欠总段近3000万元，用200亩土地相抵，但因为总段领导缺乏盘活资产方面的经验和能力，没有抓住机遇办理相关手续，不仅没有得到土地，失去了土地升值的利润，而且长期拖欠，负担着巨额的银行利息，最后只能以酒店相抵，背上经营酒店的沉重负担。正反两方面的两个例子值得每一个领导总结和深思。

(5) 加强对财务的监控。财务风险是最大的风险，而我们当前对财务的监控力度非常弱，在每年的审计中基本只是审计数据是否准确，因为担心得罪人，都不愿意进行深度的审计。上级财务对下级财务又不能进行监控，往往发生了问题才去查财务，亡羊补牢的方式难以追回经济损失。当前高速公路已经引进了先进的网上银行，这样上级对下级财务的每一笔资金的动向都一目了然，堵住了许多财务漏洞，财务人员要研究对财务的监控措施，大笔的财务动向必须清清楚楚，对不符合规定的支付要及时进行干预。其次要转变观念加强对辅业生产的财务监控。我们以前总有一种观念，认为辅业生产是基层单位自己的事，局很少过问总段的辅业横向财务，总段对段的横向财务也很少过问，这是一种非常危险的观念和做法。按照隶属关系，基层承担不了的责任都要由上级承担。近几年发生的一些财务投资方面的事件应该引起我们的重视，对辅业生产的财务问题也要加强监管。

4. 提高管理收益

(1) 提高资源管理效率。管理是有成本的，有成本就必须有相应的收益。可当前的管理制度根本没有理顺管理成本的投入与收益的关系，没有按收益支付工资。这主要体现在领导者的工资制度上。

领导拿的是档案工资，干得好与不好在收入上基本没有什么差别的，要干好工作完全凭的是责任心，责任心强一点，工作能力强一点的工作就干得好一些，相反就差。没有因为干得好了就多给一点回报，也没有因为干得不好就减少一些回报。只是在年终兑现时有一点差别，最多也就是相差几千元，这点差距根本不能激起他们的工作积极性，就是说成本投入不能发挥最大的经济效益，甚至产生负效益，他们的不作为阻碍了单位的发展。在有条件的单位，要推行单位领导的变动工资制，从经济学上讲就是要把成本投入与收益挂起钩来，制定一个系数，通过测算单位的资产增值、职工收入增减来核发单位领导的工资。如下案例：

案例 13：单位领导的工资测算。一个段的资产总值是 500 万元，职工的月档案工资是 1600 元。假如制定的系数是职工和单位的资产每增加一个百分点，单位领导的收入就增加十个百分点，单位领导的档案工资是 2200 元。到年底审计后，单位除正常拨款增加的资产以外，增加了 50 万元，职工月档案工资是 1800 元。那么职工增资 12.5%。单位领导就应该增资 125%，每个月他的工资应该有两部分：A. 通过职工工资测算部分：（2200＋2200×125%）×50%＝2475 元；B. 通过资产增值部分：（2200＋2200×100%）×50%＝2200。他的工资总额就是 2475＋2200＝4675 元。如果资产增值 50 万元，但职工的平均收入只到 1400 元，那么他的工资就应该是：

A. （2200－2200×125%）×50%＝－375；

B. （2200＋2200×100%）×50%＝2200。

他的工资总额就是 2200－375＝1825 元。

这里不能简单地用时间投入来测算成本收益，即领导者的时间投资回报简单地认可为领导者投入的时间乘以市场价格。他的利润回报应该包括三个方面：承担风险的报酬、长期的智力投资、劳动时间。有长期的智力投资加强了他的能力，又敢于承担风险，再加上劳动时间长，那么他的高收入是必然的，也是应该的，如果没有长期的智力投资，个人没有工作能力，又不愿意花更多的时间，单位的经营肯定上不去，他们收入低也是应该的。对这样的领导也要坚决地撤换。

对其他的管理人员，不能简单地按领导者的系数平分兑现工资，而应该建立考核奖励机制，按个人的工作成绩来进行奖励，对每个人的工作进行量化，有的人说有些工作不好量化，其实只要认真研究没有一个人的工作与成绩不能量化，只有通过量化考核，把个人的成绩与利益相挂钩，才能以个人目标的完成和超越来保证单位目标的完成和超越。

（2）克服占优策略，提高工程成本收益。在每一场竞争中，至少有两个参与者，每一个参与者都有一组可供选择的策略，而这组策略中有一项似乎是对自己最有利的，而这项恰恰是对大家最不利的。但在不知对方的选择的情况下，大家都会选择这项占优策略。

案例 14：一个工程的招投标。某个工程进行招标，经过测算，该工程的需要成本是 1000 万元，按正常管理施工方应该有 150 万元的赢利，也就是说 1150 万元的中标价相对合理，如果低于 1000 万元就要亏损。现在 A 总段、B 总段和 C 总段都去投标，并且只有这三家单位去投标。这里就有三组选择：第一组投标价为 1150 万元，中标可以赚 150 万元。第二组是 1000 万元，中标等于不赚钱，就是有一点机械费和人工费。第三组是低于 1000 万元，还没有施工就已经亏损。现在对每家来说都有一种选择，一般来说第三种选择是冒险选择，不大会有人选择。如果三家都坚持选择第一种是最有利的，但都担心别人选择第二种，自己中不了标，所以也不会选择。一般都会选择第二种，这种选择中标了可以赚点机械和人工费，中不了标也不损失。这就是这组选择中的占优策略。大家都去选择这一组，结果使得工程收益非常低。

目前横向工程中的业主就是利用了这种心理一再迫使我们低价中标，这样的情况事实上也真实地发生过，有的工程只有我们几家下属单位，可因为占优策略，大家都选择了低价，我们不仅大量垫资，而且收益非常低。因此，要克服占优策略，争取第一种选择，提高工程收益。

5. 提高路政管理收益

路政管理行为是一项行政执法行为，也是一项经济行为，既要通过路政管理达到保护路产路权的目的，也要达到给单位增加实力，给职工增加收入的目的。从行政执法的角度讲，治理超限超载车就是坚持公路利用中的合理的成本收益。公路是公共产品，在公路的使用中是有一定的排他性的，每一辆车为了使用公路都花了钱，付出成本，也就是交了养路费，这个养路费是按照车辆的使用收益来测算的。我们的公路养护投资也是用这些资金作为成本来养护的。但公路养护中超限超载车对公路的使用超过了它们付出的成本占用了其他车辆的成本投入，所以我们治理超限超载车就是要让全部车辆在自己付出的成本范围内使用公路，不占用别人的权益，保证公路使用市场的公平性。从经济收益的角度来讲，降低成本和提高质量是增加市场竞争能力的主要手段，在路政管理中也同样如此，这里的质量就是执法水平和文明程度。

（三）提高职工福利效用

1. 提高职工福利的投入效用

由于单位性质，职工的工资通过公路养护基本有保障，并且这部分资金基本是固定的，缺乏流动性。单位的自有资金都是横向经济中得来的，是最活跃，最具有流动性的，这部分资金也大多用来建设职工福利，对单位的流动资金占有非常大。所以职工福利不仅是福利问题，也应该是货币使用与流通的问题，所以要以经济学的视角来关注和分析职工福利问题。

职工福利是二次分配，是为职工服务的，应该是受职工欢迎的，但在实际工作中，我们发现在福利建设方面经常好心办坏事。20 世纪 90 年代，我们大搞“三园式”站所建设，当时投入了不少的财力和物力，可到现在投入基本失去了价值，有的地方甚至出现了单位花几十万元建设一个仅七八个职工的站所，需要占用职工一小点利益，职工不愿意，与单位领导发生冲突。这些事例说明，我们的职工福利投入与职工的需要不相符，职工没有得到可感性的实惠。在职工住房的建设中，我们为职工解决第一套住房，职工对单位领导非常感激，可随着单位住房的建盖越来越多，职工不再对单位非常感激。这些事例说明，在职工福利的改善中，我们既要用人性化的管理也要从经济学的角度来进行研究分析。以上这些事例至少包含了经济学的三个方面的原理：

第一，商品价格与实用价值的关系。马克思主义经济学原理认为商品的价格是由其劳动价值和市场供求关系决定的，而商品的实用价值却是由使用商品的人的用途决定的，不同的人使用不同的商品其实用价值是不同的。我们的“三园式”站所建设，在一定程度上改善了职工的居住环境，一个站所少则投入近10万元，多则投入几十万元，一个职工头上就要花近万元。但职工更需要的不是对环境的改善，而是对收入的提高。马斯洛的需求层次论把人的需求定为五个层次，低一层次还没有满足之前，对高一层次的需求是非常少的，而我们有些领导连职工的应发工资都不能保障，还要大兴职工不需要的三园式站所建设，大搞歌舞厅，全部设备成为闲置，浪费资金，降低了职工福利待遇，引起职工不满。所以我们在解决职工的福利待遇时要认真研究职工的需要，使实用价值高于商品价格。

第二，商品的效用问题。西方经济学原理认为，商品的买卖当中存在商品效用与货币效用的问题。人们在商品买卖中倾向于选择在他们看来具有最高价值的物品和服务，来使欲望得到最大的满足，人们在现实生活中会消费多种物品，为了描述消费者在不同的消费组合之间如何进行选择，经济学家采用了“效用”概念来衡量获得满足的程度大小。效用就是消费者在消费物品和服务时等到的满足感的程度，这种程度纯粹是一种消费者的主观感觉。在三园式站所建设中，对职工需要不强烈的东西，虽然我们花了很多的货币，但职工得到的效用还是比较小，他们没有得到更多的满足感。商品的效用是由物品的稀缺性决定的，我们的职工对三园式站所缺乏稀缺性，所以就不能对他们产生更多的效用。

第三，边际效用问题。边际效用是增加或减少一单位商品的消费量所引起的总效用的变化。人们连续消费某种商品过程中，随着消费商品数量的增加，人们从消费中得到的总效用在开始的时候不断增加，逐渐达到最大值，然后又减少。但是，即使在总效用增加的时候，其增量也在逐渐减少，也就是边际效用递减，并在总效用达到最大值时边际效用递减为0，其后边际效用变成负值，这是边际效用递减规律。

案例15：某段在建房中的边际效用递减。某段在2001年盖了一次职工住房。当时大多数职工都住在土坯房中，长期以来子女长大了，没有住处，生活非常不方便。到外面买商品房又买不起。听说段上要盖房子，大多非常支持，职工踊跃报名。报名人数达80%。这一年职代会上，职工对领导班子的评议是最好的。2004年，实施公路局提出的“321”工程，该段又要盖一次房子，职工报名的还是比较多，但已经完全没有了第一次的激动与踊跃，因为大部分职工都已经有房子了，但还是有50%的职工报了名，这年的职代会对领导进行评议不再是非常好了。一半多的职工都已经有了房子，参加集资只是为了让房子更大一些，已经不是非常急迫。2007年，因为总段要搬迁，提议再次建房，职工们不知道是报还是不报，通知发了好多天，可报名人数不是太多，后来党政两个主要领导都报了，马上一大批职工也跟着报了。这次盖房基本很少有人说领导的好了。因为这次要房的人基本都是有房子的人了，只是希望多占一份房子给自己的亲戚朋友或者倒卖赚一点钱。这就是边际效用递减。如果这个段再第四次盖房子的话，买不起的职工肯定要起来反对了，因为这些段上的集体资金全部为继续买得起的职工占有了。

从边际效用递减规律来看，我们为职工解决任何问题都要适可而止，同样的福利不能过分投入，当一个主要矛盾解决以后，要随着矛盾的变化解决新的矛盾。

2. 正确处理职工福利在职工收入中的关系

职工福利是职工收入的一种形式，但这是一种没有按生产要素分配的收入，违背市场分配原则。工资收入与福利分配存在着替代关系。如何处理好两者的关系，调动好职工的工作积极性已经摆到了我们的面前。

（1）要用替代效应解决资金紧缺与调动积极性的矛盾。职工是劳动这种生产要素的所有者，他们的偏好决定劳动供给的数量。假定每小时工资为 8 元，职工在保证 8 小时的睡眠之后，如何在工作和闲暇之间来分配其他 16 小时，如果 16 小时全部用来工作就可得到 160 元，如果全部用于闲暇则收入为 0。如果我们把工资提高到 12 元会产生什么效果呢？一是替代效应：由于享受 1 小时比以前付出更大的代价，或者多工作 1 小时可以得到更多的收入，所以职工倾向于用收入去替代闲暇，替代效应使劳动的供给量增加。二是收入效应：由于工资率的提高，使职工的处境更好，他愿意享受更多的闲暇，所以收入效应使劳动供给量减少。

在职工的工资水平较低时，他们的生活水平不高，所以工资率上升带来的替代效应大于收入效应，劳动的供给量随着工资率的上升而增加。反之，职工的工资水平较高时，劳动量的供给随着工资的上升而减少。这个经济原理给我们提示了管理工作中的一些困惑。有的领导非常想不明白以前加一天班支付 20 元，管理人员就天天等着加班，现在加一天班支付 100 元也很少有人愿意加班。而一线职工只要发加班工资，愿意加班的人很多。我们要利用这一原理调节资金与劳动量的关系，当资金紧缺而生产工作量大时，一线人员要以发加班工资的形式，以增加劳动量，而管理人员不能单纯以经济刺激，而要用补休的形式，这样既缓解了资金压力，也应付了急办的工作。

（2）正确认识福利分配的负作用。福利在单位的作用应该定位为心理调节而不是收入分配，所谓心理调节就是通过发一点福利给职工让职工感受到单位的温暖，增加凝聚力和向心力，提高职工的工作积极性。事实上，当前的福利已经成为收入分配的重要来源。如职工没有钱去旅游就安排旅游，职工没有钱买住房就建盖住房。这些都是一种分配形式，因为这些间接收入已经占到了职工收入的相当比例。所以不再是心理调节，而是收入分配。这种分配形式将带来三个非常大的负作用：

第一，平均分配的负作用。福利的分配大多是平均分配，这种分配形式单位花的成本很大，可收到的效用小，不可能形成激励机制。

第二，这种分配形式形成新的两极分化。当前最大的福利分配就是住房的分配。可当解决了第一套住房以后，再盖新的住房，一方面边际效用减少，另一方面没有钱的只能疲惫于还以前的债，有钱的每次都参加，并且有的不仅集自己的名额，还集了别人的。假设一个单位建盖了三次住房，每套住房单位投入 5 万元，那么有钱的三次都参加集资，在单位的福利中得到了 15 万元，按当前职工的收入水平计，为一个普通职工 7 年的工资水平。再加上后期使用中的福利，占用的福利更多。而因为贫穷没有钱参加集资的职工就将比这名职工少了 15 万的收入。造成穷的越穷，富的越富，形成两极分化。对职工建房的问题，我们应该规定多少年内已经参加建房的就不能再参加，减小单位的建房压力，使资金的使用更加公平与公正。因为现在，即使是“321”工程建设，我们也发现有的职工连年参加集资，最后倒卖给外面的人，不仅增加小区的管理难度，也增加了单位负担，与我们帮弱扶贫的福利方式背道而驰。

第三，容易导致不安定因素。因为福利分配不是按照生产要素来分配，形成在职与退休、工龄长与短、单职工与双职工等一系列复杂的矛盾，这些矛盾往往成为不安定的因素。

所以我们要严格控制福利分配形式，而要把这部分资金转化为以生产要素为主的分配形式，提高各种生产要素的效率。

3. 正确处理灰色收入

任何事物的存在都有其必然性，并有着发展的规律，灰色收入作为一个避不开的话题在我们的收入分配中实实在在地存在着，下面我试图从经济的角度对这种现象进行一些分析。

(1) 灰色收入的存在空间。灰色收入是因为我们单位还有收入分配的空间，就是还有分配能力但没有分配完。经济学上用帕累托最优表述了这种状态，即资源的配置正处于不减少其他人的福利就无法增进任何一个人福利的状态，该状态即为社会资源配置的最优状态，就是说我们的分配还没有达到帕累托最优状态。另一方面，灰色收入“不合理”地弥补了单位职工的收入不合理。从企业管理的角度来讲，要调动一部分资源首先就要调动这部分资源的掌握者的积极性，这种资源包括经济、社会、智力等各种资源，可我们当前的分配形式没有这样的激励措施，资源的需求者就要试图以自己的利益取向来调动这些资源。如总段长掌握着一亿元的资源，可他的工资收入和工龄与他相近的职工的工资收入相差不大，一个大学毕业生，他掌握着已经投入了 16 年国民教育的智力资源，可工资收入与同岗位的同龄初中毕业职工相差不大。一个能够找到上亿元工程的职工与一个什么事也不干的职工的工资基本一样，这样的分配形式存在着巨大的不合理。需要这些资源的人就要去购买这些资源的控制权，就形成了权力的寻租市场。段长就要给总段长以各种好处，使总段在分配资源的时候多给自己这个单位一点，这就形成了灰色收入。

（2）灰色收入的反作用。灰色收入有存在的土壤，这并不意味着可以利用不合理的灰色收入代替不合理的分配体制。灰色收入的存在影响了我们党和群众的关系，职工群众意见大；存在巨大的腐败风险，有的灰色收入事实上已经是“黑色”收入，给党风廉政建设带来巨大的困难；灰色收入造成了上级与下级之间的各种矛盾，掌握实际经济资源的人灰色收入就多，反之就少；灰色收入造成了同级管理人员之间的相互攀比，并以各种手段获取灰色收入。灰色收入给我们带来了巨大的反作用，一定要进行规范和取缔。

（3）使灰色收入成为阳光收入。有的单位领导不懂得经济规律，单纯以政治热情对待经济领域发生的问题，必然是失败的。如有的单位领导因为职工对灰色收入的反映过大，从廉政建设角度出发，就一声令下，任何单位不能再发“红包”。结果，总段机关的职工没有人再愿意出差，基层有事也没有人去认真解决了，工作效率大大降低。所以我们要正确看待和处理灰色收入。

单位可以再提供灰色收入就说明还有分配能力，那么我们就把这些分配潜能发挥出来。通过近几年各单位灰色收入的发放测算，按照不同的使用渠道进行分配。如一个单位每年的灰色收入发放是 30 万元（这从接待费中大体可以测算)，10 万元是用在本单位职工身上，20 万元用于接待上级部门。那么我们通过审计提出 30 万元，规定 10 万元用于本单位除工资外的分配上。20 万元上缴作为总段管理费。这些资金通过工作量化考核，用于提高职工的收入。如宣传人员用于稿件的奖励，工程人员用于工程设计与优化等的奖励，总之，正如前文所讲，没有一个岗位的工作不能量化，没有量化的工作必将松懈与推诿。这样可以达到两个方面的目的，作为上级部门职工因为收入与工作效率挂钩，投入与收益成正比，减弱了收受灰色收入的冲动。其次，因为分配的分开透明化，减少许多工作中的矛盾和腐败隐患。

经济学是一门没有止境的学科，在市场经济中，我们只有不断研究和探索市场中的经济规律，特别是公路管理与养护的经济规律才能正确领悟领导的决策，才能驾驭市场，才能在市场中立于不败之地，才能做到行业发展、职工增收、路况提高。

管理学理论在公路管理中的运用

一、西方管理学概述

人类的管理实践活动和管理思想的产生可以说源远流长，自从有了人类的生活实践活动就有了管理的实践，就产生了朴素的管理思想，但管理理论的形成及成为一门独立的学科却是从20世纪开始的，其标志性事件就是1911年泰勒的《科学管理原理》的发表，该书的发表奠定了科学管理理论的基础。

《科学管理原理》一书发表后的一百年间，企业管理的理念和思想发展迅速，形成了各种各样的思想体系，但总体来说可以分为以下三个阶段。

（一）古典管理理论阶段

20世纪初，随着资本主义经济的发展，特别是在工业革命后期的管理思想的基础上，美国和欧洲各国都有人提出了系统的管理理论，其中最有影响的是泰勒（有的也译作泰罗）的科学管理理论，法约尔的一般管理理论以及韦伯的官僚组织理论，这些理论的特点是强调科学性、精密性、制度性，用科学的方法、精良的设备、完善的制度提高生产的效率，把人当作经济人来管理。

影响最大的是泰勒的科学管理理论，他的理论来源于观察和思考，并通过大量的试验验证。其中最著名的是搬生铁试验，泰勒召集了75名工人进行试验，原来生铁的重量不等，工人的动作不规范，工人的工作没有奖励措施，一个工人一天只能搬12.5吨生铁。试验开始后，他规范了搬运生铁时的身体动作、行走速度、持握位置和其他变量，并把工人的工资从每天1.15美元提高到1.85美元，经过长时间、科学的试验，各种程序、方法和工具的组合，泰勒找到了提高生产率的方法，使生铁的搬运达到每个工人每天48吨。

通过上述举例，我们可以看出科学管理理论的主要内容是：

（1）科学管理的中心问题是提高效率；

（2）为了提高劳动生产率，必须为工作挑选“第一流的工人”；

（3）要使工人掌握标准化的操作方法，使用标准化的工具、机器和材料，并使作业环境标准化，即所谓的标准化原理；

（4）为了鼓励工人努力工作，完成工作定额，他提出了刺激性的计件工资报酬制度；

（5）工人和雇主两方面都必须认识到，提高生活效率对双方都有利，都要来一次“精神革命”，相互协作，共同为提高劳动生产率而努力；

（6）为了提高劳动生产率，把计划职能和执行职能分开，变原来的经验工作法为科学工作方法；

（7）为了提高工效，泰勒主张实行“职能管理”，即将管理工作予以细分，使所有的管理者只承担一种管理职能。这就是通常所说的专业化；

（8）在组织机构的管理控制上实行例外原则。所谓例外原则，就是企业的高级管理人员把例行的和一般日常事务授权给下级管理人员去处理，自己只保留对例外事项的决策权和监督权。

古典管理理论的诞生，对促进企业管理水平的提高、资本主义经济的发展起到了积极作用。这些理论直到现在还非常适用，值得我们去思考。

（二）行为科学理论

人是有情感的，人的情感影响着人的工作和学习，西方管理学试验者在试验中发现，泰勒的科学理论方法有时因为人的情绪等方面的影响而没有明显效果，科学管理方法忽视了人的社会和精神需要，有些地方发生工人怠工、罢工，劳资双方关系日益紧张，人的积极性对提高劳动生产率的影响和作用逐渐在生活实践中显示出来。到20世纪20年代末，逐步形成了所谓的人际关系学说，这种学说被人们命名为行为科学。

1924年11月开始，梅奥等人在霍桑工厂进行试验，他们一共进行了12次试验，对试验小组的各种条件进行改变，工人都保持了较高的工作效率。有心理学方面修养的霍桑发现，劳动效率提高的主要原因是在参加试验的工人的精神方面发生了巨大变化。参加试验的工人成为一个社会单位，受到人们越来越多的注意，并形成一种参与试验计划的感觉，因而情绪高昂。通过这个试验，霍桑等人认为，工作条件、休息时间以至工资报酬等方面的改变，都不是影响劳动生产率的第一位因素，最重要的是企业管理当局同工人之间，以及工人之间的社会关系。工人是从社会的角度被激励和控制的。为了进一步证明这个结论，他们开始在没有工头的环境中找工人访谈，工人们能畅所欲言，生产效率也随之提高。

行为科学理论认为：

（1）工人是“社会人”；

（2）企业中存在“非正式组织”；

（3）新的企业领导在于通过提高职工的满足度来提高其士气。

行为科学理论包括：需要层次理论，双因素理论，公平理论，X理论，Y理论，团体行为理论，组织行为理论，这些理论又统称为激励理论。

（三）现代管理理论

“二战”以后，企业管理理论充分吸收了现代自然科学和社会科学的研究成果，如系统论、控制论、信息论等，吸收了社会学和心理学的新发展。企业管理思想取得了突破性的发展，管理理论和管理实践向现代化、综合化和多样化发展。至今，现代管理理论包容了决策理论、企业再造理论、企业文化理论、第五项修炼理论等十多个学派。

用以上理论来研究云南省公路管理具有重要的指导意义。

云南省公路局所属各单位都是事业单位，在过去实行企业化管理，都生活在市场经济的浪潮之中，目前在主观上面临着“三个滞后”的问题，观念滞后于形势，管理滞后于发展，理论（研究）滞后于实践，这“三个滞后”都将影响公路行业的发展。在当前竞争激烈的市场面前，如果不懂企业管理知识，没有先进的企业经营理念，对单位的管理没有从经验主义上升到理性的高度，那么我们的管理方式必将被市场所淘汰，我们的单位也必将不适应经济和社会发展的需要，我们就要失去生存空间。单位的发展30%靠技术，70%靠管理，一个单位的领导干部如果没有管理知识，只凭经验管理，单位就不可能有大的发展，所以要学习一些管理知识，提高管理能力。下面就管理学方面的知识谈公路管理中几个方面的问题。

二、决策理论在公路行业的运用

决策是为了达到某一目的，对若干可行方案进行分析、比较、判断，从中选择较优方案的过程，是在权衡各种矛盾、各种因素相互影响后作出的选择。决策是管理的核心，决策贯穿于管理的全过程，管理就是决策，要有一个好的决策就是要有一个好的、科学的、优良的信息处理过程。在决策的每一个阶段，都有一个信息的收集、加工、传递和反馈过程，决策工作实际就是信息收集、加工和使用的工作。信息在决策前表现为决策的资源和投入，在决策中表现为决策的依据和前提，在决策后表现为决策的成果和产出。因此要求信息要准确、及时、适用、经济。长期以来，我们各单位的领导决策主要依据经验而作出。随着科学技术的发展，公路行业的市场比重加大，市场更加理性化，经验决策逐渐被科学决策所取代。科学决策有一定的程序和方法，我们在公路管理中的任何一项决策都应做好四个阶段的工作。

案例1：以云南省公路局推出“12435”发展思路和工作目标作为案例，对决策进行分析。

“12435”是云南省公路局党委“坚持‘一个方向’（公路管养方向）、进行‘两个调整’（养护生产结构和计划结构调整），加大‘四个投入’（加大沥青路面大中修、水毁修复工程、养护基础设施和机械设备的投入），实现‘三个转变’（从劳动密集型向管理效益型的转变、从手工操作型向机械化、规范化养护型的转变、由粗放生产型向节约科学型转变），处理好‘五个关系'（改革发展稳定的关系、条块关系、主辅关系、内实外扩关系和统筹兼顾整体发展的关系）"的发展思路和"通、平、美、绿、安"5字工作目标。

（一）收集情报阶段

这一阶段需要收集公路行业所处环境中有关经济、技术、社会等方面的情报并加以分析，同时对单位内部条件也要加以分析，以便找到制定决策的理由。2002年我到公路局任局长后，感到我们公路行业，没有一个明确的发展方向，形不成合力，大家的工作都是按老规矩老经验按部就班，没有创新，没有方向，干部职工没有斗志，工作难以取得突破性进展。在这种情况下，我在2003年以前，带领局机关相关部门，跑遍了全局的全部单位，收集从站、所、总段到公路局的相关数据，这些数据为局党委以后的决策，以及验证我们的决策正确与否打下了坚实的基础。收集到这些数据以后，我和其他领导、局机关的相关部门对这些数据进行分析，找到了公路行业改革发展的突破口。

（二）设计活动阶段

这一阶段就要对收集到的信息经过分析后拟定出备选方案，并且要找到所有可行的决策方案。我们通过调研，不仅收集到了信息，同时也向局机关和广大的基层干部职工征求了改革方案，对改革方案不断地进行修改完善，最后确定了以市场化改革为方向，进行两个结构调整，加大四个投入，实现三个转变，处理好五个关系，达到五字目标这样一个简称为"12435"的发展思路和工作目标。方案提出后，又采用问卷的方式，发出了上万份问卷，全方位地征求广大职工的意见和建议，在2003年的公路工作会上讨论并通过。

（三）抉择活动阶段

在各种行动方案中进行抉择，选出最满意的效果。这里要强调的是，由于决策者在认识能力上和在时间、经费、情报来源等方面的限制，要作出最优决策在实际中几乎是不可能的，我们只可能在当前条件下作出最满意的决策，随着各种条件的变化，要不断修正我们的决策。

（四）审查活动阶段

任何一项决策都只有通过实践的检验才能证明这项决策是否正确，通过一段时间的实施对这项决策作出评价。2003年开始实施“12435”的发展思路和工作目标以后，我们立即在工作中进行贯彻落实，经过近一年多的实施以后，两个调整取得了明显的效果。经过计划结构调整，公路大修里程迅速增加，一些热点难点路段迅速得到处治，公路的路况质量快速提升，普遍认为发展思路抓住了关键问题，选准了工作的突破口，既能立足现实，又能前瞻未来，具有很强的可操作性，是符合现阶段全局工作实际的，是切实可行的工作发展思路。

一年的实践充分证明：“12435”的发展思路激发了全局改革发展的活力，挖掘了潜力，职工思想观念得到进一步转变，全员综合素质得到进一步提高，增强了职工的改革意识和应变能力。养护计划结构的调整，极大地提高了养护资金的效益，养护生产结构的初步调整，促进了公路养护资源有效整合。这些成绩不仅得到广大职工的肯定，也得到了全社会的肯定，大家都公认这几年干线公路的路况确实有了根本性的转变。云南省公路局党委于2003年11月和2006年5月两次对职工思想进行问卷调查，直接参加问卷的职工达24753人次，2003年的调查中，90%的职工认为这个“12435”的发展思路符合我局的实际情况，7%的职工认为不符合，由于有这样的群众基础，发展思路必将得到广大职工的支持和积极参与。2006年我们对“12435”发展思路的贯彻落实情况进行又一次调查，88%的职工认为通过几年的工作实践，发展思路对全局的工作具有较大促进作用。一项决策随着时间的推移越显这项决策的正确性。所以我们各级决策机关要完善重大决策的规则和程序，建立职工民意反映制度，建立与职工利益密切相关的重大事项公示制度，完善专家咨询制度，实行决策的论证制和责任制，防止决策的随意性。

决策不能是简单地拍脑袋决策，要充分进行调查研究，拍脑袋决策注定是不能成功的。为什么有些基层单位的决定会出现重大失误，就因为没有掌握相关的数据和信息。这里还要强调的是，数据信息是决策的主要依据，这些数据必须是真实准确的，我们做领导干部的还要对这些信息进行验证，要防止一些提供信息的工作人员，以自己的利益为取向来提供信息，从而利用错误的信息作出错误的决策。我们的基层单位不缺乏这样的例子，一定要引起我们的警醒，我们的任何一项重大决策都要进行充分的调查研究，主要决策者一定要亲自参与调查研究。这里举一个例子：

案例 2：一个料场的失败决策。

在“321”工程中（注：“321”工程是指在 2002 年 3 月召开的全省公路工作会上，公路局党委提出了：“坚持一个方向、进行两个调整、加大四个投入、实现三个转变、处理好五个关系、达到通、平、美、绿、安”的发展思路，并明确四个加大，其中之一就是：“从 2003 年开始，用 5 年的时间，建设 300 个高标准的管理所、200 个设施完善的石料场、100 个设备齐全的机化站”，简称“321”工程），某段要建一个料场，这个段处在经济发达的县，但沿线都很难找到合格的石料。这时这个基层段的段长就考虑，是否建这个料场呢？不建的话自己单位就不能得到一笔总段和公路局的补助资金，过了这个村就没有这个店了，再说建这个料场可以给多年跟着自己的工程队找一些活，段上也可以增加一些实力。于是在一个勉强可以的地方选了一个料场。最后请分管的副总段长来看，他看到在这个预建料场附近也找不到更好的位置，他也怀疑这里的石料存在问题，但段长一再反复保证说这里的石料质量没有问题，他想同意这里自己不用承担太多的责任，自己要求选其他地方的话，失败了自己就要承担责任。最后报到总段长那里，总段长也来看了，一看看出了些问题，但段长和分管的副总段长都说可以，自己也不知道是否还有更好的地方，不答应的话责任就落到了自己身上，答应建在这里出问题责任可以推给段长和副总段长，于是总段长就答应了。

这个决策存在以下三个问题：①参与决策的三方都带着个人的私利，影响了决策；②信息的不准确，对这个料场的石料质量没有作更进一步调查鉴定，三方都把自己怀疑的信息作为决策的基础数据；③没有更广泛地收集信息，在三方都对这个料场产生怀疑时，没有再进行广泛的信息收集，即没有再对这个料场的情况作进一步的分析，对这个料场的信息产生怀疑时，没有再去找其他的料场，提供可比较的方案。

决策理论要求，任何一项决策都需要有多项备选方案，并从这些方案中选出最满意的方案，但在这个案例中，三方的思维都局限于仅有的一个方案，他们三个都只是对这个方案进行评价，把应该在后一环节做的评价环节提到前面，必然增加决策的风险。事实证明这个决策是错误的。等正式开采以后，遇到了两个问题。首先，因为采料平台与联破机的进料口没有足够的高差，把石头送进联破机里面非常困难；其次，开采出来的石料含泥量过大。三个参与决策的人都怀疑，但谁都没有预料到含泥量问题比想象中的严重，第一批石料卖给兄弟单位后，因为含泥量大，影响了兄弟单位的工程质量，还引起了赔偿纠纷。这个决策的失败，不仅损失了公路局和总段的一笔投入，还把段上的一部分自有资金也垫了进去，不但要经常做好机械的保养等工作，还要支付守料场职工的工资，料场成了这个段的一个包袱。当然，这只是一个比较小的决策失误，假如再大点的决策失误有可能会毁了一个单位、一个国家。决策的四个阶段，每一个阶段都有每一个阶段的功能，这几个阶段相互交织、往复循环，贯穿于整个决策过程。在作出每一项重大决策时都要认真对照来看看自己的决策是否科学，是否理性。

我们的一些重大决定一定要充分发扬民主，听取各方面的意见，不能闭门造车，要广开言路。这里介绍几种决策的方法和技术：

1. 定性决策方法

采用会议的形式，引导每个参加会议的人围绕某个中心议题，广开思路，激发灵感，毫无顾忌地发表独立见解，这样可以在短时间内从与会者中获得大量的观点。

2. 名义群体法

群体成员在决策过程中虽然都要坐在一起，如参加委员会会议一样，群体成员必须出席，但他们是独立思考的。

3. 德尔菲法

请专家背靠背地对需要预测的问题提出意见，决策者将各位专家的意见经过多次信息交换，逐步取得一致意见，从而作出决策方案。

三、目标管理理论的运用

（一）目标的设置

任何国家、单位或者个人都需要有一个明确的目标，目标是方向，是动力，公路管理的使命和任务必须转化为目标。没有目标的单位就不能形成合力，就必然迷失方向，就必然难以取得突破性的发展。为什么 2003 年以后，全局上下会取得这样好的发展和成绩，就因为我们有一个明确的目标，全体职工形成了合力。目前，我们制定任何的目标，都要结合我们的实际，认真分析我们所处的环境和条件以及公路行业的特点。

云南公路行业的特点是路多人多问题多。这主要体现在：公路超期服役，带来养护难度增大，路况质量的保证令人担忧；公路水毁抢修经费不足，水毁遗留问题多，对道路安全行车造成了许多隐患。养护资金来源至今还是计划模式，缺乏市场的有效调节，投入与产出矛盾突出，我们每年需要 19 亿的养护资金，但实际投入不足 11 亿，资金缺口达 8 亿多；人员结构不合理，历史包袱沉重，严重制约着养护单位的发展；各总段内外债多，外债达 6 亿～7 亿元，内债达 2.8 亿元，内外债的清理比较困难；资产盘活的空间还比较大。

我们对中长期目标的设置，都必须充分考虑以上这些云南公路的实际情况。实际工作中，因为我们的目标设置不合理、不科学，所设置的目标往往难以执行或者达不到激励的效果。所以目标的设置必须注意以下几点：

1. 目标必须是实在具体的，而不是空泛的

以前公路养护的目标是“养好公路，保障畅通”，其中没有具体的要求，不能形成具体的动力。而我们后来的“通平美绿安”目标不仅具体了，而且对这个目标进行了细化，定出了具体的标准。这就有了可操作性。空泛的目标形不成动力。

案例 3：规范化操作案例。

公路养护规范化操作讲了很多年，我们也一直列为目标管理的内容之一。但是因为没有规范化操作的具体要求，讲了这么多年，规范化操作还是没有落到实处，规范化操作的目标基本没有取得实质性的效果，规范化操作的项目打分一直成了印象分。2004 年以后，公路局把抓规范化操作提到了重要的位置，并对规范化操作这一目标进行细化，进入具体的目标管理，要求每平方米坑塘的修补沥青使用不得超过 4.5 公斤，面层厚度不超过 4 厘米，新老路的高差不超过 1 厘米等，通过这些具体的措施使公路养护操作规范化，从以前比较空泛的目标落实到了具体的目标，规范化养护这个总目标经过 4 年的竞赛，2003 年调查时，只有 43％的职工看到规范化竞赛的效果，认为这项工作还满意；2006 年已经有 88％的职工对这项工作感到满意，认为这项工作提高了路况质量和职工技能，这说明我们的工作达到了预期目的，公路养护质量得到了大幅度的提高。

2. 目标必须是可预期的

太遥远的目标容易让人失去信心。如以前我们把共产主义这个理想当作一个目标，没有对目标进行远中近的细化，这样过于远大的目标就容易让人失去信心，小平同志对目标进行了中期、近期细化，让人们感觉到这个目标在自己的视野之内，可以看到实现的可能，于是我们经济翻两番，建设小康社会的各项目标都如期实现。目标也不能太低，太容易实现的目标不能激发起人们的热情，提不起人们的斗志。

3. 目标必须是正确、合理的

所谓正确是指各总段、段的目标应该与上级的总目标相一致，同时符

合各单位的实际。合理是指设置目标的数量和标准应该是科学的，因为标准过高，会导致不择手段地弄虚作假，制定合理的目标，使职工始终具有正常的“紧张”和“费力”程度，并经过努力可以最终实现。有些基层单位没有制定切实可行的目标，只是对公路局的目标进行简单分解。这种做法是不负责任的做法，也是缺乏自信的表现。这个单位将不可能取得较大的发展，只能是因循守旧和按部就班，将被不断发展的市场抛弃。

4. 目标的制订必须与职工的利益挂钩

当前我们的目标没有吸引力的根本原因也就是年度考核目标和职工的利益联系不紧密，整个年度目标考核中，刚性的目标少，弹性的目标多。如目标考核中最重要的路况考核也有很大的弹性，人为因素非常大，基层的路况考核基本就是来凑局下达的指标，大家经验非常丰富，这个凑出来的路况数据不低于局下达的指标，也不会太高于局下达的指标，基本不考虑实际的路况。局检查组在检查中也有很大的人情因素，一方面一般所查路段听你们安排，另一方面用调平的方法避免考核分大起大落，使我们的路况查评成为一枚橡皮图章。正因为这枚橡皮图章用多了，职工也不怕了，渐渐地失去了和职工的利益联系，这样的目标当然就不能给职工带来动力，相反只会产生应付上级检查的氛围。

5. 目标的设定必须有时间性

没有时间表的目标等于没有目标，这样的目标不能给人以紧迫感，不能产生动力，只能是无限搁置的设想。

6. 必须及时反馈绩效

在我们的工作中，往往不能用准确的数据或者业绩反馈下属的工作绩效，使下属不知道自己的目标实现情况。如果你发现下属的进展是顺利的，要及时给予肯定；如果发现下属没有完成目标就要及时给予告诫，否则他们会觉得他们的工作没有人重视。在目前高速公路的项目建设管理中，就引入了六月目标管理制等管理办法，随时将施工进度与时间进度进行比较，使施工方产生紧迫感，我们的公路养护也要相应引进一些相关的办法。

（二）公路管理的战略目标

下面来探讨公路管理的战略性目标问题。

1. 公路养护的目标问题

公路养护是我们的主业，是公路管理单位存在的根本，是品牌，是核心竞争力所在，我们一定要提高公路养护水平，确保在公路养护中的绝对优势地位，否则将失去争夺生存空间的权利。在公路养护的目标设定中，要用经营理念来设定公路养护的目标。我们的养护目标是路基养护要以巩固路基稳定为目标，抓好路基安全隐患和公路绿化等工作：路面养护要以路面平整度为目标，加强日常性、预防性、及时性养护措施的落实；桥梁和隧道等设施养护以安全畅通为目标，建立健全养护管理监督检查体系，明确责任确保使用安全。为了达到这一目标，干线公路要继续加强推广应用沥青路面稀浆封层等预防性养护技术，强制推行强基薄面和沥青再生等沥青路面修缮工程技术，延长使用周期，提高公路养护科技含量，提高养护资金使用效率。通过这些措施，用3～5年的时间使全局路况质量有一个根本性的好转，从而达到上级领导信任，群众满意的目标，确保我们的养护市场份额。在公路养护中，除了路况质量目标，我们还要制定职工的收入目标，通过三个转变，使公路养护的职工大大减少，达到人员结构的三三制目标，养护职工只占总人数的1/3，从而提高职工的工资，使职工工资的增长速度不低于国民经济的发展水平。

2. 路政管理的目标问题

路政管理的终极目标是维护路产路权，但在这个目标之下，路政总队成立前我们还有自己的经济目标，就是要养活省公路局三分之一的职工，还要给大修提供资金保障。从目前路政管理的形势来看，前景非常广阔，我们一定要利用好路政管理这支利剑，挖掘更多的公路管理潜力，为职工创造更多的就业机会，更好地保护好公路，提高公路管理部门在社会上的地位。为达到这一目的，我们一定要组织好路政人员的学习培训，让他们掌握好法律法规，文明执法，树好执法形象。目前在云南省路政治超执法队伍构成相对复杂，有路政总队的十六个地方支队和三个高速公路支队、有地方交通局的路政部门和省公路局的治超队伍，也许在将来的某一天，这种状况会被打破，云南省委、省政府要统一使用哪支队伍来统一路政执法，这就要考验各支队伍的执法水平、执法能力和执法成本，只有用低成本高效益才能取得上级的信任。

3. 辅业创收的目标问题

从目前的公路养护投资资金来看，干线公路养护经费只能保证最基本的生活条件，随着下一步高速公路的扩张，我们的养护经费还要进一步紧缺。如果只是守着自己的这块阵地，将不可能有较大的行业发展，所以辅业创收目标在我们的战略目标中的地位将逐步提升。借用海尔的斜坡球发展定律（图 1），我们的干线公路养护管理只能是止动力，我们的提升力只有借用横向创收。我们要用经营企业的理念来经营我们的公路养护单位，对于横向经济，我们现在的大部分单位都没有形成清晰的发展思路和目标，没有好的、稳定的增收渠道，只是处于初级的“游击战”水平，运气好，能拿到一个好的工程就能维持一段时间，没有工程就什么都没有着落。如果把一个单位的发展建立在这种偶然性上，显然是没有稳固基础的，只能是沙滩上建楼阁。对于横向经济，我们要有比较明确的思路，要经营什么，放弃什么，我们的目标定位是什么，要采取什么样的措施来达到这些目的，需要什么组织形式等等，只有这些工作都落到实处，我们的横向经济才可能有可持续性的发展动力。目前的公路建设市场对我们极为不利，高速公路资金到位较好，可因为资质低上不去，地方公路资金到位差，有的拖了 10 多年还不能还清工程款，这样的工程我们拖不起，干不起。目前房建市场非常活跃，房建市场资金到位都较好，要积极争取进入房建市场。对公路市场，我们的目标应该定位在主体工程以外的服务上，如干一些零星工程、卖石料、负责养护等这

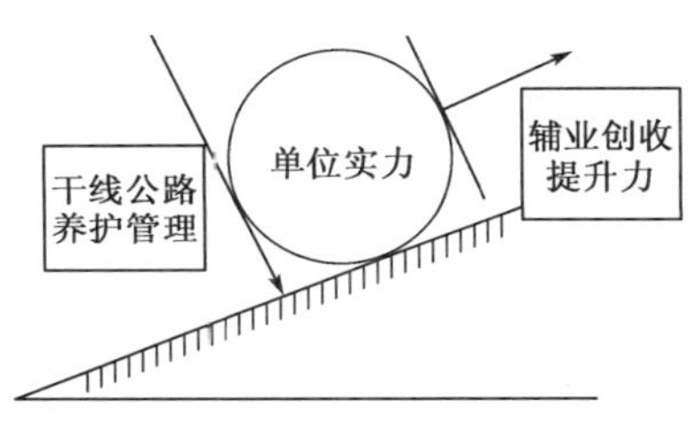

图 1 斜坡球发展定律

些门槛低，资金到位好的项目上。对横向工程，特别要克服一些面子工程，如建酒店等，要从资金的占用、成本这些方面考虑酒店的效益，不能为了一些“面子”而上这些好看而不赚钱的工程。

4. 公路管养市场的战略问题

要做好公路管养工作，关键要在干线、农村、城市、收费公路的养护市场上下工夫，拓展工作空间，谋求生存和发展。当今云南公路市场三分天下，前面是高速公路，后面是地方公路，我们处于中间，这就像三国时候孙吴政权的地位。前有曹魏的侵略，后有刘蜀的蚕食。我们主要的干线公路基本都在建着同向的高速公路，这些干线公路的运输地位在不断下降，另一方面农村公路经过这几年的兴建，有的路况等级正在逼近我们的水平。有的总段管养的公路已经被蚕食得支离破碎，如玉溪总段的江川段只有40多公里的公路。在这种情况下，有的基层领导非常惊慌，在地方政府为了推卸养护责任而想把公路转交给我们时，纷纷表示接收这些地方公路，以为接收了新公路，养护费用就增加了，但公路局却没有这笔费用的支出渠道，接收这些公路必将使我们原本已经非常紧张的养路经费更为紧张，所以宁愿为他们打工也不能接收这些公路，除非可以签订协议由地方政府出养路经费，这是原则性的问题。用一个通俗的比喻，就是对于别人的孩子我们“宁当保姆，不当父母”，当保姆可以有工资，当父母就要承担一辈子的责任，为了不给后人增加包袱，我们只要管理权，不要所有权。

其次要看到，在当前这样的公路养护市场中，我们仍然可以有所作为，借势发力，提升我们的经济实力。要看到我们当前的优势条件：第一，我们有一支训练有素的养路队伍。第二，通过“321”工程我们的机械化养护水平有了极大提升。第三，我们提前占领了石料市场，在当前环保意识不断增强的社会条件下，这一优势非常重要。第四，我们有过剩的养护生产能力。通过“321”工程建设，路基养护社会化，我们的生产能力有了相当大的剩余，要趁高速公路还没有装备起一支良好的养护队伍，地方公路还没有经济实力建立起机械化养护的这个时间差，向他们提供优质廉价的公路养护，三方共享“321”工程的资源，逐步占领三方的养护市场。因此，我们在公路养护的结构调整中，要坚决实行路基养护社会化，放弃低端市场，占领路面养护这一高端市场。

5. 行业管理的问题

干线公路和农村公路是我们的两个轮子，是相互促进的关系，而不是此消彼长的矛盾关系。农村公路的发展，可以扩张公路养护和修建市场，为我们提供更大的生存和发展空间。近几年，云南省公路局加强了行业管理，加强了对农村公路的管理和指导，确立了我局在全省公路管理中的领导地位，使全省的干线公路和农村公路相互协调，形成较好的公路运输网络。协调了地方政府的关系，向他们灌输了“养护管理也是发展，并且是可持续发展”的基本观念，让他们摒弃重建轻养的思想，为干线公路养护提供了良好的外部环境，也为各公路管理总段拓展了市场。今后，我们要继续做好行业管理，打造省管公路的优势地位，让各公路管理总段至少在农村公路的修建、养护市场中占据一半以上的市场份额。另外，通过协调农村公路的建设，使干线公路与农村公路协调发展，形成较好的公路运输网络。目前行业管理的成果开始显现出来，有的地方政府积极参与我们的公路大修，愿意在我们的公路大修中投入每公里10万元左右的资金，这对我们紧缺的养护资金是个极大的补充。各总段与地方政府的沟通与联系还要继续加强，为公路养护营造良好的外部环境，争取更大的生存空间，实现双赢。

6. “321”工程之后的目标问题

所谓目标必须是真实而具体的，必须能纳入特定成果的。“321”工程就是这样的一个目标，300个管理所，200个料场，100个械化站，目标非常明确。“12435”的工作思路和“321”工我们指明了努力的方向，给我们的工作产生了强大的动力，目前“321”工程已经全面结束，两个调整已经基本顺利进行，四个投入也已经正在进行，三个转变已经在逐步实现，五个关系正在得到落实。

在“12435”的发展思路和工作目标中，我们要看到，“12435”的“1243”都是工作思路的措施，我们的工作目标是实现公路的“通、平、美、绿、安”。通、平、美、绿、安虽然是我们的一种职业责任，但这个总目标和职工的个体目标没有紧密的联系，至少职工看不到眼前的利益。也即职工把路养得通、平、美、绿、安了，是否就能实现他的个人目标呢，个人目标无非就是经济利益。只有能够保证个人目标的实现，才能产生强大的动力去实现总目标。如“321”工程，实现“321”工程的总目标，管理所的建设可以使职工和职工子女的生活条件能够得到改善，机械化站可以让职工摆脱艰苦的体力劳动，料场建设可以从经济上壮大单位的经济实力，从中职工可以得到好处。所以如何在实现我们的总目标——“通、平、美、绿、安”中，实现职工的个人利益，这是我们每一个管理者需要考虑的问题，还需要提出一些具体的经济目标，否则空泛的“通、平、美、绿、安”目标无法产生新的动力。所以我们在完成“321”工程以后，有必要制定阶段性的目标，激发起职工的工作动力。

在制定新的阶段性目标时，我们要明确目标顺序，集中力量做好最重要最紧迫的目标。针对当前的生产状况，我们最紧迫的目标就是对社会化养护提出明确的时间表，迫使基层单位尽快把职工从简单工作中解放出来；其次是在公路养护中尽快推广机械化养护，并明确时间表；第三是寻找高端市场实现我们剩余劳动的转移；第四是如何盘活“321”工程成果，发挥效益，通过这四个方面，同时实现“通、平、美、绿、安”的总目标和职工增收的个人目标。每位职工都要有制定这个目标的勇气，否则就是推卸责任，也只有这样，才能激发起职工的积极性。

7. 管养分离的目标

任何一项改革，作为改革的设计和执行者，我们都要对改革环境给予充分的考虑，对改革后果作出充分的预测，并对改革目标有明确的设想。管养分离的改革如果不对上述进行充分的考虑，这次改革也将和以往的公司化改革一样，投入很多的精力，但收不到任何效果。

（1）改革形势的紧迫。对于改革，我们可以有两种态度，一种态度就是抵制改革，和青蛙的温水试验一样，我们的职工队伍慢慢地不适应公路养护需要，养护市场逐渐失去，最后，从量变到质变，要么被市场淘汰，要么被上级一次性从体制上进行改革，夺去我们的养路饭碗。另一种态度是，逐步开展渐进式的改革，不断提高管理水平，使我们的管理水平不断适应发展的公路养护市场，能够坚守住我们的养护市场，并有能力不断向外扩张。

在分析改革形势时，我们也要清醒地认识到广大职工对改革的心理，因为前几次公司化改革的失败，我们的职工对改革已经麻木，对改革不在乎。另外一种情况是因为周边的一些改革，特别是有的企业领导班子掠夺式的改革给职工带来对改革的恐慌，抵制改革，不愿意改革。所以各级领导一定要做好职工的思想工作，做好思想引导，使职工心理不断适应改革的需要。

（2）管养分离的改革目标。在设计管养分离的改革目标时，要明确几个问题：首先是目前国内的公路养护市场改革还没有定论，还有设计改革的空间。我们认为有些地区国退民进的改革太激进，不利于职工队伍的稳定，没有体现以人为本的理念和构建和谐社会的思想。云南省的经济发展处于社会主义初级阶段的低层次，还不具备这种方式的改革条件。另一些地区的改革模式以职工身份置换为主，我们认为目前没有这个能力，没有置换职工身份所需要的资金，我们的工程市场发育还不完善，职工身份置换以后，职工收入难以保障。还有一些地区买断工龄的改革方式，我们职工思想的观念还不适应这样的方式，也没有这笔资金。从以上三种改革方式来看，对于改革，不能当先锋，否则欲速则不达，我们的改革应该是渐进式的改革。

基于以上的这些认识，改革应该达到以下目标：

①强化管理。通过管养分离改革，消除经验管理的传统管理模式，把建养总公司打造成为具有现代管理理念的企业，按照现代企业的管理模式

进行管理。使养护公司具有更强的竞争能力，更强的市场适应能力，更高效的生产经营能力，更民主的管理方式，更强的市场创新能力。

②路况良好。养路始终是我们的主业，养路的能力是我们核心竞争力所在，考验竞争能力是否提高的最重要指标就是路况是否提高了。管养分离改革的目的就是通过管理和养护的分离，提高生产力，提高公路养护水平，使公路达到通、平、美、绿、安，取得上级和广大人民群众的信任，以便争取更多的市场空间。

③单位发展。要通过改革，增强单位的经济实力、机械实力、人才实力、科技实力。

④职工增收。任何一项改革能不能顺利推行就要看职工是否拥护，只有在改革中职工的收入得到增加，才能得到职工的支持。职工增收也是改革的主要目的，通过改革，增加职工的增收途径，使职工的收入在现在基础上有较大的提高，以此激发职工的改革积极性，主动参与和支持改革。

要使管养分离改革取得成功，要注意处理好以下几个矛盾问题，加强控制监督体系。

（1）控制好投入与产出的关系。管养分离以后，管理方是投入方，建养公司是产出方，双方的关系将是合同管理的方式，合同管理的依据应该有一个衡量标准。在公路养护上，这个衡量单位就是工程量，而工程量与货币支出却要依靠定额，但目前的这个定额已经不适应现在的公路养护生产关系。除了制定合理的劳动定额以外，还要从数量与质量两个方面进行控制。质量方面，要以公路养护规范作为标准。数量方面，要不断进行抽查。对于建养公司来说，质量和数量是相互矛盾的，质量好的花的时间就多，所完成的数量就少，而对管理方来说，质量和数量是统一的，只有具备了质量的数量才有意义。为了处理好这一矛盾，使管养双方的利益得到一致，可以采用质量补贴的办法来进行解决，对于质量补贴方法后文中要进行探讨。

（2）做好资产的重组，处理好模拟市场与真实市场之间的关系。我们的改革只是机制改革而不是体制改革，所以公路养护市场还不是真正的市场，而是模拟市场。这就必然要产生两个问题：首先是资产的处置问题。因为很多国有资产都已经不实用了，根本不能发挥它们余值的经济效益，如果按余值转给建养公司或者按余值折旧，这些资产将消耗掉建养公司的大部分利润，所以对这些设备的处理还是要按市场经济的法则来进行，按实际市场价值进行处理。其次是债务与债权问题。建养公司成立后，他们必将到市场上寻求发展空间，将在市场上产生各种债权与债务问题，当这种债权与债务超过它的承受能力时，将逐级上交，因为管养分离只是一种市场模拟，建养公司还是管理总段的一部分，要防止建养公司成立以后，有的领导者为了自身利益，恶意扩大债权债务，给单位造成经济负担，所以在合同关系中要对建养公司的债权债务进行监控。

（3）工程计划与路况变化之间的关系。因为路况条件的不可预知性，每年年初的计划下达以后，如发生严重水毁，突然增加的行车量等，就要进行二次计划调整，不足的资金列入第二年的计划中。

（三）目标的管理

目标确定以后必须对目标进行分解，各级应有自己的分目标，把这些目标作为组织经营管理、评估和奖励各基层单位和个人的标准，使每一个分目标的责任人在工作中实行自我控制，通过努力工作满足其自我实现的需要。对于目标管理，要制定科学的内部业绩考核标准，要把“坚持以人为本、以车为本，降低养护成本，提高养护质量”作为所有工作的核心内容，同时，要统筹兼顾职工生活的稳定安康，以及单位核心竞争力的培养。业绩指标的设置既要有鲜明的确定性、在一个时期内相对稳定，又要根据形势和任务的变化需要，以严格的制度，按照必要的程序及时调整。对目标要采取综合检查的方式对工作业绩进行评价。

检查和评价工作业绩要注重事前、事中、事后三个阶段内容的有机结合，事前主要是检查目标设定是否合理，事中检查目标的执行情况，事后检查目标的完成情况。

四、公路管理中的绩效管理

（一）以科学的方法提高工作效率

生产力的提高30%来自于技术的提高，70%来自于管理水平的提高，要提高核心竞争力就要提高管理水平。各级部门和单位要改变粗放型和经验型的管理为科学化的管理，按照“计划管理是龙头、财务管理是中心、技术管理是基础、其他管理是保障”的原则，强化管理职能和服务理念，改进管理方式，不断提高公路管理的效率和水平。

1. 实行管养分离

泰勒的科学管理方法主张明确划分计划职能与执行职能，由专门的计划部门来从事调查研究，拟定计划并发布指示和命令，进行有效的控制。今后成立的各公路分局将履行管理职能，下达计划，对计划的完成情况进行监督检查；各建养总公司将履行执行职能，按各公路局的指示完成计划任务，其工作完成情况将受到公路局的监督。通过管理和养护职能的分离，使管理职能减少利益的干扰，能够更好地执行计划、监督等职能，同时提高建养总公司的生产积极性，通过这种方式提高公路行业的工作效率。

2. “三个转变”是提高劳动生产率的有效途径

劳动密集型向管理效益型转变，是劳动组织形式的根本性转变，是科学管理方法在公路行业的运用。劳动密集型是高成本的作业方式，密集的职工劳动力消耗了大量的养路费，而且管理难度大。如果1个干部管理100个职工，这个干部要负责为100名职工做生老病死等各种工作以外的事宜，还有因为不能随便解雇职工，有时职工不听从生产指挥，这名干部也没有相关的办法，生产效率在各种矛盾中难以得到快速提高。如果这名干部管理的是100名农民工，他基本不用管理生产以外的事情，因为农民工是临时用工，各种矛盾也较少，对不服从指挥的农民工可以随时解雇，所以一般都能听从这名干部的指挥，生产效率能够在简单的生产关系中快速提高。

手工操作型向机械化养护型的转变是劳动技术的跨越，如清塌方，用手工操作一天只能清 2 立方米的塌方，而一个驾驶一台装载机的工人一天可以清上百立方米的塌方。

由粗放型向集约科学型转变，是生产理念的变革，粗放型的生产不仅消耗了大量的养路经费，而且达不到“通、平、美、绿、安”的生产需要。三个转变是生产方式的巨大转变，它可以快速提高公路养护的科技水平，是当前公路养护提高劳动生产率的最佳方法。

3. 制定合理的定额

合理的定额不仅可以保证职工的利益，而且可以避免弄虚作假，真实地反映工作完成情况，有效激励职工的生产积极性。当前的劳动定额虽然多次修订，现在生产方式和生产结构都有了很大变化，原有的劳动定额已经不完全适用于现在的生产了。如边坡草的修整和水沟的清挖，今后将实行社会化养护，对砂石路的投资也相应减少，如果再采用目前的这个定额标准，改革将起不到应有的作用，路基养护经费将难以下降。沥青路面养护，以前主要是手工操作养护，目前已经改为机械化养护为主体，养护的质量和操作工艺都已经发生了改变，以前的劳动定额也已经不再适用。工作时间，以前是按每周 48 小时制定的，现在的工作标准时间是每周 40 小时，从时间上来说也需要改变。劳动定额的不合理，导致了基层单位在工作完成的数量上不得不弄虚作假，不能真实地反映工作的完成情况。

因为定额不合理，计件不真实，有的基层单位就出现了超定额不能兑现的难题。如果按报表兑现，将突破单位的工程费计划，有的单位对超定额部分就不完全兑现，只兑现一定比例的工程费；有的干脆就不兑现，使职工不再信任工程费制，工程费制在实际工作中成为了一种假象。按泰勒科学管理的理论，对超定额部分，不仅不应该克扣，而且应该奖励。他认为，职工没有完成其定额，就按低工资率付酬，按正常工资率的 80％兑现；

如果超过了定额，则按高工资率付酬，为正常工资率的120%。而且不仅是超定额部分按高工资率计算，全部生产都按这个高工资率计算。只有这样，才能提高职工的生产积极性。但定额的不合理和考核方法的不科学，使我们不能充分利用定额管理来提高职工的劳动积极性。所以如何调整劳动定额是当前的一项重要工作；否则，这种不合理的劳动定额也将对管养分离中的计划管理造成障碍，工程费制将不能得到有效的落实。所以要通过工时研究和分析，制定出一个有科学依据的定额标准，这个定额标准要适用于机械化养护，要与市场供求关系挂钩。

4. 沥青路面养护规范化操作是公路养护的标准化途径

科学管理理论提出了标准化生产的理论，标准化是现代生产的前提，公路养护的标准化就是规范化操作，没有规范化操作，不仅影响公路的养护质量，也失去了考核检查的标准。经过长期的竞赛活动，我们看到了规范化操作的巨大作用，规范化操作使病害的修补美观大方，路面的平整度也提高了，使用周期也延长了。因此，各级公路管理单位必须认真落实公路养护规范化操作。

5. 合理分配管理权力

合理地分配权力是提高管理人员积极性的有效途径。权力的分配主要靠合理地制定岗位职责。岗位职责制定之后，就要用例外原则进行权力分配，例外原则就是单位领导，特别是主要领导把岗位职责规定的应该其他人干的，例行的一般日常事务授权给下级管理人员去处理，自己只保留对例外事项的决策权和监督权，即只对特殊的、重要的事项作出决策，一般的决策和工作就交由下属负责，使领导干部逐级从日常的、一般性的事务性工作当中解脱出来，把更多的时间投入到与内外的沟通和交流联系上。各总段的主要领导在时间和权力的分配上要克服两个极端：一个极端是忙于日常事务，不对外沟通协调，不思考单位的发展思路，这样的领导必然不可以为单位营造良好的环境，不可能有长远的发展思路；另一个极端是不具体参与单位的管理，当甩手掌柜，整天忙于各种应酬，结果对单位的问题摸不清，看不准，错过了单位的发展机遇。

6. 路基养护社会化

从路基与路面养护用工的成本分析可以看出，目前的用工存在不合理的方面，油路养护材料费占 50%，每公里为 1.2 万元左右，路面用工占 30%，每公里为 3600 元左右，路基用工占 70%，每公里为 8400 元左右。这种路面与路基的用工倒挂非常不合理，因为路面是养护中最重要的项目内容，所以要把倒挂扭转过来，路基用工为 30%，路面用工为 70%。另外，因为职工资与民工工资的差异，以及职工与民工的体力差异，同样的资金在路基养护中可以提高近两倍的效率，所以我们必然实行路基养护社会化。实行路基养护社会化，可以强制性地把职工劳动力从路基养护的简单劳动中解放出来，投入到路面养护等技术性的劳动中，保持职工队伍的技术优势。

7. 提高公路养护的科学含量

科学技术是第一生产力，公路养护离开了科技的进步将难以取得较快发展。事实证明，管理的科学化和科学技术的应用是云南公路行业近年来取得快速发展的两驾马车。近几年我们用改性沥青技术解决了沥青路面的早期病害问题，用乳化沥青封层技术解决了大面积预防性养护问题，用倒装结构解决了水稳层裂纹反射问题，用座椅式防撞护栏解决了悬崖峭壁路段的安全问题，特别需要强调的是，废旧沥青再生利用极大地缓解了当前养路经费不足的问题。近年来，物价飞涨，职工资逐年增加，但养路费的投入始终没有较大增加，导致养路费非常紧缺。废旧沥青的再生利用不仅减少了环境污染，而且减少了养路费的支出。为了强制推行废旧沥青再生技术，我们从成本管理上着手，总投资不变，但沥青用量计划减少 10%，迫使基层单位采用废旧沥青再生技术，并逐步养成习惯。2006 年，我们要求在 207 公里病害路段进行整治的过程中，要依靠科技创新、管理创新，在计划资金不变的情况下，减少沥青计划用量 50%，把整治工程建成“高质量、节约型”的工程。经过基层单位的努力，达到预期的目的，说明科技的潜力是无限的，只要我们努力探索总有发展的空间。在今后的公路管理中，我们还要加快科技的研究和应用，不断提高养路的科技含量，提高养护生产率。

（二）进行人性化管理

1. 尽力满足职工的不同需求

行为科学理论认为人是有情感的，人的感情影响着工作和学习的效率。按照马斯洛的需要层次论。人的需要分为五个层次，其中后四个层次都是与人的情感有联系的，而我们当前已经基本解决了第一个需要，要提高职工的工作效率，就只有按顺序满足职工后四个层次的需要，用后四个层次的需求来激励职工，这就要求我们要以人为本，用人性化的方法做好管理工作。“321”工程和一线职工月增资100元的目标，激发了职工的工作积极性，这不仅因为这些措施给职工带来了好处，也因为这些措施让职工感受到了公路局党委和各单位对职工的关心，这种感受极大地增强了职工的凝聚力和向心力。在管理工作中，要看到职工不仅是经济人，而且是社会人、自我实现的人和复杂人，要尽力满足职工的安全需要、社交需要、受尊敬的需要和自我实现的需要，不仅给予物质上的满足而且给予精神上的满足。

2. 适度养人

这个观点在当前各项制度还不十分完备的情况下，体现了一种以人为本的人性化管理理念。当前我国的就业市场还不是十分健全，我们的职工还不完全具备适应市场经济的能力和素质，这是国情和行业特点决定的，也是养路经费不足造成的。如果完全照搬市场经济模式，只养路不养人，则改革也无法进行下去，改革将会遇到重重阻力。适度养人，可以增加单位的凝聚力和向心力，可以增加职工的就业信心，保持职工队伍的稳定与和谐。但同时也要明确界定养哪些人，要怎么样养，防止有的单位以适度养人为幌子放松公路养护。

3. “7＋1”协同发展计划[1]

按木桶理论，一只木桶的盛水量取决于这只木桶最短的一块木板。由此可知，我们基层18个单位的发展水平和发展速度取决于发展最慢的一个单位。因为各种原因，我们欠了这些欠发展总段职工好多债，这些总段明显地落后了。这其中有区位原因，有公路局党委没有及时帮助的原因，但更重要的是这些总段的领导班子，特别是主要领导没有一条较好的发展思路，没有有力的发展措施，没有积极向上的事业心和责任感。如果再不想办法使这些总段发展起来，便对不起那块土地上的人民群众和党委政府，对不起那个单位的广大职工，这些总段将会阻碍全局的发展。以后再来帮扶的话难度更大、投入更多，因此，对他们的帮扶宜早不宜迟。2005年，云南省公路局下决心，实行“7＋1”协同发展的帮扶计划。在计划的下达中，对落后的两个总段进行倾斜，并由其他7个总段分别帮扶临沧总段和昭通总段，帮助这两个总段尽快发展起来。这些帮扶单位提供了部分资金，并派出交流干部，引进先进的管理思路。按照霍桑试验的结果，人们受到别人关注的时候，生产效率会得到提高，在这次帮扶计划中也看到了这种效果。我们的帮扶使两个总段的干部职工感受到了局党委和兄弟单位的关怀，他们发展的渴望更强烈，工作积极性更高，发展的思路也更明确了。通过一年的帮扶，收到了明显的效果，两个总段观念有了更新，技术有了提高，路况有了改善，单位实力得到增强，发展能力得到提升，职工收入差距缩小。

（三）按不同需求采用不同方法满足职工需求

人的工作动力来源于自己需求的满足。不回避当前我们的职工因为各种差异，职工的需求也不同。作为领导就要对这些需要进行区分，采用最能够实现、职工最需要的激励方法激励职工。由于当前的职工处于不同的经济状况。这就要求我们的管理工作对不同层次的职工要进行不同的管理。对于经济条件较差的一线职工，他们最需要的是经济利益，对他们给予特

---

[1] “7＋1”协同发展计划是指让7个总段帮扶1个总段，这个计划的启示来源于滇沪合作发展的模式。

别的关心以外，要以经济激励为主。对一般管理人员，他们更多的是希望有一个良好的工作环境，使自己的工作始终处于愉悦的状态，对他们，就要尽力为他们提供良好的工作环境和人际环境，尊重他们，适度张扬他们的个性。对机关的管理，在推行规范化管理的同时推行人性化管理，给予他们相对宽松的环境，减少职工之间的矛盾，营造团结协作的机关环境，使机关始终保持昂扬向上的精神状态；这对以脑力劳动为主的机关工作至关重要，否则，只能形成一个缺乏活力，缺乏生机，缺乏创造性的机关环境。对领导干部，要以激发他们的成就感为主，对段和总段领导更要做的是肯定他们的工作成绩，并用表扬、奖赏、增加工资、提拔职务等办法对他们的成就予以肯定，激发他们的主动性和创造力。满足他们自我实现的需要，要给他们提供可以得到成就感的挑战性工作，增加他们的工作责任，以及成长和发展的机会，激发他们的成就需要。

这就是为什么我们提出一线工人每月增资100元，因为这会对一线职工产生较大的动力，如果这个办法再用到管理人员身上，激励效果将下降一半，如果再用到领导者特别是总段级领导者身上，这种激励作用几乎微乎其微。这就说明对不同的职工需求要采取不同的激励措施。

（四）提高领导效率

人是最活跃的生产要素，最大限度地调动人的积极性和创造性，是提高生产力的重要途径。如何调动人的积极因素，是每个管理人员都要思考和研究的问题，除根据人的需求以满足其需要为手段以提高积极性外，还要针对人的个性特点来使用好人才，并激励他们的工作积极性。领导理论认为，所有的管理工作中，对人的领导是最重要的中心工作，因为其他的工作都取决于它。

1. 区分关注度，用好不同的管理者

每个人的特性都不同，有的适合处理人际关系，有的适合做具体的工作。美国俄亥俄州立大学对领导的有效性与哪些行为因素有关进行了研究，最后归纳出了两大类因素，即定规维度和关怀维度。定规维度是指为了达到组织目标，领导者界定和构造自己与下属的角色的倾向程度不同，即规定了领导者自己的任务，也规定了下级的任务。他们以工作为中心，很少兼顾人际关系，一心只做工作。关怀维度是指领导都以人际关系为中心，善于帮助下属解决个人问题，友善而平易近人，公平地对待每一位下属，并对下属的生活、健康、地位和满意度等问题比较关心和体谅。他们把工作重心放在处理人际关系上，对工作没有开创性，只是应付式的。从当前公路行业的情况来看，我们公路行业的领导基本也可以用这两个维度来进行分类。

这种理论进而发展成了管理方格理论，见图 2。图中，纵轴表示对人的关心，自下而上，关心的程度由低到高；横轴表示对生产的关心，从左到右，关心的程度由低到高。图中 81 个小方格代表对生产的关心和对人的关心以不同比例相结合的 81 种领导方式。

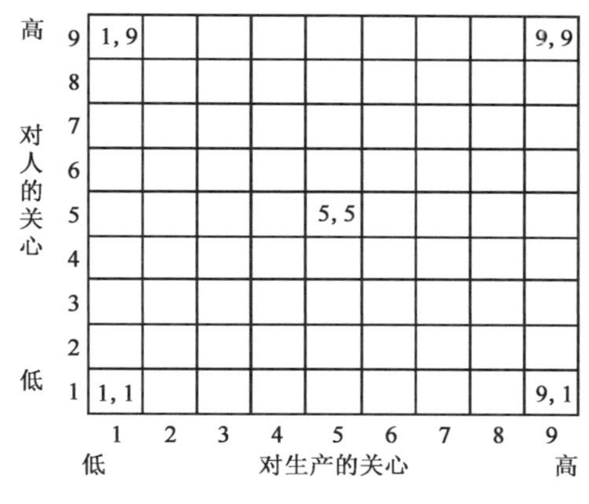

图 2　管理方格理论

9，1 型管理方式也可以叫做任务管理型的方式。这种管理方式的重点放在对工作和作业的要求上，不大注意人的因素。对于这种管理型的领导，我们可以将单项工作（如一些技术性的工作，对人的管理和交往不多）交给他，适合于我们的技术和监督部门，如监理人员、纪检部门、考核部门等。这些部门的工作就容不得一丝的人情，工作内容都是刚性的。

1，9 型管理方式也叫乡村俱乐部型管理方式，它强调的是满足人的需要，认为只要职工心情舒畅，生产一定能搞好，而对指挥、监督、规章制度等重视不够。对于这种管理型的领导，我们可以交一些需要团结人的工作给他们，如我们的工会工作，办公室工作等，需要更多的感情投入，需要更多地处理人与人之间的关系。

从当前竞争上岗（职工投票决定）和上级直接任命两种干部产生的渠道来说，在一些干部身上，有着明显的特点。如果采用上级任命的方式，我们更多的是选择任务取向型的领导干部，因为他能保证上级各项工作任务的完成。如果采用选举竞争的方式，职工更多的是推荐关系取向型的干部，因为这类干部人际关系非常好，个人的亲和力也强。对两种渠道产生的干部，我们要有针对性的培训，克服身上的不足，使他们具有更强的综合能力。

5，5 型是我们干部中的大多数，他们走中庸之道型的管理方式。9，9 型管理方式也叫做团队型的管理方式，这种管理方式较好地协调了对生产的关心和对人的关心，这种管理方式能够使组织的目标和职工的个人需求最理想、最有效地结合起来，在这种管理方式中，大部分下属能够作出积极而热情的反应，取得较好的效果。这类干部适合做主要领导，我们在干部的培训中，要把一些后备干部有意识地培养成 9，9 型的干部。

2. 留住人才的方法

留住和吸引人才是领导效率最重要的方面，好的人才作用的发挥就是领导手臂的延伸。要留住和吸引人才就要认真研究公平理论。

我们生活在社会之中，当一个人做出了成绩并取得报酬以后，不仅关心所得报酬的绝对量，而且关心自己所得报酬的相对量，这个相对量将直接影响他今后工作的积极性。公平理论认为，员工首先考虑自己收入与付出的比率，然后将自己的收入一付出比与他人的收入一付出比进行比较。如果员工感觉到自己的比率与他人相同，则为公平状态；如果二者的比率不相同，则产生不公平感，并试图纠正这种不公平。如：

$$O_{\mathrm{p}}/I_{\mathrm{p}} = O_{\mathrm{c}}/I_{\mathrm{c}}$$

式中：O_p——员工对自己获得报酬的感觉；

O_c——员工对他人所获报酬的感觉；

I_p——员工对自己付出的感觉；

I_c——员工对他人付出的感觉。

当上式为等式时，员工会认为是公平的，当上式为不等式时，则认为是不公平的。具体又分为以下两种情况：

（1）$O_p/I_p < O_c/I_c$。在这种情况下，员工认为报酬太低，可能要求增加自己的收入或减少自己的付出，以便使左方增大，趋于相等。第二种办法是他可能要求组织减少比较对象的收入或者让其今后增加付出，以便使右方减小，趋于相等。此外，他还可能另外找其他参照对象做比较，以便达到心理上的平衡。这就是近几年与高速公路行业的人才争夺中，我们始终处于劣势的原因，基本是同样的岗位，同样的付出，到高速公路行业的同事收入要比在总段高出二、三倍，因为高速公路行业这一参照对象，我们无论如何努力，人才的流向还是不断地往高速公路行业流走。在报酬不能够与高速公路行业相比的情况下，我们要想办法留住人才，就要从经济以外的方面着手，用事业留人，用感情留人，我们的领导干部要取得成就就要摒弃“武大郎开店”的思想，不能认为人才流出去越多，自己的“宝座”就越安全，只有拥有一帮德才兼备的下属与自己共谋事业，我们的事业才能发展和突破。

（2）$O_p/I_p > O_c/I_c$。在这种情况下，员工认为报酬过高，他可能要求减少自己的报酬或在开始时主动多做些工作，但久而久之，他会重新估计自己的技术和工作情况，终于觉得他确实应当得到那么高的待遇，于是工作效率便又会回到过去的水平。这就是为什么在收入比较高的单位，职工队伍不一定稳定的原因。所以我们在留住人才方面，不能单纯依靠经济手段，要通过其他手段留住人才。

公平理论告诉我们，影响激励效果的不仅有报酬的绝对值，还有报酬的相对值，公路行业的职工他不仅看到自己所拿到的工资数，他还要把自己的工资和其他行业，特别是本行业中其他单位的职工相比。其次，激励时应力求公平，使等式在客观上成立，尽管有主观判断的误差，也不致造成严重的不公平感。对一些有突出成绩的职工，我们要及时给予各种方式的奖励，让他们明显感觉到自己付出的回报，打破平均主义的分配思想。再次，在激励过程中，应注意对被激励者公平心理的引导，使其树立正确的人生观、价值观，形成正确的公平观。我们公路行业，有一批想干事，能干事的职工，我们要给他们提供施展才华的舞台，给予他们除金钱以外的空间，让他们在心灵上得到更多的满足，这种满足不仅不影响他人的利益，而且通过这种激励作用，可以激励他们为单位作出更多的贡献。

3. 合理安排时间

作为主要领导者，你的时间就是单位的时间，你的节奏就是单位的节奏，领导者一定要安排好自己的时间。在目前市场经济主导的条件下，我们要增加沟通和社会交往的时间。通过沟通，使本单位的职工理解你的思想意图，能自觉主动地做好工作，加强社会交往，为本单位的发展营造良好的外部环境。表 1 为三种类型领导的时间对照表。

希望我们的主要领导都应该成为有效的管理者，不仅做好内部管理，同时协调好内外的关系。

管理者在以上 4 类管理活动中的时间分配（单位:%） 表 1

管理者类型	传统的管理	沟通活动	人力资源管理	社会交往
一般的管理者	32	29	20	19
成功的管理者	13	28	11	48
有效的管理者	11	44	26	11

4. 加强学习，构建学习型组织

当今社会是知识爆炸的时代，一个单位要始终保持自己的核心竞争能力，就只有不断地加强学习，把单位建设成为一个学习型组织，避免发生组织智障，我们的职工队伍才能跟上时代的脚步，我们的干部才能始终保持一种昂扬的精神状态，才能保持不断创新的精神和能力；在当前公路市场多变，竞争激烈，公路科技不断更新的时代条件下，我们的干部才能带领职工队伍始终走在时代的前列。在西方管理学中，以美国麻省理工学院教授彼得为代表的西方学者，提出了以“五项修炼”为基础的学习型组织的理念。

第一项是自我超越。自我超越是学习型组织的精神基础，这项修炼对于组织中整体价值观的形成，对于我们单位职工对“12435”发展思路和更加长远的目标的认同，对于提高行业的学习能力，都具有重要的作用。我们要把学习并不断超越的理念融入到单位的企业文化当中，成为职工自觉的行动，这对于我们职工构建复杂、职工文化层次普遍偏低的行业来说，更为重要。只有具有不断超越的意识，才能不断接受先进的理念和知识。

第二项是改善心智模式。心智模式其实和我们常说的人生观、世界观差不多，心智模式决定了职工对世界的看法。

第三项是建立共同愿景。共同愿景就是要回答我们想要创造什么的问题，建立共同愿景包含四项要素：愿景——我们想要的未来图像；价值观——如何到达我们的目的地；目的和使命——组织存在的理由；目标——我们期待在短期内达到的里程碑。这对于我们的干部队伍非常重要，特别在目前公路市场的公益性和非公益性同时并存的情况下，我们的干部队伍要通过学习，形成共同的愿景，在工作中形成合力，用相同的价值观支撑干部队伍的信念达到我们共同的目标。

第四项是团队学习。通过学习提高职工队伍的基础素质，不断适应市场变化的需要。

第五项是系统思考。系统思考是学习型组织中五项修炼的核心，我们的干部队伍要注意整体思考，形成动态思考的氛围，对我们当前面临的各种情况进行深入的思考，克服组织智障，不断找出解决各种问题的方法，不断突破我们的思维定式和习惯思维。

学习型组织是现代企业的必备素质，只有把我们的公路养护行业建设成为学习型的组织，才能取得公路养护工作中的创新，不断突破经验管理模式、传统管理模式。

所以，我们要拓宽干部培养和交流渠道，通过不同工作岗位、不同工作环境的锻炼，不断丰富干部的实践经验，使干线公路领导班子成为具有开拓与适应变革能力的班子，领导好单位的发展，实现好职工的利益。

（五）保证质量是最好的效率

没有质量的效率等于零，任何效率都应该建立在质量的基础上。建立质量控制体系是保证质量的根本，不能把对质量的控制建立在检查中，而我们目前的质量管理缺陷就是把质量建立在检查上，检查严的质量就好，检查松的质量就差。美国管理学专家 W. 戴明博士说：“检查不能提高质量，质量在你检查之前就已经产生了。一开始就要把事情做好，这才是更好的办法。”所以我们要建立全面质量管理体系。

1. 旗帜鲜明地坚持规范化操作

规范化操作是控制公路日常养护的基本制度，四年的竞赛实践证明，这些规范化操作的程序是科学而必要的，必须始终坚持。抓住了质量，就抓住了提高时间效率和经济效率的关键，以下是这样一个案例。

案例 4：修补一个深 30 厘米、面积为 1 平方米的坑塘。

本案中，修补所需费用为：材料费 32.75 元，人工费 24.45 元，机械使用费 5.2 元，共计 62.4 元。如果不按规范化操作，材料费基本不会减少，人工费减少 50%，为 12.2 元，不使用机械，机械使用费节省 5.2 元。如果只顾计算当次的成本，似乎节约了 17.4 元。如果按规范化操作，这个坑塘的使用周期为 3 年，而不按规范化操作的坑塘使用周期为 1.5 年，那么不按规范化操作的二次修补需要 90 元［f（62.4－17.4）×2］，按规范化操作节约了 27.6 元和 50%的施工时间。另外，规范化操作的路面平整了，社会效益比不按规范化操作好得多，并减少了对行车的干扰时间。

2. 实行质量补贴

要采用经济手段促使质量提高，使质量成为管养双方共同追求的目标，我们可以采用质量补贴的方法。按每平方米多使用一年补贴 30 元，多用两年加50元的方法，保证每个病害的修补使用周期不少于3年。

案例5：实行质量补贴案例

一个病害修复使用周期按年兑现。如修补一个深30厘米、面积为1平方米的坑塘，所需的成本是：材料费32.75元，人工费是24.45元，机械使用费是5.2元，合计为62.4元。合格以后，第一年支付62.4元，第二年支付30元，第三年支付20元，我们用112.4元保证了这个坑塘三年的使用周期。从双方的利益角度进行分析，对于管理方，如果只保证一年的使用周期，按1.5年来算，两次修补将花去124.8元，用这种办法，节约了12.4元。对于养护方，如果1.5年修补一次，发生的费用是124.8元，但职工只获得48.9元，如果能够保证三年的使用周期，即使他们在修补时花去的时间是1.5倍，他们在这个坑塘上将得到112.4元，扣除材料费和机械使用费，职工将得到74.45元，他们的每平方米人工工资是49.63元，比1.5年修补一次的每平方米人工工资24.45元高出一倍。对于这样的工资效率，养护方肯定会选择后者，从而提高修补质量，达到管养双方共赢。

3. 把质量控制体系落实到每一个环节中

要保证生产质量，不能在最后检查时才去控制质量，而要改革生产程序，在生产的全过程时时处处控制质量。另外，要发动参与施工的每一名职工和民工的积极性，树立他们牢固的质量意识，让他们明白保证质量与他们切身利益的关系，把质量保证金制度建立到每一个参与施工的人，在每一个环节都把好质量关。在施工中要做到防检结合，重在提高，不能单纯检查质量问题，而是要查出产生这些问题的环节，并对这些缺陷环节进行修补；要树立上道工序不合格不进行下道施工的观念；要对质量进行量化管理，通过数据把握质量波动情况，为质量管理提供科学的依据，以便形成质量预警机制，对生产流程进行调控，随时改进质量中出现的问题；要对质量管理进行标准化管理，减少人为管理的因素，确保质量管理全过程的各个环节在统一系统内协调运作，严格按照计划—实施—检查—处理的循环，周而复始地进行，使建养质量不断得以提高。

（六）提高资金和资产的使用效率

当今市场经济的时代就是资本运作的时代，不会较好地进行资本运作的企业领导不是一个合格的领导。资金和资产的运作对于我们从计划经济向市场经济过渡的公路养护单位来说，特别重要。

通过“321”工程，我们的资产剧增，目前基层各单位“321”工程建设成果有两种现象：一种现象，单位领导认为是“321”工程为我们奠定了坚实的基础，以“321”工程的建设成果为基础，多方寻找市场，单位的生存空间不断扩大，职工收入增加，单位实力增强。另一种现象是，有的单位领导认为我们的路这么少，使用机械化养护必须占用职工的人工费，职工的劳动量减小，收入降低，因此不敢使用机械养护，认为料场和机化站都是一个包袱，产生不了效益，还要增加折旧费等各种费用。他们往往把没有市场归于区位优势差，地方政府不支持，很少从主观方面分析问题。

如何盘活我们现有的资产是当前的一项重要工作，具体措施有以下几点：

（1）对机械和料场要采用出租或者出售石料等形式提高使用率，将一些常用的小型机械设备卖给职工，职工以入股的形式购买。这样一方面可以减少养路资金投入，把资金用在大型机械的采购上，集中资金做大事；另一方面，职工可通过分红的形式增加收入；再次，由于所有权的变更，职工对这些设备更加爱护了。

（2）要以低风险的投资方式使用好各单位的自有资金。近几年，通过横向经济的发展，不少单位都有了一笔数额不小的自有资金，但许多单位都只是储蓄在银行，没有进行任何的资金运作。因此，我们要学会理财，参加一些低风险的投资活动，把这部分资金用好用活。

（3）利用好时间差提高经济和时间使用效率。我们提前安排大修就是一个很好的案例。当前物价涨得较快，特别是建筑材料经常涨价，我任省公路局局长后，就采用提前一年安排大修的方法，一方面利用时间差，降低了材料成本，如 7.5 米宽的公路大修，需要沥青 45 吨，淡季采购只要

2600 元/吨，旺季采购需要 4300 元/吨，仅沥青一项可以节约 3 万多元。另一方面公路路况提前改善，收到了较好的社会效益。此外，基层单位选择施工时间的余地大，可以避开雨季施工。

（4）盘活公路资产。虽然我们对公路没有所有权，但我们对公路有管理权，有管理权就可以利用。如公路产权范围内土地的使用。公路产权有 15 米到 5 米不等的产权使用权，就平均算 5 米的产权范围，我们管理着 23372 公里，在公路沿线就有 23372000×10＝233720000 平方米的土地，相当于 35 万亩的土地，这样一块土地面积是云南省任何一个农场都无法相比的。如果能开发好这块土地，可以给我们带来极大的收益。

（5）盘活公路站、所房。“321”工程建设以后，我们的许多房屋都空闲了，到 2008 年以前，按照 4∶4∶2 的比例，通过转、租、送等形式处理我们的这些空闲房，收回部分资金投入到更好的投资渠道中，并减少维修等各种支出。

资金和资产的盘活是一个企业最重要的工作，长期以来，我们忽视了对这项工作的考核，今后要把这作为对基层领导的一个考核指标。

管理是一门综合性的学科，我们不能单独采用一种方法，要各种方法综合运用，提高管理效率。要认真对照单位的实际情况，找到本单位存在的管理方面的缺陷，并利用科学的管理方法加以改进，我相信，只要认真学习和利用管理科学，各单位的管理水平就会有较大提高，我们的管理效益将不断地显现出来，推动我们单位不断向现代管理方向迈进。

云南省干线公路养护管理的思考

公路是指联结城市、乡村和工矿基地之间，主要供汽车行驶并具备一定技术标准和设施的道路。公路作为一种公益性或经营性的基础设施，服务性十分突出。特别是纯公益性公路即普通干线公路和农村公路，它所提供的服务是惠及千家万户的公共性服务。公路的养护管理工作，就是保证公路为公众提供良好公共性服务的基础。要努力实现党的十八大报告提出的在新的历史条件下全面建设小康社会、加快推进社会主义现代化、夺取中国特色社会主义新胜利的宏伟目标，全面完成交通运输部《“十二五”公路养护管理发展纲要》提出的各项任务，推进云南经济社会快速发展，交通运输是保障。像云南这样以公路运输为物流和客流主要途径的省份，公路的地位和作用就更加突出，养护和管理好公路就显得尤为重要。因此，做好公路的养护管理工作，确保公路的完好畅通，为社会公众提供优质的交通运输服务，是公路养护管理部门贯彻落实科学发展观、做好“三个服务”的神圣职责。

对于云南来说，特别需要加强干线公路的养护管理。干线公路是指纳入国家统计的公路里程中高速公路和农村公路之外的国道、省道，它在公路网络中的里程数量高于高速公路而明显低于农村公路，技术等级低于高速公路而绝大部分高于农村公路，介于二者之间；但它承载的物流和客流量却远比二者高，在促进国民经济发展和方便公众出行中，处于举足轻重的地位，发挥着非常重要的作用。因此，养护和管理好干线公路具有更加重要的意义。笔者从自己从事公路养护管理工作多年的实践中，深切体会到公路养护管理部门牢固树立“公共服务”核心价值理念、坚持五字工作目标、认真实施创新驱动的重要性。下面分四个问题谈谈自己的看法。

一、树立“公共服务”核心价值理念是我国行政改革的重心

思想解放是社会变革的前提，观念创新是一切创新的先导。进入新世纪以来，我国加快了行政体制改革，打破了管制行政主体的一体性，政府机构逐渐由权力中心转变为服务中心，政府职能的再设计首先考虑了“公共服务”这一核心价值理念。党的十八大报告提出：“深化行政体制改革。行政体制改革是推动上层建筑适应经济基础的必然要求。要按照建立中国特色社会主义行政体制目标，深入推进政企分开、政资分开、政事分开、政社分开，建设职能科学、结构优化、廉洁高效、人民满意的服务型政府。深化行政审批制度改革，继续简政放权，推动政府职能向创造良好发展环境、提供优质公共服务、维护社会公平正义转变。”这就充分说明在服务理念下强化政府的责任与义务已成为我国行政改革的重心，充分体现了现代行政从“公共权力”向“公共服务”，从“权力规则”向“服务规则”的发展趋势。法国著名社会学家米歇尔·克罗吉耶曾提出“现代的国家是谦虚的国家”。“谦虚的国家”的本质要求，就是要把权力中心变成服务中心，努力提高公共服务的能力和水平。

公路的养护就是为保持公路经常处于完好状态，防止其使用质量下降，并向公路使用者提供良好服务所进行的作业。公路养护管理就是公路建成投入使用后所进行的养护作业管理。具体地讲，公路养护就是交通运输主管部门或公路管理机构为保证公路的安全畅通，并使公路处于良好的技术状态，按照相关的法律法规、政府规章和技术规范、操作规程对公路、公路用地和公路沿线附属设施所组织开展的保养、维修、水土保持、绿化和管理的各项业务工作。公路养护管理行业是具有生产管理性质的公共服务行业，是以生产任务为目标导向的非经营性的生产管理组织。管好、养好公路，从根本上说就是向社会提供服务，满足社会公众出行的需要，这是行业存在和发展的基础。公路养护管理工作的载体是公路，服务对象是社会公众，是实实在在的社会服务工作，要做好这个工作，必须牢固树立和

不断强化“公共服务”的核心价值理念。

二、公路管养行业树立“公共服务”理念的重要性与迫切性

（一）树立“公共服务”理念是行业客观存在价值的本质要求

公路向社会提供公共服务，公路养护管理是为公路的完好提供服务，因此，公路管养行业是为社会公众提供公共服务的行业。公路养护管理所做的一切工作，包括提高公路通行能力、提供公路配套服务等，都是为了满足公路用户的社会公共需要。可以这样说，公路是行业为社会提供服务的平台和载体，是养护管理行业生存和发展的依托，行业职工所做的工作必须围绕提高公路的服务水平展开，“养好公路，保障畅通”是公路人的神圣职责。

2008 年 12 月 18 日，国务院发布了《关于实施成品油价格和税费改革的通知》（国发〔2008〕37 号），正式启动了酝酿十多年的涉及燃油税和公路养路费等税费改革的方案。从 2009 年 1 月 1 日零时起，取消了公路养路费等六项收费，逐步有序取消政府还贷二级公路收费。国家实行燃油税改革后，干线公路养护管理的经费来源渠道发生了改变，单位的全部收支都纳入财政预算，单位从以前的自收自支改变为国家财政转移支付的全额拨款事业单位，行业事业单位性质的定位和职能得到进一步强化，公路养护资金有了稳定的保障。税费改革对公路养护管理工作的影响是很大的，需要我们既要继承和发扬优良的公路养护传统，又要适应工作环境和工作程序发生的变化，正确认识和处理好变与不变的关系，要清楚地看到公路养护工作的性质没有变，公路养护工作的主体没有变，公路养护工作的目标没有变，公路养护工作的任务没有变。公路养护公里工作的基本面依然是保护公路资产、保障交通安全、服务公众需求。养护的是公路，服务的是用户，影响的是社会。

总之，资金来源渠道的变化并没有改变公路的公共服务属性，更没有改变行业的职责。养护管理行业必须进一步履行好自己的职责，从公路管

养的需要出发，集中有限的养路资金，采取有效的生产措施进一步提高公路的通行能力。只有把公路养好了，群众满意了，才能体现行业存在的社会价值和个人为社会奉献的价值。要清醒地认识到，行业养护服务理念，决定服务水平，定位行业品位，决定行业生存发展的空间、生命力。行业职工的工作岗位和工作内容都依托于公路这一载体，通过提供公路养护管理服务，职工才有展现个人能力的平台，才有收入的来源。

（二）树立“公共服务”理念是检验行业成果的客观标准

公路养护管理行业作为社会系统的一个组成部分，对社会、对职工都承担着重要的责任。从“路”与“人”的关系来说，公路是职工的劳动对象，职工是养护管理公路的主体，两者是相互依存的关系。公路为职工提供了工作平台和载体，职工为公路的日常维护付出劳动。公路养好了，通行能力提高了，说明公路的公共服务水平满足了社会的需求，也意味着职工通过自己的付出较好地履行了自己的职责，职工的工作价值得到体现。从社会角度看，行业仅仅完成公路养护投资，抓好计划管理、质量管理、生产管理还远远不够，还必须考虑养护管理的实际效果，如优良路率指标有没有达到预定的要求，公路病害和隐患有没有得到及时处理，公路状况是否达到技术标准，上级机关是否对行业所做的工作表示肯定，群众是否对路况质量、路容路貌表示满意等等。从行业角度看，就是要在保持职工队伍稳定的前提下，增强职工的凝聚力和向心力，采用精神的、物质的激励手段，充分调动职工的主动性和积极性，让职工以良好的精神面貌发扬铺路石精神，积极投身公路养护管理工作。

由此可见，“公共服务”理念与公路养护管理行业成果检验的标准息息相关，只有把“路”的工作内涵与“人”的辛勤付出结合起来，“满足公路用户的社会公共需求”才能落到实处。

（三）“通、平、美、绿、安”是公路养护管理行业“公共服务”理念的具体体现

公路养管行业要履行好公共服务职能，就要为社会提供优质的公路服

务。要提供优质的公路公共服务，必须创造“通、平、美、绿、安”的道路条件，可以把它归结为“五字工作目标”。这个五字工作目标，是我省公路养护管理行业以云南的省情为出发点，从养护管理工作实践中总结提炼出来的，它较好地概括了公路养管工作内容和要求，实现了这个目标，就切实保证了公路的完好畅通，就为社会提供了优质的交通运输条件，也就具体地体现了公路养管行业的“公共服务”理念。

公路服务水平的高低、质量的优劣是由社会公众评判的，这是社会公众对公路养护管理行业所持的态度和看法的基本点，路养好了，社会对养护管理行业就予以认可，对养路人就给予理解和肯定；路养不好，社会对公路养护管理行业就会产生“养人不养路”的意识，对公路养护管理职工所付出的艰辛就会予以否定。因此，公路养管行业要围绕社会和公众对公路服务的需求，科学制定公路养护管理的近期、中期、远景规划，以安全、畅通、经济、舒适为发展方向，努力提高公路及附属设施标志的养护水平，保持良好的技术状态，提高道路的生态化、美化程度，实现“通、平、美、绿、安”的公路目标。

三、当前我省干线公路养护管理中亟待解决的主要问题

2008年以来，随着预算制度改革、事业单位改革、成品油税费改革、路政体制改革、二级公路取消收费等一系列改革，全省交通运输行业面临的形势发生了重大变化，对公路养护行业的管理和发展带来了巨大的冲击。除了养护资金不足、养护设备落后、养护管理机制不完善、养护职工素质偏低等带共性的问题仍然存在外，一些带特殊性的新问题又逐渐显现出来。从当前我省干线公路养管工作的情况来看，面临的形势不容乐观，甚至可以说是比较严峻。主要体现为“三个下降”，即：投入不足，路况下降；机制不活，责任心下降；设备落后，专业化水平下降。

（一）投入不足，路况下降

没有正确处理好公路建设与养护的关系，重建轻养现象严重。云南抓

住燃油税改革的时机，在全省组织实施了大规模的政府还贷二级公路建设，致力于迅速改善和提高全省干线公路网络的整体水平。这对干线公路养护管理行业来说是千载难逢的机遇，既提升了干线公路中二级公路的比重，提高了干线公路的通畅能力，同时也为养护管理提供了良好条件和参与施工、锻炼队伍、增强实力的机会。但是，我们的一些养护管理单位不能正确处理建设与养护的关系，不能正确理解建设是发展，养护也是发展，而且是可持续发展的辩证关系，把工作重心都转移到了二级公路建设上，不重视也没有人力、财力和精力来加强公路养护管理，形成了“一边是通过改建，干线公路中的二级公路数量猛增，技术等级提高，另一边是未进行改建的多数干线得不到及时养护而路况质量明显下降”的失衡状况；而且更为甚者的是，不重视小修保养和日常维护，只把希望寄托在大中修或者继续实施二级公路建设上，这种状况导致了干线公路的许多路段失养，路况质量下降，通行不畅，社会反响很大。如果继续按照这样的状况维持下去，不仅原干线公路面临质量下降的困境，新修的二级公路也将岌岌可危。

（二）机制不活，责任心下降

第一，燃油税改革后，没有及时完善养护管理运行机制去适应新的变化，公路职工的工作主动性降低。公路养护管理经费纳入财政预算，职工工资由原来在养护工程费中切块分配，变成了由财政全额支付，推行了事业单位的绩效工资制，职工的收入与职务、职称挂钩。从表面看，职工工资纳入国家财政预算编制后，为职工解除了后顾之忧，队伍稳定了。但由于过去在养护运行机制改革中形成的行之有效的工程费制等管理制度被废止，新的运行机制未能及时出台，管理无着落，单位生产工作效率与职工个人收益相脱节，职工收益与劳动付出完全脱节，因而导致已经被摒弃了的“铁饭碗”“大锅饭”式的管理又有所抬头。职工缺乏原动力，竞争意识淡漠，认为自身的生存已经有了永久保障，又萌生了新的铁交椅、铁饭碗、铁工资意识，期望在一成不变的环境中享有事业单位既有的待遇，危机感、责任感减弱。加之养护管理的一切支出和收入都要经过财政预算，程序复杂、层级多，使基层管养单位的预算外赢利与单位的利益分割开来，没有了到市场中争取利益的动力。

第二，基础管理薄弱，公路行业工作的主要成果不够显著，服务水平难以提高。实施燃油税改革，公路养护管理经费全部纳入财政预算后，在公路养护职工的全额拨款事业单位职工身份得到定位的同时，公路养护管理机构的事业单位性质也得到巩固和加强。在二十多个县区新成立了公路养护管理机构，全省除了昆明市的4个主城区外，所有县区都建立了省管公路的养护管理机构，整个干线公路养护管理系统机构健全，编制到位，应该是可以系统、全面、充分地发挥职能作用。但是，实际运作状况却不容乐观，主要反映在机构的新建和调整中管理人员和工勤人员超编，一线生产人员不足；职工从事的工种、岗位以及技术等级、待遇等，未能严格对应国家劳动人事部门的规定执行；养护站（所）的地位下降，职能削弱，作用衰减；一些养护管理机构的机关上行下效，想方设法借调人员，甚至是一些核心部门的重要岗位也使用借调人员，在职人员不干活，工作推给借调人员挣表现；更为甚者的是，一些新建的公路管理机构是由公路养护单位的施工队伍易名而成，仍然忙于搞工程而不能及时就位转入养护生产管理，等等。这些问题既影响到养护管理机构职能的发挥，也影响到公路职工积极性的发挥，形成了管理不善、人浮于事、工作效率低下的状况。

（三）设备落后，专业化水平下降

第一，机械化程度不够高。近年来，公路养护里程逐年增加，车流量日益骤增，对公路养护的技术、质量和效率提出了更高的要求，逐步实现公路养护工作机械化是确保公路良好、快捷和安全运输的必要条件，是加快养护进度、提高养护质量、降低养护成本、减轻劳动强度的重要保证。但是，由于资金等因素的制约，我省公路养护的机械化程度偏低，大多数工程施工仍然依靠手工操作，很难适应日益加重的公路养护任务的需求。

第二，科技支撑力不够强。科学技术是先进生产力的集中表现，是推动经济社会发展的根本动力。公路交通的发展离不开科技的有力支撑，科技支撑是公路管理养护适应现代化发展、提高管理养护效率的重要基础。要深入实施科技强交战略，为发展现代交通运输业提供支撑和保障。但近年来由于资金等因素的制约，全省公路管养的科技支撑力度不够，科技创新能力不足，科技成果推广力度不大，公路管养的水平难以提高。

这些问题制约了公路管理养护工作的健康发展，影响了全省路网服务水平的提升。尽快解决这些存在问题、促进全省公路养护管理工作上新台阶、新水平，已成为当务之急。

四、对解决问题，促进发展的思考

针对管养工作的现状，笔者在如何解决存在问题，迅速恢复和提升干线公路的养护管理水平，如何把握行业发展规律、行业工作理念、行业发展方向、行业管理途径等几个方面，作了以下思考。

（一）遵循“433”发展规律，促进行业科学发展

行业的发展规律是工作理念和工作效果的客观反映，把握和遵循发展规律，是行业科学发展的客观要求。通过多年的探索与实践，可以把我省干线公路养护管理的规律归纳为“443 发展规律”。具体来说就是：以“四化”为发展目标，实现公路管理科学化、养护机械化、路基社会化、路面专业化，这是行业发展愿景的体现；以“四个加大”为切入点，加大养护机械化、大中修工程、灾后修复工程和养护基础设施投入，这是公路管养行业管理工作的基石；推进“三个转变”，从劳动密集型向管理效益型转变、从手工操作型向机械化养护、规范化养护型转变、由粗放生产型向节约科学型转变，这是行业不断适应经济社会发展的要求。

——实践证明，“443”是行业科学发展使命的体现。“四化”目标是行业先进生产力和先进文化的集中体现，它使广大职工明确了行业未来发展的方向和目标，改变固步自封的做法，确保行业在改革与发展中不断壮大；它为职工提供了发展平台，发挥了鼓舞干劲、凝聚人心、充分调动积极性

的作用；通过“四化”，取得了提升行业社会形象的明显效果。“四个加大”既是行业基本矛盾的反映，也是向“四化”目标迈进的着力点，更是提高行业服务能力和职工竞争能力的基础，是确保行业核心价值实现的基石。“三个转变”从组织和个人的角度，提出了如何适应生产力和经济社会发展要求、提高行业执行能力、提高工作效率的要求，是实现行业核心价值的责任体现。

近些年来，随着体现“443”发展规律的“321”工程的顺利实施，职工收入稳定增长，经济状况得到较大改善，基本拥有了属于自己的住房，生活从温饱迈向了小康。同时，通过推行行业内部市场化改革，实施养路工程费制，充分调动了职工的积极性，增强了职工责任意识。相对于企业，事业单位的性质让职工有了充分的可靠感和优越感。可以说，收入的增长解决了职工的生活保障需求，社会地位的提高提升了职工的尊严感和社会价值，职工个人需求得到前所未有的满足。

——实践证明，“443”是行业取得工作成果的保障。公路行业的工作成果有对外和对内两个方面，对外就是路况质量，对内就是职工面貌。对外，我们通过坚持“四化”目标，增强了社会各利益相关方对行业发展的信心，进而取得了各方的支持。坚持“四个加大”，抓住了提高公路养护质量的根本，推进“三个转变”，使组织和职工不断地适应了经济和社会的发展。对内，“四化”目标是行业发展的愿景，是行业职工努力的方向，它统一了职工的思想，“四个加大”使职工明确了个人展现才能的着力点和提高行业服务能力的切入点，“三个转变”使职工强化了责任感和使命感，激励职工竭尽全力为实现行业的目标作出自己的贡献。

从实际工作成效看，2002 年至 2007 年的 5 年里，全省普通干线公路中，有 2576 公里沥青公路进行了路面修缮工程；2007 年普通干线公路好路率为 76.93％，比 2002 年末提高了 9％。普通干线公路养护基础设施共建设和完善 272 个管理所、156 个料场和 104 个机化站。新改建住房 11547 套，134 万平方米，基本解决了广大职工特别是一线职工的后顾之忧。随着公路管理效能的提高、养护科技含量的增加、路基养护社会化的推广和施工机械的广泛应用，逐步将一线职工从传统的重体力劳动中解放出来，生产力和工效均得到极大提高。通过加强养护基础设施建设和重视职工增收工作，为行业文明创建奠定了物质基础，有效地推进了行业文明创建工作，全局的文明创建工作在广度和深度方面有了整体提升，职工的文化生活更加丰富，行业的良好形象进一步得到提升。

——实践证明，“433”是行业保持发展活力的保证。说“443”是公路行业的发展规律，最重要的一个原因就是它能让行业保持可持续发展的活力。“四化”目标凝聚了各利益相关方的共识，增强了他们对行业发展的信心，展现了行业发展的活力；“四个加大”抓住了公路管养的基本矛盾，打牢了发展的基础，保证了行业发展不偏离公路管养的主线；“三个转变”是提高劳动生产率的有效途径，更是行业不断地适应社会发展变化的主要抓手。三者是一个有机工作运行体系中的三个工作层次，它们相互之间环环相扣，层层递进。

从当前来看，“443”发展规律是转变发展方式的保证。近年来我省交通运输发展很快，全省路网日趋完善，公路等级逐步提高。从管理养护的对象看，逐步从低等级路为主转变为高等级路为主，从砂石路、弹石路为主转变为沥青路为主。从交通运输发展方式转变来看，倡导快捷、高效、绿色、环保，从依靠增加资源消耗向科技进步、行业创新、从业人员素质提高和资源节约、环境友好转变。因此，养护方式需要更新，管理方式需要转型。

“443”发展规律能让组织中的所有的人，朝着统一的战略目标作出努力，重塑行业职工的信心，激励奋发有为的精神。同时，可以保证组织结构随着工作任务、技术特性和所处外部环境的变化而改变。

（二）强化“无路不稳，以路养人”的工作理念

从管理学角度讲，公路管养行业是以生产任务为目标导向的生产管理组织。因此，在公路管养工作中，行业管理者要破除“以人养路”的理念，

消除社会上对行业“养人不养路”的误解，必须树立“无路不稳，以路养人”的理念。

第一，树立“无路不稳，以路养人”理念是行业客观存在价值的本质要求。公路管养行业的一切工作，包括提高公路通行能力、提供公路服务等，都是为了满足公路用户的社会公共需要。从这个意义上来说，公路是行业为社会提供服务的平台和载体，行业职工所做的工作应围绕提高公路的服务水平展开的。因此，公路是行业生存和发展的依托，“养好公路，保障畅通”是公路人的神圣职责。

公路管养行业纳入财政预算以后，应该说行业的事业单位性质定位和职能得到进一步强化，公路养护资金有了稳定的保障。但是，无论资金来源渠道发生了怎样的变化，公路的公共服务属性没有改变，行业的职责没有改变。要破除“纳入财政预算等于行业生存有保障、等于职工收入有保障，就不用努力工作”的思想；要充分认识到，只有履行好自己的职责，公路养好了，群众满意了，才能体现行业存在的社会价值和个人为社会奉献的价值；要清醒认识到，行业职工的工作岗位和工作内容依托于公路这一载体，通过提供公路管理养护服务，职工才有展现个人能力的平台和收入的来源。因此，树立“以路养人”的理念是行业客观存在的本质要求。

第二，树立“无路不稳，以路养人”理念是行业成果检验的客观标准。从“路”与“人”的关系来说，公路为职工提供了工作平台和载体，职工为公路的日常维护付出了劳动。“无路不稳，以路养人”作为一种理念和取向，与行业成果检验的标准息息相关。只有把“路”的工作内涵与“人”的辛勤付出结合起来，公路管理部门提供优良的公路产品和公路服务，“满足使用者的社会公共需要”才能落到实处。

第三，树立“无路不稳，以路养人”理念是行业五字工作目标的体现。公路服务的目标，就是要创造“通、平、美、绿、安”的道路条件。客观上看，目前我省干线公路的服务水平还不高，主要受养护资金的制约，公路养护管理水平和社会公众的现实需求相比，还存在明显的差距。尤其是随着经济的发展和群众生活水平提高，对公路管理养护的要求也越来越高。要努力消除社会对行业“养人不养路”的误解，就必须提供优质的公路产品，即“通、平、美、绿、安”的道路通行条件。这是因为社会公众对公路管养行业的态度和看法，主要取决于公路服务水平的高低。路养好了，社会对养路人给予的是理解和肯定；路养不好，社会就会对行业产生“养人不养路”的误解和偏见。

因此，公路管养行业要围绕社会和公众对公路服务的需求，科学制定公路养护管理的近期、中期、远景规划，以安全、畅通、经济、舒适为发展方向，努力提高公路及附属设施标志的养护水平，保持良好的技术状态，提高道路的生态化、美化程度，实现“通、平、美、绿、安”的公路目标。

（三）坚定不移地坚持公路管养改革创新的方向

第一，坚持改革，推动行业持续发展。我省干线公路采用的是垂直管理模式，这种模式具有方便调动和合理配置系统内的人财物资源，实现从上到下的一体化管理，维护行业的专业性和稳定性，易于做好突发性事件的应急救援工作等显著优势；但是也存在容易导致封闭、保守，有效率递减效应，机制创新动力不足等弊端。要消除这些潜在弊端，必须用灵活、科学的管养机制去解决，必须通过管养机制的改革去改变。

一是推进行业发展必然要把养护运行机制改革作为主要动力。当前正处于交通运输高速发展的时期，这决定了我们的发展手段和方式不能循规蹈矩，必须加大改革和创新的力度。随着改革的不断深入，行业的生产力也发生了根本性变化，劳动对象高等级化，生产工具自动化，管理手段信息化，也必然导致行业生产关系的重大变革。在这种情况下，我们只有坚定不移地推进养护管理机制改革，才能促进行业的发展。20 世纪 90 年代，我省在公路养护行业相继推行了“经济承包责任制”和事业单位企业化管理，促进了生产管理，节约了养路投资，调动了职工的生产积极性，使我省公路管理工作走在全国公路养护管理改革的前列。在坚持改革方向的过程中，职工树立了竞争意识、实现了规范操作，调动了职工的生产积极性，提高了投资效益，增强了单位的综合实力。实践证明，只有坚持改革才有出路。

二是提高公共服务能力的职能迫切需要进行公路养护运行机制改革。云南是经济社会发展相对落后的边疆少数民族地区，公路作为主要的交通运输方式，承担着绝大多数的运输量，在促进经济社会发展、民族团结和谐中起着不可替代的作用。从路网构成上看，我省干线公路是沟通高速公路和农村公路的结点，是联结城市、乡镇、乡村路网体系的纽带。干线公路在全省公路体系中占有的相对数量虽然不是很大，但承载了绝大多数的交通流量，担负着城市经济建设，农村脱贫致富、边疆国防建设等多重任务。干线公路管养质量的好坏，服务水平的高低，直接关系到我省整个路网体系的运输效率。交通运输部从实现公路交通发展方式转变的高度，提出了普通公路体系要体现基本服务的要求，干线公路作为普通公路体系的重要组成部分，担负着满足社会公众基本服务需求的重任。因此，为了满足社会公众的基本服务需求，我们必须坚持公路管养机制改革，进一步做好公路的管理养护工作，提高公路服务能力和水平。

三是财政预算体制改革需要进行养护运行机制改革来适应。公路养护资金纳入财政预算后，公路管养经费和职工收入有了稳定可靠的保障。但我们也要看到，一些职工对纳入财政预算所持的接纳和欢迎态度，没有从公路管养需求的角度去考虑，而是仅从个人拥有长期稳定的保障这个角度来着想。职工持有这种想法无可厚非，毕竟职工赖以生活的物质基础主要是来源于工资收入，但如果“纳入预算等于职工收入有保障”成为一种潜移默化的意识，职工的责任感、使命感就会淡化。对于管理层来说，纳入财政预算后意味着有足够的预算经费维持行政管理的需要，在“人多好办事”的理念下，管理岗位的设置从以实际需要为主，转变为按占满编制数为主，原本已精简的机构，又会在短时间内逐渐膨胀，“只进不出、只上不下”的观念，造成了一些不具备专业素质的人员受聘在管理、技术岗位上的局面，人浮于事、苦乐不均的现象挫伤了认真干事职工的积极性。因此，公路管养行业必须要适应当前的财政预算改革形式，主动积极地以养护机制的改革去应对。

四是近期养护运行机制改革的重点依然需要继续深入推行“管养分离”。我省干线公路实质性地推行“管养分离”改革是从2005年开始的，按照交通运输部“十一五规划”中关于干线公路管养分离的条文规定和省交通运输厅党组关于三年完成干线公路“管养分离”改革任务的要求，省公路局通过2006年学习考察准备、2007年在4个总段试点、2008年在全局铺开，取得了显著效果。2009年实施燃油税改革后，“管养分离”被自然终止，绕了一圈又回到原地。目前干线公路的养护费用总投入是每公里公路约3.8万元/年，管养的里程越长，获得的投资就应当越多。然而现在的情况却是，在保人员、保机构的原则下，人越多的单位获得的投资越多。而且还存在这样的情况，管养5公里公路与管养1公里公路的同级别、同工龄的职工，拿到的工资一样多，这既不符合按劳分配原则，也不能提高有限资金的使用效率，更不能提高职工的积极性。这种情况的存在，直接导致了路况质量的下降，造成社会和行业内职工都不满意的局面。因此，要解决路况质量提升这一关键问题，在当前增加养护项目支出比较困难的情况下，进行管养机制改革，继续在干线公路推行“管养分离”是必然的选择，是当前公路管养机制改革的重点，也是破解干线公路管养难题的有效手段。

实行干线公路“管养分离”，即将总段所属直接从事养护生产的单位和机构分离出来，把公路管理职能与养护生产职能分离开来。公路管理职能由总段、段和管理所承担，养护生产职能由总段所属的公路桥梁建设和养护工程公司承担。进行管养分离改革，既有利于节约养护成本，又有利于提高养护效率，更有利于提高路况质量。

第二，创新驱动，引领行业快速发展。党的十八大报告提出了要“实施创新驱动发展战略”和“加强和创新社会管理”的重要任务，这不仅为科研发展和社会管理发展指明了方向，提供了动力，也为其他行业的发展指明了方向和提供了动力。特别是对于干线公路养护管理工作而言，具有更加重要的引领与推动作用。为此，需要我们做好以下几方面。

一是理念创新。公路养护管理工作，要立足于经济社会发展特别是中央转变经济发展方式的要求，适应新变化，满足新需求，不断提高路网的服务能力和水平，更好地管理和维护好公路基础设施网络，更好地为公众服务；要牢固树立并继续贯彻“更好地为公众服务”的价值观念，确立“公路建设是发展，养护管理也是发展，而且是可持续发展”的发展理念，遵循“以人为本、安全第一、养护优先、依法治路、科技支撑、体制创新”的基本原则，坚持“提升管理水平、推进科学养护、强化应急保障、确保优质服务”的方针，努力转变公路养护管理发展方式，进一步夯实公路养护管理基础，全面加强公路养护管理，切实提高公路基础设施网络使用效率和服务水平，促进公路交通网络“更安全、更畅通、更便捷、更高效、更经济、更和谐”。

二是服务创新。一方面，要充分认识到公路养护管理工作的公益性、事业单位的实质，就是政府出钱买服务，并非是进了全额拨款事业单位就是进了保险柜，这种服务就是一种商品，物美价廉质量好，政府才会选购你，否则其他商品就会替代你。所以，干线公路养护管理工作要有危机感，要有竞争意识，要从服务的无条件性、及时性和时限性的特点出发，努力做好服务工作，只有服务到位了，公众满意了，政府才会选择你，你才有存在和发展的机会与空间。另一方面，要不断改进和提高服务手段，要从以往那种保证社会公众“过得去”转变到保证通过得安全、舒适、快捷，这就需要继续保持提供传统的服务外，还要根据社会公众的意愿与需求，在条件允许的路段努力增加沿途服务设施，如公路休息区、便民服务点等设施，出行信息服务等内容，切实做到“更好地为公众服务”。

三是管理创新。要根据燃油税改革后给干线公路养护管理带来的变化情况，及时分析情况、研究对策、制订措施、完善机制、强化管理，主动适应变化，寻求新的发展。要加强对管理层以及后勤服务的管理，严格执行事业单位“三定”方案，做到不超编、不混岗，认真按照岗位职责和责任目标进行绩效考核，根据业绩确定人员的奖惩与去留，充分发挥管理层的组织指挥和表率、引领作用。

四是养护创新。要加大公路养护工程实施力度。结合干线公路改造、文明样板路创建和标准化美化工程（GBM）的实施，认真组织开展以“通、平、美、绿、安”为主题的公路养护示范工程创建活动。加大预防性养护力度，树立全寿命周期养护成本理念，制定适合我省干线公路养护管理实际情况的预防性养护指导意见、技术标准，全面实施预防性养护。同时，还要重点加强桥隧养护管理工作，要以特大和大型桥梁、特殊结构桥梁、双曲拱桥、系杆拱桥以及有一定使用年限的老旧桥梁为重点，加强养护、巡查、检测和隐患排查等工作，并及时采取现场监管和交通管制等措施，确保桥梁安全。在保证公路日常养护的基础上，进一步加大公路养护工程资金投入，及时组织实施公路大、中修工程，保持公路设施良好的技术状况，确保路网的通行能力和服务水平。通过养护创新，充分体现人、车、路、环境之间的和谐关系，实现人与车的和谐、车与路的和谐、路与环境的和谐、环境与人的和谐。

五是科技创新。要以公路科研单位和机构为龙头，公路养护机构为载体，进一步加大公路养护新技术的研发应用力度。要从我省公路养护管理的实际出发实施科技创新，通过研发、引进和消化吸收先进成熟的新技术、新工艺、新材料、新设备、新方法，逐步提高科技进步对公路养护发展的推动作用。要充分应用信息技术，结合现有的路面、桥梁管理评价信息平台，科学分析公路及桥梁技术状况，科学制订预防性养护计划，为实现公路养护科学决策提供有力的技术支撑，进一步提升公路养护、管理与服务的技术水平。

（四）明确行业管理的途径，推进“四化”进程

“四化”目标是公路养护行业科学发展的内在要求，是养护运行机制改革的基本方法，是指导行业发展的愿景和途径。四者相辅相成，共同构成

促进行业科学发展的牵引力和推动力。

第一，全面推进公路管理科学化。目前我省公路养护质量不能满足使用者的需要，究其原因，无外乎两个，一个是公路养护投入严重不足，另一个就是管理效率不高。经费不足怎么办？以前的成功做法是向管理要效率，我想，这个方法过去有效，现在也有效，将来也一定有效。必须在管理工作上做文章，不断提高管理科学化水平，破解当前面临的主要问题。公路管理养护是一个系统工程，从省级到站所一线，落实相关基础指标的措施是不同的，但总得有一条，那就是一定要运用以信息化为代表的技术手段，解决好各级各环节的管理问题，提高管理效率，提高工作水平。此外，要解决管理科学化不断的创新改革问题。公路管理科学化体系建成后，不是一劳永逸的，要在公路管理内涵地不断丰富的基础上，对体系进行不断地评估，对体系的各项基础指标进行不断地改进、不断地创新。

第二，快速推进公路养护机械化。公路养护是为公路运输提供服务和保障，养护的质量和效率是其主要评价指标。而机械化养护能够解决质量和效率问题，还能提升行业形象。从行业形势发展上看，公路能够实现“门到门”服务的特性决定了公路与广大人民群众关系紧密，而我省交通方式单一，公路的作用更显重要。随着经济社会的发展、民众生活水平提高，对公路养护质量、效率的要求越来越高，必须适应形势发展，大力推进公路养护机械化。从推行公路养护机械化的有利因素看，使用机械养护最重要的是成本问题，其中重要的一条就是养护规模，尤其是沥青路面的规模。从 2011 年的数据看，全省公路沥青路面已经达到 45993 公里，占总里程的 21.4%，特别是干线公路中的沥青路面里程已达 25321 公里，占干线总养护里程 28334 公里的近 90%。因此，在规模上具备了实施机械化养护的条件；从养护基础设施的布局看，2007 年以前，全省公路行业实施“321”工程，配置了相应设备，今年接养 54 条共计 4047 公里的二级公路，也同步建设了一批相应的管养设施。可以说，实施机械化养护的条件已具备。

除以上有利条件外，还要注重解决产权模式单一，设备购置的资金来源单一，设备数量、配套状况、类型结构不够合理，人才匮乏等不利因素。

第三，全力推进路面养护专业化。路面专业化养护是管理科学化、养护机械化的直接体现，也是公路养护事业科学发展的直接体现。要明确专业化的方向。把科技含量高、资金投入高、能规模化组织生产的路面和桥梁养护工程交由专业队伍进行机械化养护，使养护生产适应社会化大生产的要求。要夯实专业化的基础。一是行业发展的物质与经济基础，包括行业的机械设备、车辆、生产用房、料场、资本、人力等要素；二是行业发展的精神与制度基础，是由行业文化、行业形象、战略远见、创新精神、高效管理、质量信誉等要素综合作用形成的无形的影响力。前者是硬实力，后者是软实力。这些年来，通过大家的努力，养护设施、养护机械等行业硬实力得到了增强。同时，要着力加强行业的规范、制度和行业文化等软实力建设，增强行业的市场竞争力。要培养专业化的队伍。古语讲："国以才立，业以才兴。"人才问题是关系行业发展的关键问题。各级管养机构，要针对公路养护行业专业性强、科技含量越来越高的特点，针对现有人员的素质状况，对症下药，用活用好人事政策，努力造就一支素质优良、技能精湛、结构合理的人才队伍，全面提升行业的核心竞争力。

第四，全面落实路基养护社会化。路基养护社会化是各基层管养单位多年探索总结出来的，能有效促进"公路养护质量提升、成本节约和公路沿线群众增收"，实现"公路管理者、使用者和沿线群众"和谐共赢局面的一种管理模式；是提升行业社会责任感，提升行业整合资源、有效配置资源能力的有益尝试；也是养护运行机制改革的一项重要内容。

在落实路基养护社会化过程中，应重点解决如下问题：

正确理解社会化的内涵。路基养护社会化是指按照市场化原则，将简单、重复、利益相关者多的养护作业内容属地化、承包化的过程。其核心是市场化，其表现形式是属地化或者承包化，其目的是让各利益相关者满意。养护任务无论是发包给沿线村（居）民（属地化），还是承包给自己的职工（承包化），都必须坚持市场化原则和让各利益相关者满意。

明确界定社会化的内容。路基养护社会化的内容，必须严格界定在路肩、边坡、排水设施、构造物和行道树的养护以及桥涵的一般养护，不能随意增加社会化的内容。防止把桥涵、构造物等设施的专业性、功能性养护职责弱化，增加公路运行的安全隐患。

严格抓好社会化的监管。要抓好路基养护社会化合同范本的设计，明晰养护任务的内容和规范，强化安全教育和管理，切实执行奖惩规定。切忌把社会化当作自由化，放任不管。

（五）要继续完善和利用好“养路工程费制”这个经济杠杆

利用经济杠杆，深入贯彻养护工程费制是解决职工激励问题的最好办法。按照现有的预算管理体制，养护工程费就是项目支出经费，如果严格按照这个预算体制来落实，我们干线公路的路况比现在还要差。目前多数单位还在沿用这个制度，勉强维持路况，虽然执行起来有难度，但总的说来这个制度是合理的。

第一，坚持养护工程费制符合市场经济的特性。公路管养行业以养护生产为主要方式的组织管理本质是市场经济行为。养护工程项目与建设工程项目一样具有竞争的特性，符合市场规律，适用于市场机制。养护工程费制是目前公路管养行业探索出来适应市场机制的成功方法，符合价值规律的要求，故对于养护工程的管理也应当使用市场经济的方法。从2007年以前实际取得的效果看，不仅能提高了资金的使用效率，还提高了路况质量，还可以最大限度地激发职工的竞争意识、效率意识、责任意识，提高管理效能。

从管理方式看，坚持养护工程费制还可以有效减缓当前管理上存在的效率递减效应，便于行业推行全面质量管理。养护工程费制的执行，在强调最终目标效果的同时，也涵盖了过程管理、监督管理和绩效管理；此外，作为行政管理和经济管理的一种支撑方法，坚持养护工程费制，可以促使行业价值和个人价值的结合，行业可以增强配置资源和发展能力，个人则可以转变思维方式，提高生存能力，实现生产要素的最优搭配，从而促进各项管理目标的实现。

第二，坚持养护工程费制符合目标监管的特性。从目前常用的监管方法看，主要有两种：一种是人事手段，另一种是经济手段。就公路管理的特点来看，以“德、能、勤、绩”管理考核为重点的人事手段适应人群少，主要对占职工总数近 1/4 的管理和专业技术人员有效，而对以养护生产操作为主的占近3/4的一线职工监管不够有效。相对于人事手段，经济手段具有普遍的适应性，无论是对管理和专业技术人员还是一线职工，都是目前最为有效地一种方式，尤其是对于占人数 3/4 的一线职工，这一手段尤其重要，因为公路的质量是一线职工养护出来的，养护工程是一线职工亲手创造出来的，所以调动一线职工积极性、创造性是公路管养工作的当务之急。

从职工的角度看，我省干线公路在实践中探索出来的养护工程费制，是公路管养工作中一种有效的经济监管手段，能够促使职工树立“有路才能养人”的观念，树立“没有养护量就没有养护岗位、没有付出就没有收入”的观念。养护工程费制，是激活内部管理机制、提高养护质量和降低养护成本的重要举措，能够使职工从养好公路的要求来理解养路投资，从养护质量的要求和完成工程量的要求来获取报酬，从而以更高的工作热情更积极的工作态度，投入养护生产。

从组织的角度看，坚持养护工程费制，能够有效确保上级确定养护目标的实现，满足社会对组织的要求。2003 年至 2007 年是深入贯彻养护工程费制时期，干线公路养护质量每年保持 1%的增速；组织的管理能力和水平显著提高，减员增效动力强劲，机构精简，减少了 10%～15%。人员更加精干，分流人员达 4312 人，分流面达 20%，行管人员压缩了 12%。机械化步伐加快，建设和完善 156 个料场和 105 个机化站。科技创新和用新能力有了新的提高，组织引导进行技术进步、技术创新、技术研究和新技术、新工艺、新设备、新材料的推广应用工作，从而推动了生产水平的提高。在社会上获得了干线公路被广大职工“养好了，养美了”的评价。

第三，坚持养护工程费制符合个人需求的特性。根据马斯洛的人生需求理论，无论处在人生需求的哪个层次，人的物质需求都是基础，所谓“仓廪实而知礼节”即是此理。行业纳入财政预算体制后，职工普遍认为自身的生存有了永久的保障，缺乏改革的动力和变革的预期，形成了新的“大锅饭”。要破解这一问题，必须按照“经济人”的假设，通过职工的经济利益来激励职工，而坚持养护工程费制，则是目前养护资金投入不足情况下充分调动职工积极性的最佳途径。

进入新世纪以来，公路管养行业稳定发展，职工的付出和奉献的动因都来源于物质条件的改善和精神方面激励。坚持养护工程费制，增强了职工的责任意识，充分调动了职工的积极性，确保了职工收入稳定增长，经济状况得到较大改善，生活从温饱迈向了小康，基本实现了与社会经济同步发展，共享发展成果。可以说，职工的生活需求和社会地位都提高了，职工个人需求得到了前所未有的满足，为投身公路管养工作提供了源源不断的动力。因此，只有继续坚持好养路工程费制，让职工从多劳多得中增加收入，从实现社会价值中体现个人价值，个人的目标才能和行业的发展有效地结合起来。

总之，对于干线公路养护管理，只有通过不断强化“更好地为公众服务”的理念，不断丰富“443”发展规律的内涵，坚定不移地坚持公路管养改革的方向，加强管理，建立科学的目标考核体系，认真实施创新驱动战略，不断提高社会和职工满意度，才能在促进社会经济发展中发挥行业作用，实现科学发展。

云南省交通基础设施养护管理的思考

交通基础设施是指为社会产品的运输和居民的出行提供交通服务的基础设施，包括公路、水路、铁路、桥梁、隧道、机场、港口和运输管道等。就云南现状而言，省级人民政府交通运输主管部门管理的交通基础设施主要包括公路、水路网，公路客货运输场站、水路客货港口，以及服务于公路、水路运输行业的各种信息服务系统。其中，公路运输基础设施主要包括公路本身及其中的桥涵、隧道，公路沿线交通安全设施、服务区、加油站，道路客运站、道路货运站等；水路交通基础设施主要包括航道、港口等。

一、云南省交通基础设施发展现状

近十年来，云南交通运输事业实现了历史性的跨越发展，全省交通基础设施建设取得了巨大成就，为全省经济发展提供了强有力的支持。

（一）公路交通

至2011年底，全省公路总里程为21.4万公里，居全国第5位。按行政等级分，国道8202公里（含国家高速公路）、省道20132公里（含省高速公路）、县道41872公里、乡道102982公里、专用公路4237公里、村道37100公里。按技术等级分，高速公路2746公里、一级公路842公里、二级公路9553公里、三级公路8407公里、四级公路144295公里、等外公路48681公里。其中，桥梁22233座/1550262延米，隧道565座/338356延米。

（二）水路交通

至2011年底，全省内河航道通航总里程3374.76公里。其中，三级14

公里，四级 540.21 公里；五级 295.4 公里，六级 958.53 公里，七级 799.33 公里，等外级 767.29 公里；内河港口 12 个，内河港口泊位 192 个。

（三）汽车运输基础设施

至 2011 年底，全省共有客货运站场 615 个，其中，客运站 549 个、货运站 66 个（规模较大的仅 10 余个）。县级城市基本建成了二级以上客运站，州市政府所在地城市基本建成了一级客运站，建成了 825 个等外简易站及招呼站。

二、存在的薄弱环节和问题

全省交通基础设施的总量和质量虽然得到全面提升，但就管养方面而言，还存在一些不容忽视的薄弱环节和问题。

（一）交通基础设施总体技术标准偏低，通行保障能力不足

至 2011 年底，我省二级及以上公路比重为 6.13%，远低于 11.53%的全国平均水平；等外公路的比重为 22.7%，高于 15.9%的全国平均水平。我省普通国省干线公路技术状况指标排在全国末尾。如：国道优良路率仅为48.93%，位列全国倒数第一；省道优良路率仅为 51.06%，位列全国倒数第二。我省内河通航里程占全国通航里程的 2.8%，不足四川省的 1/3，港口泊位数量少，仅占全国泊位总数 31968 的 0.6%。我省货运物流站场总体数量少、规模小、设施简陋、功能不全，与社会实有运力不相匹配，还不能适应“两强一堡”现代物流发展的需要。

（二）交通基础设施布局仍需进一步完善

全省高速公路、国道、省道主要集中在几个走廊带内，干线公路分布不均，部分州市间、县市间公路和重要省际通道尚未打通，市、县之间连通度差，干线公路布局不完善，路网整体效益难以充分发挥。航道等级低，大部分尚未得到有效整治，港口航道设施总体水平处于全国落后位置，30 吨级以下的小型运输船舶约占总艘数的 70%左右，缺少专业化、大型化运

输船舶。农村客运站点过于简易，覆盖范围不足；货运站场建设进展缓慢，物流基础设施薄弱，规模较大的货运站较少。

（三）资金缺口大，养护投入严重不足

由于财政收入有限，地方配套资金压力较大，资金筹集较为困难，加上公路建设成本比较高，通行费征收入不敷出，政府还贷二级公路收费的取消，以及公路、水路里程增长带来养护成本逐年增加等因素，养护资金缺口必将进一步扩大。随着燃油税费改革的实施，公路、水路养护费用养护经费来源存在不确定性，大部分公路、水路交通基础设施面临失养失修的困境。

“十一五”期间，全国累计用于公路养护工程的资金约 8011 亿元，云南养护投入 95.76 亿元，仅占全国的 1.2%；而云南的公路里程占全国总里程的5.2%，近几年我省国省道的养护投入均排在全国倒数一、二位，远远达不到交通运输部所规定的税费改革后，替代原养路费的中央转移支付资金的 80%要用于公路养护的要求。2001～2010 年十年间，我省实施大中修工程的普通国省干线公路只有 4013 公里，占普通国省道的 16%，年均为 1.6%，仅为交通运输部要求每年大中修工程里程的十分之一。在全国其他省市大中修工程比例大幅增加的情况下，我省反而萎缩，“十五”大修里程 2234 公里，“十一五”缩减到 1779 公里。据统计，有近 3000 公里国省道已经 15 年没有进行过大中修。

水路方面，由于云南省属于非水网地区，水运投入少，航道维护资金得不到保证。从 2009 年开始至 2011 年，云南省交通运输厅从厅本级“航道及渡口养护经费”项目中，每年投入约 2000 万元用于航道（渡口）维护，平均为 6000 元/公里，仅为长江航道养护投入 60 万元/公里的 1%。2012 年省财政将税费改革后，替代原养路费的中央转移支付资金用于偿还二级公路建设贷款，没有安排航道养护资金，使刚起步的航道管理养护成果难于维系，因而造成 2012 年洪水期破坏的航道无法修复，2013 年枯水期出浅的航道得不到维护的后果，严重影响航道的安全畅通，甚至中断。航道养护工作面临倒退成“自然管养、天气维护”的状态。

（四）交通基础设施安全形势不容乐观

我省属于山岭重丘区，大部分普通干线公路技术指标偏低，弯道多、坡度大，部分路段交通安全设施仍不完善，且路面和桥涵设施毁损严重，水毁处治、边坡防护、排水设施等欠账较多，危桥仍然呈现边治边增的态势；农村公路交通安全设施不全，标准偏低，危桥多、比重高等问题，导致公路安全形势依然十分严峻。内河航道河弯流急，险滩众多，航道条件较差，缺乏必要航标、通信设施的配套设施，海事系统缺乏必要的管理设施，船舶航行主要依赖船长的经验，船舶航行安全隐患较大。加上云南山高谷深、弯大坡陡，客货运输的安全形势也不容乐观。

（五）科技支撑作用有待提升

养护自主创新技术不多，养护技术的集成性不高，科研成果转化应用和产业化水平仍需提高，预防性养护综合技术体系和科学决策体系仍未建立。养护基层建设滞后、装备落后，养护现代化、机械化水平有待提升。联网收费和不停车收费技术的局限性依然存在，路政、运政、海事管理技术仍需提高，公路、水路网运行监测与应急处置缺乏有效的技术手段，部分公路、水路安全技术难题尚未得到彻底解决。

（六）路网运行监测与应急保障和公共服务能力亟待提高

全省交通基础设施信息化建设水平不高，路网监控设施仍不完善，信息获取的及时性、准确性还不足；公共出行服务信息服务难以满足公众出行服务多样化和个性化的需求；尚未形成公路网、水路网管理应急处置平台，应急管理工作尚未常态化。

三、加强交通基础设施养护管理工作的建议

（一）牢固树立建设是发展，养护管理也是发展，是可持续发展的理念

交通基础设施建设是创造财富的，养护管理则是保护财富的。财富的

创造积累和财富的保护同等重要。养护管理工作到位了，才能保障交通基础设施的完好畅通，有效延长使用寿命，守护好我们的共同财富。如果养护管理跟不上，小病不治成大病，就会造成巨大浪费。在加快发展的同时，要准确把握养护管理工作的规律性，把建养并重作为基本方针和长期任务，通过加强养护管理，充分发挥交通基础设施存量资产的最大效益，实现交通运输事业的可持续发展。

（二）“三分建，七分养”，更加注重交通设施的养护管理

应认真贯彻落实交通运输部“十二五”养护管理事业发展的基本原则，把养护管理工作摆在优先发展的位置。近年来，我省交通基础设施建设的巨大投入，换来了交通建设的巨大成就，成果来之不易，要更加重视建设成果的巩固，下力气抓好高速公路及服务区、客货运站点、港口，特别是二级公路的管理养护工作，确保有效投入产生有效社会效应。要努力转变交通设施养护管理发展方式，坚持“提升管理水平、推进科学养护、强化应急保障、确保优质服务”的方针，切实提高交通基础设施网络使用效率和服务水平，促进交通网络“更安全、更畅通、更便捷、更高效、更经济、更和谐”。确保交通设施养护管理工作总体适应经济社会发展和公众安全便捷出行服务的需要。

（三）在管理上要做好“四个坚持”

一是必须坚持“以人为本”，“更好地为公众服务”的理念。这是养护管理工作的价值所在，也是养护管理工作社会价值的重要体现和本质要求，必须把提供为社会更多更好的出行服务，作为养护管理工作的出发点和落脚点。

二是必须坚持改革创新，不断提高可持续发展能力。以新理念、新思路、新举措推进养护管理工作，通过体制改革、制度创新和科技创新，解决养护管理中的深层次矛盾和问题。

三是必须坚持依法管理，文明执法，不断提高交通设施行政管理能力。

不断建立健全路政、运政、海事，以及交通基础设施养护管理地方法规体系和长效管理机制、制度，加强执法队伍建设，提高执法能力，寓执法于服务之中，不断提高行政能力和管理水平。这是做好养护管理工作的制度保障。

四是必须坚持加强队伍建设。继续弘扬能战斗、能吃苦、讲奉献的“铺路石”精神，保证交通基础设施养护管理事业兴旺发达、不断发展。

（四）在养护上努力实现三个转变

一是从劳动密集型向管理效益型转变。要通过不断深化改革，逐步建立事权清晰、精简高效、责权一致、运转协调、分工合理、执行顺畅的管理体制和机制，实现管理养护的劳动密集型向管理效益型转变，以适应交通设施现代化养护管理的要求。

二是从粗放生产型向科学集约型转变。深入实施科技强交战略，为发展现代交通运输业提供支撑和保障，从主要依靠增加投入、高消耗、低质量、低产出的发展方式，转变到生产要素优化组合和充分利用的少投入、低消耗、高技术、高质量、高产出的科学集约型发展方式上来。

三是从手工操作型向机械化、规范化型转变。要通过用先进的管理机制，走融资多元化的路子，提高设备使用效率，推动养护规范化、机械化发展。

（五）加大养护投入力度

建立成品油价格和税费改革转移支付资金（原养路费）为主、市县自筹资金配套、收费公路业主自行负责、稳步增长的经费投入长效机制。国省干线公路要按照交通运输部的要求，每年实施大中修工程和预防性养护里程不低于养护总里程的17%，其中，大修不低于5%，中修不低于8%，预防性养护不低于4%。农村公路要认真贯彻执行国务院《农村公路养护管理改革方案》（国办发〔2005〕49号）“7351”的规定，同时，州市政府要严格落实配套资金。航道养护管理费要由财政预算予以保障，至少要维持每年安排2000万元的水路养护费用。客货运站场养护管理经费主要由经营企业承担，经营企业要安排一定的资金用于站场的养护管理，确保设施完好、保证功能、安全卫生。

要全面贯彻落实《国务院办公厅转发发展改革委财政部交通运输部关于进一步完善投融资政策促进普通公路持续健康发展若干意见的通知》（国办发〔2011〕22号）精神，成品油消费税收入替代公路养路费资金，原则上全额用于普通公路的养护管理，不得用于收费公路建设，并要确保及时足额拨付资金，实行专款专用，不得挤占、挪用。合理安排新建、改扩建及养护资金，做到建养并重、养护优先。

（六）着力提升应急处置能力和水平

加快公路、水路网监测与应急处置平台体系建设，进一步建立健全预测预警、应急处置和信息发布等应急运行机制，建立和完善路网联动协调机制，建立公路、水路应急抢险保通队伍、应急中心和储备物资，形成信息互通、协同高效的公路、水路网监测与应急处置平台体系，不断提升我省公路、水路网运行监测水平，提高应急处置与养护保障能力，更好地为公众出行服务。

（七）更加关注基层一线单位

党的十八大指出，党的基层组织是团结带领群众贯彻党的理论和路线方针政策、落实党的任务的战斗堡垒。要全面推进各领域基层党建工作，扩大党组织和党的工作覆盖面，充分发挥推动发展、服务群众、凝聚人心、促进和谐的作用。按照交通运输部《规范交通运输行政执法基层站所建设的若干意见》要求，进一步加大对各级基层党组织建设的扶持力度，对长期奋战在一线的基层干部给予更多厚爱，结合“双职双挂”工作的开展，重心下移，从办实事、解难题、送温暖入手，主动为基层单位服务，不断改善基层单位设施装备条件，使基层执法站所整体形象明显改观，站所设置、人员配置、经费渠道、装备保障等方面符合统一的标准规范，为基层一线干部职工创造舒适、和谐的工作环境和生活环境。

云南省公路交通均衡发展的思考

“交通乃文明之舟。”作为国民经济的基础产业和社会公益性服务行业，交通是社会经济活动得以正常进行与发展的前提条件。交通基础设施作为政府促进社会公平的重要手段，在交通政策的制定、规划、建设的安排过程中，必须统筹考虑社会公平性原则。交通基础设施的均衡性更能体现社会的公平性，没有基础设施的均衡性就无从谈社会的公平性。均衡性能够充分体现交通资源分配的公平性内涵，努力缩小区域差距。建设公平的、可持续的交通运输系统，已成为云南交通实现产业结构调整和发展方式转变的重要方向。

对于已经从事交通行业三十多年的我而言，公路不仅是事业与追求，更是人生中不可或缺的重要部分。针对云南省地貌类型多样复杂，边疆少数民族地区经济欠发达，资金配套能力弱，公路路网规模不足，布局结构不合理等实际问题，按照交通运输部提出的“以实用工程为主，以重点公路、水路交通建设中技术问题为主，以长期想解决而现在还没有解决的技术问题为主，以交通运输发展需要的共性技术和基础研究为主”的指导原则，围绕高原山区路网均衡性问题，开展了研究与应用实践。经过两年多的努力，我们在全国率先提出了高原山区路网均衡性概念及内涵，完成了高原山区公路网等效里程求解，总结了路网规模与空间布局的评价方法，对云南省高原山区公路路网均衡现状进行了客观评价，提出的发展模式主动引导了全省路网的发展方向。

一、我省公路交通发展形势紧迫

云南属于典型的高原山区，地形地貌极其复杂，94%以上是山区、半山区，横断山脉由西北向东南延伸，切割出无数条深谷大川。一方面，云南省集边疆贫困民族山区为一体的基本省情，占全省70%的贫困和民族地区都是位于交通不发达的山区，居住分散，交通困难，高原山区也蕴藏着丰富的林产、矿产、水能、太阳能和旅游等资源，发展潜力巨大；另一方面，山区道路交通承载着巨大的发展压力，需要比平坝地区更高的投入，高原山区的公路造价就要明显高于平原区，同时还要考虑抵御自然灾害毁坏的能力，公路维护的难度大。高原区海拔高差较大，交通线路布局要考虑避开高大山脉，减缓道路的坡度，多沿山坡展线，沿线地区人口稀少、经济活动程度低、建设所需的资金多、技术难度大等因素，制约着云南路网均衡布局和发展。

从发展现状看，骨架公路高速化和干线公路高等级化建设形势紧迫。全省已建成高速公路2746公里，不到中长期规划里程的一半；出省出境主要通道建成高速2646公里，不到规划的60%，全省目前尚未有一条高速公路贯通全境，还有昭通、红河、文山、德宏、丽江、怒江、迪庆、临沧8个州市尚无高速公路通达。二级及以上公路里程比重为6.13%，低于全国11.53%的平均水平，6个县未通高等级公路。国省道中，还有等外路、四级路和砂石路，州市间、县际间通道少。农村公路通达深度不足，通行条件差，桥涵不配套，安保设施不完善、抗灾能力弱。

从全国和周边看，至2011年底，我省高等级公路密度每万平方公里为333.53公里，高速公路密度每万平方公里为69.7公里，均低于全国493.33公里和88.44公里的平均水平；高等级公路密度低于广西的542.04公里，高速公路密度低于湖南的126.96公里和贵州的114.81公里。

以上表明，我省公路交通基础设施供给仍然不足，地区间发展不平衡，公路交通基础设施规模和服务水平不仅与全国平均水平和周边省份存在较大差距，更与建设桥头堡的要求有很大差距。公路交通作为桥头堡建设的重要内容，作为制约经济增长的“门槛”，必须加快建设，实现均衡发展，才能适应我省经济和社会发展的要求。

二、均衡发展是我省公路交通的必然选择

科学发展观告诉我们，人类社会的发展是不断满足社会公共需求、不断追求社会和谐的过程；我国改革开放三十多年，改革进入攻坚阶段，开放进入全方位开放阶段，从发展战略上讲，已经到了实现均衡发展的阶段；多年的交通工作实践，使我深刻体会到，公共服务的均衡是社会公平、和谐的基础，基础设施的均衡是其实现载体，而路网这一重要的交通基础设施是社会和谐发展的基石。

目前，我国交通基础设施配置不均衡的现象普遍存在，云南具有的高原山区地形特征，使不均衡性更加明显。云南东部（昆明、玉溪、曲靖、文山等）与西部（迪庆、怒江、丽江、临沧、保山等）路网在布局、规模、结构、等级等方面，表现出明显的不均衡发展状况；昆明与怒江、临沧等地不均衡差距巨大；沿边境8州市的25个县市中有20个边境县的路网发展不均衡，其显著特征均突出表现在少数民族、沿边境、山区、贫困等地区。可以说，交通基础设施的不均衡配置与区域经济社会发展不均衡互为影响和制约。

根据现在已知的经济发展规律，当处于经济快速发展阶段时，交通基础设施将出现明显的跨越式发展。我省当前正处于投资驱动型发展阶段，作为社会先行资本的重要组织部分的公路，需要有一个超前的、集中的发展，以跨越制约经济增长的“门槛”。特殊的省情决定了我省必须大力发展公路交通。我省地域较广，地形条件复杂，人口聚集程度低，公路以其灵活性和可达性成为交通的首选。2011年，云南省公路水路交通固定资产投资619.2亿元，排在全国第11位，在西部排在四川和广西之后；与周边省区比，我省高速公路在建里程不到1000公里，均低于湖南（3907公里）、四川（3530公里）、广西（2504公里）和贵州（2680公里）。

“十二五”规划实行了两年，从现时情况看，要实现规划目标依然任重道远，建设规模不大、资金投入不足仍然是制约我省公路交通发展的重要

原因，必须下定决心，坚定不移上项目，才能为产业转型做准备、打基础，才能在新一轮激烈的区域竞争中后发快进、后来居上。

因此，我们必须以均衡发展为目标，以路网均衡发展实现基本交通服务均等化，充分体现公路交通资源分配的公平性；加快落后区域潜在经济资源的挖掘，促进云南东西部、山区、沿边境区域的均衡发展，缩小地区贫富差距，体现社会公平，促进区域和谐发展。

三、路网均衡性理论研究成果

云南省地处祖国西南边陲，全省国土面积 39.4 万平方公里，但山区、半山区面积占了 94%，按照国内外传统公路网规划理论，地形条件、地理区位是导致高原山区公路网发展水平不一致的主要因素。公路交通发展水平不一致，也促使社会经济发展“贫者愈贫、富者愈富”的不均衡发展局面的形成。同时，这种按照国内外传统公路网规划理论指导公路交通发展，往往忽视了社会效益和经济“潜在价值”的存在，而高原山区又是集“边疆、民族、贫困和资源丰富”为一体的地区，经济“潜在价值”社会效益发展潜力巨大。

针对上述情况，我利用攻读博士学位的机会，把毕业论文定位为：“以实现公路交通均衡发展为目标，在考虑高原山区社会效益和潜在经济价值的基础上，通过对公路网现状均衡性评价分析，探寻公路网均衡发展模式，并为我国公路交通政策和公路交通规划的制定提供有效的指导。”在导师和同事们的支持下，“高原山区路网均衡性研究”取得了初步成果。

路网均衡性是基于高原山区特性分析的基础上，借鉴经济学和教育学中的均衡性概念，考虑地形、单位里程公路建设成本等因素，首次提出公路网均衡性基本内涵与特性。同时，考虑到相同规模的不同交通设施的服务特性不同，服务能力差别较大，选取高原山区不同技术等级公路和沿线相应的节点，建立高原山区各等级公路等效里程地形修正系数与地形起伏度的回归关系模型，以二级公路为标准，确定了高原山区公路网等效里程的计算方法。

在路网规模均衡性分析与评价方面，通过对影响交通路网规模的经济、人口及区域面积等主要因素进行分析，该研究首次将潜在经济价值进行量化列入计算指标，应用基尼系数法从人口、区域和经济发展三方面，对不同区域之间公路网发展进行均衡性分析，并采用差距系数法对各子区域之间的差异性进行分析；在路网布局结构均衡性评价方面，从路网技术性能、交通运行性能和社会性能三方面，建立了评价指标体系；提出了基于点、线、面三个层次的公路网布局均衡性的评价思路，应用单项指标分析法、赛尔指数法、不均衡指数法对公路网布局结构均衡性进行了评价。同时，考虑到建立在低水平上的均衡与高水平上的分配不均其稳定性是不一样的，应用三角形稳定系统理论，首次构建了公路网布局稳定性评价模型，应用模型计算和分析了公路网布局结构发展的稳定程度；并将公路网均衡性研究放置于综合运输体系大背景中，对公路网综合密度离散系数值进行合理分析，提出高原山区综合运输体系下公路网均衡性评价方法。

在公路网均衡性发展的模式研究方面，首次提出了基于均衡理论的各子区域间公路网规模配置方法。对各子区域的规模进行横向调配，形成趋于均衡的路网规模，并在此基础上，确定出路网等级结构；建立了基于重要度—不均衡影响度的路网布局模型，在传统节点重要度算法中引入不均衡影响度指标，计算各子区域之间吸引度，进而得出了各子区域间公路网布局均衡发展模式。为了使这种发展模式具有可持续性，依据公路网三角系统的稳定性评价结果，计算各子区域稳定发展的边长，进而提出公路网布局结构各单项指标发展建议值。

该研究以云南省十六个地州市公路网发展为实证，分析了云南省公路网发展现状，对云南省公路网均衡性发展水平进行了评价，并从公路网规模、布局结构方面，提出了云南省公路网均衡性发展的模式。

四、实现云南公路交通均衡性发展的建议

根据路网均衡性理论，云南边疆民族山区贫困四位一体的基本省情与

交通基础设施配置上的不均衡性密切相关，交通基础设施作为政府促进社会公平的重要手段，其均衡发展更能体现社会的公平性。所以，云南交通发展，必须统筹考虑社会公平性，坚持“规划引领，思路引导，项目引进”的原则，着力改变交通发展不够快、不充分、不协调、不平衡的现状，为实现全省社会经济发展“四个翻番”、“两个倍增”的奋斗目标，夯实发展基础。

（一）坚持科学发展，突出规划引领作用

用科学规划的指导来实现科学的决策，才能提升交通系统科学发展，实现全面协调、可持续性。规划作为发展的“龙头”，交通科学发展必须坚持规划引领，明确发展的目标。

科学规划是科学决策的关键，要在重点项目规划中技术标准的灵活应用，建设方案的合理确定，建设时机的有效把握，投资效益的充分发挥等方面，加大研究力度，避免重大项目规划“先天不足，后期无补”所带来的一系列综合性后遗症或“重复投资”。

根据路网均衡性理论，云南省的公路网总规模达到 26 万公里，高速公路达到 1 万公里，高等级公路达到 2 万公里，水运航道达到 6000 公里，即实现“26126”交通均衡发展规划，云南公路水路交通可基本实现均衡发展。

因此，在交通发展中，要根据我省经济和社会发展的水平，不断丰富“26126”均衡发展规划的内涵，并确立不同时期、不同阶段的发展思路，向着发展目标不断迈进。

（二）坚持和谐发展，突出思路引导作用

随着经济和社会发展，交通的基础性、公益性和服务性作用日益显现，交通发展要树立“以改善民生为根本，实现交通基础设施及服务均衡发展为途径，努力为经济和社会发展作贡献为目标”的理念，落实“四网四节点”、“一化一引领”、“两站连五区”发展思路，即“441125”发展思路，

体现云南交通运输业均衡配置公共资源的能力和水平，实现和谐发展。

1. 四网四节点

“四网”即高速公路网、国省干线公路网、农村公路网、路水联运网。按使用功能，服务水平构建路网，以高效快速、集散汇流、通达通畅、联程联运，“四网”分层布局，形成均衡覆盖的网络结构。“四节点”即物流节点、人流、站场节点、港航节点。节点是路网的控制点，对路网布局、各种运输方式、不同线路的有效衔接有着重要影响，路网联结城镇物流人流节点，铁路站场、航空机场、水运港口节点。

四网布局、均衡覆盖、节点联结、构建体系，抓住交通“四网四节点”建设，尽快构建“布局完善、功能协调、衔接顺畅、高效低耗”现代交通运输体系，充分发挥运输系统的效能和效益。

2. 一化一引领

一化，即城乡客运一体化。针对云南城市、乡村的交通运输发展存在着不充分、不协调、不平衡、不持续的问题，迫切需要改善农村交通运输条件，逐步建立完善城市、城际、城乡、镇村四级客运网络，解决偏远、贫困地区不通客车的突出问题。通过政府引导、市场运作，逐步建立起布局合理、方便快捷、畅通有序、城乡一体化的客运网络，统筹城乡客运发展，以城市为中心、城镇为纽带、乡村为基础，加大客运枢纽场站及农村客运站点的建设投入，农村客运网络覆盖全省各地，建立均等化的农村旅客运输，逐步提高农村客运的公交化水平，使农村与城市居民享受处于均衡水平的出行与公共服务，促进农民走出乡村，走向市场，为社会主义新农村建设提供均等的客运服务。

一引领，即交通引领城市发展。交通发展正从传统需求导向型供给向供给引导型转化。以前的交通是跟着城市发展走，以后需要将交通纳入城市发展规划，交通不能跟随城市发展，而应该引领城市发展，沿着交通走廊来发展城镇，通过构建与综合交通运输发展与城市发展之间的和谐关系，来引导城市发展。只有交通先行引领，才能有效缓解因城市化过快而造成的诸多城市病，如交通拥堵问题、客货流“最后一公里”等问题。当前城镇化进程加快，必须树立“交通引领城市发展”的理念，突出布局引导，完善网络，合理规划物流货运场站，发展现代物流，强化服务保障，降低物流成本，减少运输中间环节，解决客货流通中“最后一公里”经济成本、出行时间翻番问题，使百姓受益。

3. 两站连五区

两站，即客运站、货运站。客、货运站是组织人流、物流集散的基本方式，是不同运输线路的交汇点，是不同线路之间的内部衔接、运输中转结合部。通过客、货运站，可实现人、物、信息流的高速传递。客、货运输因特性不同，旅客出行和货物运输在服务对象、技术要求和运输组织的工作流程上的不同，体现在运输服务上旅客出行要求安全、舒适、快速、经济，而货物运输要求经济、快速。在运输场站中实现客、货分流，减少相互干扰，合理分配运输路线，科学布局客货运输站，可以有效促进运输集约化、规模化、网络化发展，不断提高运输效率和服务质量、降低运输成本，充分发挥运输系统的效能和效益。对于“客、货流分离”方式组织运输，通过建设客运站、枢纽转换，可以实现客流运输“零距离换乘”；通过建设货运站、枢纽转换，可以实现货物运输“无缝衔接”。

五区，即经济技术开发区、物流园区、产业园区、旅游景区、边境口岸经济合作区。“五区”均是主要交通源发生和吸引的集散重点区，其客、货交通流具有流量大、流量稳定、流向路径单一、引导管理容易等特点。但“五区”对外联结的干线公路、客运站及货运站场的通道往往易被忽略，其联结不畅、通行条件差，技术标准低、管理不到位、交通拥堵等问题突出，社会影响面大，制约着产业园区发展壮大。抓住交通源头集散区，改善对外联结交通条件，合理疏导，定向分流，改变交通状况，促进产业园区发展壮大意义重大。

（三）坚持跨越发展，突出项目引进作用

项目是发展思路落实和规划目标引导前进的载体，从这个意义上讲，

项目是引进目标实现的生命线。要实现规划目标，我们必须在“十二五”期间完成“四出境、七出省”公路主通道建设，实现全省骨架公路高速化目标，为云南融入成渝经济区、长江经济带，为云南融入广西北部湾经济区和经济带，吸纳和承接珠三角等沿海地区的产业转移，提供重要支撑条件；进而为构筑公路国际大通道，为实现云南经济和社会发展目标奠定基础。

目前，“四出境”昆明—磨憨—泰国曼谷、昆明—瑞丽—缅甸（皎漂）、昆明—河口—越南河内、昆明—腾冲—印度通道主通道中，境内段规划里程为 1726 公里（已扣除重复里程），已建成 1232 公里（已扣除重复里程），在建 272 公里，投资 204.4 亿元，主要路段为锁蒙 79 公里 41.7 亿元、保腾 64 公里 63.7 亿元、龙瑞 129 公里 99 亿元。规划待建 156 公里（不含腾冲至猴桥 66 公里），主要为小勐养至磨憨 156 公里 97.8 亿元。

“七出省”京昆高速通道（G5）、渝昆高速通道（G85）、杭瑞高速通道（G56）、沪昆高速通道（G60）、汕昆高速通道（G78）、广昆高速通道（G80）、昆明—拉萨公路通道中，省内规划里程为 2741 公里（已扣除重复里程），已建成 1414 公里（已扣除重复里程），在建 602 公里，投资 470.3 亿元，主要路段为武昆 64 公里 51.4 亿元、普宣 85 公里 71.2 亿元、大丽 192 公里 188 亿元、昭麻 107 公里 122.2 亿元，香德二级公路 154 公里 37.5 亿元。规划待建 464.5 公里（不含香格里拉至隔界河 260 公里，石林至江底 154 公里）462.4 亿元，主要为昆嵩 55 公里 69.8 亿元，待功 69.9 公里 77.3 亿元、昭会 106.6 公里 65 亿元、宣曲 103 公里 93.5 亿元、丽香 130 公里 156.8 亿元。

综上，全省“七入省、四出境”主要公路通道境内规划里程 4467 公里，已建成高速公路 2646 公里，在建路段里程 874 公里 675 亿元，规划待建 621 公里 560 亿元（不考虑超概因素）。

在建设“四出境、七出省”骨架高速公路的同时，必须进一步强化项目是发展核心的认识，必须进一步强化“宁让项目等政策，不让政策等项目”的理念，按照“项目前期精细化”的原则，进一步做实做足项目前期，不断充实完善项目库，提高项目成熟度；同时，要在项目投资和融资上进一步解放思想，充分发挥财政资金的杠杆撬动效用，推动以信贷融资为主向以资本市场直接融资为主转变，为交通跨越发展提供坚实的基础。

改革开放发展到现阶段，中央将在提升沿海开放、向东开放水平的同时，深入推进西部大开发，从而推动西部地区的更快发展。我省交通应当抓住这一战略机遇期，以为全省经济社会发展提供便利交通条件为宗旨，明确发展思路，实现交通的均衡性发展，主动适应我省处于投资驱动型发展阶段，并将交通建设项目作为刺激投资需求的主要载体，作为经济和社会实现跨越发展的“撑杆”，作为云南的未来发展打基础、增后劲、谋长远的务实之举，为云南的发展贡献交通人的力量。

云南省公路管养资金现状、问题与对策

在省委、省政府和省交通运输厅的正确领导下，云南省公路建设紧紧抓住国家西部大开发的大好发展机遇，通过地方各级党委、政府和全省公路建设者十多年的艰苦努力，云南的公路建设取得了辉煌的成果，全省公路里程由新中国成立初期的2783公里增加到2006年底的198496公里，增长了71倍，全省公路总里程已跃居全国第三名。特别是通县油路、县际油路、通达工程、通畅工程和安保工程等项目实施后，云南的公路不仅在数量上有了较大增加，而且在"通、平、美、绿、安"等服务质量方面也有了较大提高，公路的通行条件达到了历史最高水平，公路作为制约云南经济和社会发展的"瓶颈"得到了较大缓解。(2006年)公路运输承担着全省93%以上的客货运输量，在公路、铁路、水运和民航等四种主要交通方式中占绝对主导地位，为推动云南经济建设和社会发展作出了重大贡献。随着公路里程的迅速增长和质量的不断提高，巩固和提高现有路网服务水平，是全省公路人长期而艰巨的历史使命。特别是在目前公路养护资金来源有限且增长缓慢而需求又大幅增加的情况下，公路养护和管理工作的重要性日臻突现。如何提高公路交通的管理和服务水平，落实好交通运输部提出的"三个服务"的工作理念，为全省的经济社会发展服务好，是摆在我们面前的一个重要课题。因本人长期从事公路交通计划管理工作，对云南及全国公路的管养成本及资金供求现状进行过大量的调查和分析，取得了一些数据。现结合云南实际，就今后如何做好云南的公路管养工作提出以下对策及建议。

一、云南省公路管养资金投入的现状

2006年，云南省全省通车公路里程为198496公里，其中，各公路管理总段管养干线公路23591公里，省投资公司管养高等级公路1425公里（高速公路1280公里，一级公路11公里，二级公路134公里），各州（市）交通局管养县乡公路173210公里。省公路局下属16个公路管理总段和省投资公司共管养25016公里干线公路，虽只占全省公路里程的12%，却承担着全省公路运输量的77%，综合运输量的73%，是全省交通运输的脊梁。省投资公司管养的1425公里一、二级经营性收费公路，2006年收取的车辆通行费6.2亿元，而实际需求投入养护资金是6.6亿元，收取的通行费仅能维持所管养公路的基本运转。2001～2006年全省管收费公路养护实际支出情况见表1。

2001～2006年云南省收费公路养护实际支出情况表 表1

年份	公路养护里程（公里）	养护资金支出（万元）	公路日常养护投入标准（元/公里）						公路大修支出（万元）	公路小修（万元）	公路日常养护支出（含人员、公用经费）（万元）	公路养护人员情况	
			高速公路	一级公路	二级公路	三级公路	四级公路	等外公路				编制数（人）	实用数（人）
	1	2=9+10+11	3	4	5	6	7	8	9	10	11	12	13
2001	1127.3	13014	32000	25500	23000	—	—	—	4736	2630	5648	740	555
2002	1318.4	12717	32000	25500	23000	—	—	—	2658	2800	7249	791	585
2003	1319.3	13340	35000	26000	23000	—	—	—	3610	2850	6880	800	600
2004	1362.8	11310	35000	26000	23000	—	—	—	2980	2600	5730	820	600
2005	1435.6	14400	4000	26700	23000	—	—	—	4519.53	4675.5	5205	860	689
2006	1363.27	15060	—	—	—	—	—	—	—	—	—	—	—

各公路管理总段管养23591公里干线公路，2006年以交通厅核定的方式投入9.85亿元（其中：养路工程费5亿元，养路事业费和养路其他费4.85亿元），年公里养路费4.2万元。而根据交通部按最低需求测算结果则需投19.9亿元，与维持公路最低服务水平的养护资金需求仍缺口10.05亿元（其中，养路工程费缺口：公路养护人员中未含离退休人员费用9.41亿

元，养路事业费和养路其他费缺口0.64亿元）。2001～2006年全省省管公路养护实际支出情况见表2。

各州（市）交通局管养县乡公路173210公里，2006年共投入养护资金3.4亿元（其中汽车养路费投入1.5亿元），而根据交通部按最低需求标准测算结果应投入资金5.73亿元，与维持公路最低服务水平所需的养护资金还缺口2.33亿元。若按国办发〔2005〕49号文要求，省级汽车养路费用于农村公路养护的补助标准不低于县道7000元/年公里，乡道3500元/年公里，村道1000元/年公里的规定标准，我省省级投入到农村公路中的养护费用应达到6.5亿元，而与2006年的实际投入相比，缺口资金达5亿元。2001～2006年县乡公路养护实际支出情况见表3。

2006年，全省公路养路费实际共投入12亿元（省管养路费10.5亿元、县乡公路1.5亿元），占全年汽车养路费收入22亿元的52.7%。若按交通部最低需求测算结果全省公路养护共需23.98亿元，其缺口资金达11.98亿元。

表4、表5分别为2001～2006年云南省及全国养路费支出情况比较表。从表4和表5可以看出，云南直接投入到公路上的养路工程费逐年减少，养路工程费所占比例逐年下降，平均每年下降1个百分点，比全国平均所占比例低15个百分点。养路事业费所占比例稳定在18%左右，平均高于全国2个百分点；养护其他费所占比例逐年增加，平均每年增加1个百分点，高出全国平均比例一到两倍，而全国平均比例则以每年1个百分点的速度在下降。

表6、表7分别为2001～2006年云南省及全国养路费用于养护工程支出所占比例情况。从表6和表7可以看出，云南小修保养费用占养护工程费的比重在40%左右，高出全国平均水平一倍以上，而大中修工程费所占比重则低于全国平均水平，其他养护工程费所占比重平均高于全国3个百分点。

2001～2006 年云南省管公路养护实际支出情况表

表 2

年份	公路养护里程	养护资金支出（万元）	其中：汽车养路费安排（万）	公路日常养护投入标准（元/公里）						公路大修支出（万元）	公路小修（万元）	公路日常养护支出（万元）	公路养护人员情况		另：离退休人员（局管）（人）
				高速公路	一级公路	二级公路	三级公路	四级公路	等外公路				编制数（人）	实用数（人）	
	1	2=10+11+12	3	4	5	6	7	8	9	10	11	12	13	14	15
2001	22247.7	76150	76150	—	—	31790	22210	11980	9123	7800	42500	25850	31650	25023	19367
2002	22054.418	87100	87100	—	—	32150	23000	12350	9503	6515	42815	38770	31650	22280	19428
2003	22161.038	93500	93500	—	—	33100	23700	12420	8600	9570	45230	38700	31650	21530	19696
2004	22429.247	98500	98500	—	—	33200	23700	11866	9200	9620	45000	43880	31650	20700	20062
2005	22220.256	98500	98500	—	—	33320	22600	12053	9346	11851	42050	44599	31650	20139	20636
2006	22292.6	98500	98500	—	—	35440	24041	12821	9941	4230	45800	48470	26260	19645	20263

2001～2006 年云南省县乡公路养护实际支出情况表

表 3

年份	公路养护里程	养护资金支出（万元）	其中：汽车养路费安排（万）	其中：拖拉机、摩托车养路费安排（万元）	公路日常养护投入标准（元/公里）						公路大修支出（万元）	公路小修（万元）	公路日常养护支出（万元）	公路养护人员情况	
					高速公路	一级公路	二级公路	三级公路	四级公路	等外公路				编制数（人）	实用数（人）
	1	2=11+12+13	3	4	5	6	7	8	9	10	11	12	13	14	15
2001	139404	11360	7000	4500	—	—	—	1000	1000	1000	3100	6450	1810	3367	3367
2002	140136	11360	7000	43600	—	—	—	1000	1000	1000	3470	6430	1460	3815	3815
2003	140941	12832	7000	4000	—	—	—	1000	1000	1000	4440	6760	1632	3746	3746
2004	141208	12120	7000	3000	—	—	—	1000	1000	1000	2620	6600	2900	3722	3722
2005	141728	12680	7000	3000	—	—	—	1000	1000	1000	2810	6890	2980	3691	3691
2006	142385	13500	7000	3000	—	—	—	1000	1000	1000	—	7000	—	2994	2994

2001～2006年云南省养路费支出情况比较表 表4

年份	合计（万元）	养护工程费		养护事业费		养护其他费		其他支出	
		支出（万元）	比例（%）	支出（万元）	比例（%）	支出（万元）	比例（%）	支出（万元）	比例（%）
2001	128520	78084	61	23763	18	26673	21	—	—
2002	132486	79029	60	23198	18	30259	23	—	—
2003	137296	77904	57	27956	20	31436	23	—	—
2004	141585	77409	55	28014	20	36162	26	—	—
2005	147387	83899	57	26059	18	37429	25	—	—
2006	—	—	—	—	—	—	—	—	—

2001～2006年全国养路费支出情况比较表 表5

年份	合计（万元）	养护工程费		养护事业费		养护其他费		其他支出	
		支出（万元）	比例（%）	支出（万元）	比例（%）	支出（万元）	比例（%）	支出（万元）	比例（%）
2001	5519361	4151586	75	75789419	14	577099	10	—	—
2002	5794351	4264592	74	907270	16	697619	12	—	—
2003	6167009	4335012	70	961758	16	619278	10	250961	4
2004	7430404	5427923	73	1132429	15	555901	7	314151	4
2005	8608852	6394825	74	1260829	15	621287	7	331911	4
2006	9838131	7093302	72	1473441	15	705980	7	565409	6

注：资料来源于2001～2006年公路养护主要财务指标汇总表（交通部财务司）。

2001～2006年云南省养路费用于养护工程支出所占比重情况表 表6

年份	合计（万元）	小修保养费		大中修保养费		改建工程费		改建工程费	
		支出（万元）	比例（%）	支出（万元）	比例（%）	支出（万元）	比例（%）	支出（万元）	比例（%）
2001	128520	49404	38	19140	15	—	—	59976	47
2002	132485	50514	38	19850	15	—	—	62121	47
2003	137296	54299	40	17835	13	—	—	65162	47
2004	141585	57054	40	14295	10	—	—	70 236	50
2005	147 388	58 130	39	17 710	12	—	—	71 548	49
2006	—	—	—	—	—	—	—	—	—

2001～2006 年全国省养路费用于养护工程支出所占比重情况表　　表 7

年份	合计（万元）	小修保养费		大中修保养费		改建工程费		改建工程费	
		支出（万元）	比例（%）	支出（万元）	比例（%）	支出（万元）	比例（%）	支出（万元）	比例（%）
2001	4151586	678625	16	475260	11	1200453	29	1797221	43
2002	4264592	714092	17	529138	12	1003553	24	2017809	47
2003	4335012	738089	17	596159	14	1088772	25	1911992	44
2004	5428604	813794	15	67895	12	1336167	25	2606748	48
2005	6394825	854295	13	998097	16	1495461	23	3046972	48
2006	7093302	949937	13	1168802	16	1702117	24	3272446	46

注：资料来源于 2001～2006 年公路养护主要财务指标汇总表（交通部财务司）。

表 8、表 9 分别为 2001～2006 年云南省及全国公路养护事业发展支出情况。从表 8 和表 9 可以看出，云南的科研技改和职工教育培训费所占比重虽然较低，但在逐年稳步加大，全国所占比重虽然较高，但在逐年减小，目前以接近或达到全国平均水平；路况及交通量调查费所占比重略低于全国平均水平；行政管理费所占比重则较低，比全国平均水平低约 10 个百分点。

2001～2006 年云南公路养路养护事业发展支出情况表（单位：万元）　表 8

年份	养护事业发展费									
	小计	厂、场建设费	科研及管理技术开发费	教育培训费	路况及交通量调查费	职工宿舍建设费	生产房屋建设费	设备购置费	行政管理费	其他
2001	23763	1100	482	523	341	—	2176	2886	15776	479
2002	23198	1550	497	548	213	—	1487	1174	17185	544
2003	27956	5750	480	594	225	—	932	1517	17656	802
2004	28014	5500	528	656	242	—	878	1250	18321	639
2005	26060	3255	550	720	242	—	971	1300	18309	713
2006	—	—	—	—	—	—	—	—	—	—

2001～2006年全国公路养路养护事业发展支出情况表（单位：万元） 表9

年份	养护事业发展费									
	小计	厂、场建设费	科研及管理技术开发费	教育培训费	路况及交通量调查费	职工宿舍建设费	生产房屋建设费	设备购置费	行政管理费	其他
2001	789419	24278	24357	37845	19293	13637	55920	40854	553551	19724
2002	907270	31166	28301	40119	13497	11911	55269	71635	648222	7149
2003	961758	31215	22354	28.440	11452	9932	53678	55014	742404	7809
2004	1132988	43573	30818	32487	13110	6090	53692	80296	886760	6181
2005	1260829	35084	31160	24477	12252	3656	44842	74456	1026705	8197
2006	1473441	50897	30818	27980	5258	5258	52052	92796	1182417	17519

注：资料来源于2001～2006年公路养护主要财务指标汇总表（交通部财务司）。

由此可以看出，云南公路养护资金投入严重不足，资金组成结构不合理，特别是结合云南公路等级低，抗灾能力弱，年降水量大，水毁面积广，灾害频率高，重交通比重大，公路养护材料价格不断上涨，大多数油路又是20世纪60～70年代在土路基上简易铺装完成，且大部分路段30多年未进行过大修这样一个状况，若不及时采取行之有效的措施，云南公路养护资金供需矛盾将不断加大，将制约我省公路事业的健康发展。表10为云南省2007～2020年公路养护资金需求测算汇总表。

二、云南省公路管养资金供求现状存在的主要问题

1. 政策性增资较快，公路养护工程费所占比例大幅度下降

由于公路养护投入的构成主要为养路费，而该项费用每年由交通厅下达，公路局再按财政预算的口径编报支出预算。2007年全局职工总人数40652人，其中：在职19545人（管理人员3226人），离退休21107人，临时工7612人。公路养路费投入从2004～2006年三年维持不变，均为9.85亿元。而近三年来共有四次政策性增资：一是2004年10月的调标、升档1.37亿元，预算增加0.5亿元，缺口0.87亿元；二是从2005年5月执行的交通、电话补贴0.6384亿元；三是从2005年10月的调标、升档至今累

云南省 2007～2020 年公路养护资金需求测算汇总表（单位：万元） 表 10

年份	总计	养路工程费									养路事业费						养路其他费
		小计	小修保养费	大中修油路	大中修其他工程				改建工程	战备工程	小计	管理费	交调	房屋建设费	科研技改	设备购置	
					水毁抢修	水毁修复	公路绿化	危桥加固									
2007	322104	251945	97296	127699	3500	5000	500	2000	15750	200	27460	22571	273	2201	865	1550	42699
2008	341948	266112	103618	134480	3535	5150	525	2060	16538	206	28952	23700	287	2246	880	1840	46884
2009	373339	291553	116869	145560	3570	5305	552	2121	17364	212	30457	24884	301	2293	896	2082	51329
2010	410154	321986	135002	156699	3606	5463	579	2185	18233	219	32124	26128	316	2342	912	2426	56044
2011	438959	344350	143953	168898	3643	5628	608	2251	19144	225	33562	27435	332	2393	929	2472	61047
2012	465239	363869	153213	177890	3679	5797	638	2319	20101	232	35070	28807	348	2447	947	2521	66300
2013	489180	385290	164264	186936	3716	5970	670	2388	21107	239	36651	30247	366	2502	964	2572	67239
2014	522282	415768	184538	195757	3752	6150	703	2460	22162	246	38313	31760	384	2560	982	2626	68201
2015	546194	436948	195411	204619	3790	6334	738	2533	23270	253	40058	33348	404	2622	1002	2682	69188
2016	573940	461853	207342	216081	3828	6524	775	2609	24433	261	41886	35016	424	2685	1022	2741	70201
2017	612526	497480	232364	225102	3867	6720	815	2688	25655	269	43807	36766	444	2751	1042	2803	71239
2018	640154	522027	246194	234169	3905	6921	855	2768	26938	277	45823	38604	467	2821	1063	2868	72304
2019	682454	561116	274858	242865	3944	7129	898	2852	28285	285	47940	40535	490	2893	1085	2937	73398
2020	709072	584389	288289	250901	3983	7343	943	2937	29699	294	50162	42561	515	2969	1108	3009	74521

计欠账 0.64 亿元；四是从 2006 年 7 月执行工资套改、完善艰苦地区津贴累计欠账 1.28 亿元，以上四项共计产生资金缺口 2.14 亿元，致使真正投入到公路上的养路工程费逐年减少，养路工程费所占比例逐年下降。

用 2006 年的数据与全国、经济较发达的江苏和与云南情况相近的湖南相比，可以看出，全国养路工程费平均占 72%，江苏省所占比例最高，为 84%，湖南最低，为 61%，云南所占比例为 74%，略高于全国平均水平；养路事业费所占比例云南最低，为 6%，不到全国平均比例 15%的一半；而养路其他费所占比例云南最高，为 15%，比全国平均水平 7%高出一倍以上（表 11）。

其中，云南小修保养费和其他养护工程费占养路工程费的比例高于全国 10 到 20 个百分点，大中修投入比例远远低于全国平均比例 16%（表 12）。

2006 年全国及相关省养路费支出情况比较表　　表 11

地区	合计（万元）	养护工程费		养护事业费		养护其他费		其他支出	
		支出（万元）	比例（%）	支出（万元）	比例（%）	支出（万元）	比例（%）	支出（万元）	比例（%）
全国	9838131	7093302	72	1473441	15	705987	7	565409	6
江苏	760430	639748	84	79179	10	20795	3	20708	3
湖南	212579	129814	61	57661	27	25104	12	0	0
云南	263285	195629	74	16098	6	38612	15	12946	5

注：资料来源于 2001～2006 年公路养护主要财务指标汇总表（交通部财务司）。

2006 年养路费用于养护工程支出情况比较表　　表 12

地区	合计（万元）	小修保养费		大中修工程费		改建工程费		其他养护工程费	
		支出（万元）	比例（%）	支出（万元）	比例（%）	支出（万元）	比例（%）	支出（万元）	比例（%）
全国	7093302	949937	13	1168802	16	1702117	24	3272446	46
江苏	639748	24788	4	84943	13	271932	43	258085	40
湖南	257944	50861	20	64256	25	47754	19	95073	37
云南	195629	45012	23	833	0.4	27478	14	122306	63

注：资料来源于 2001～2006 年公路养护主要财务指标汇总表（交通部财务司）。

2. 水毁修复滞后，公路安全隐患逐年增多

云南地处高原，山高坡陡地质复杂，路基和边坡的稳定性差，公路的抗灾能力极弱，多年来我局的水毁灾情十分严重，而每年投入的保通、抢通费与实际需要差距巨大。截至 2006 年底，局属各管理总段历年产生已开支但无资金来源的公路水毁挂账资金 0.355 亿元（详见表 13）。另外，由于修复的资金投入不足，现存的路基缺口安全隐患十分突出，虽从 2006 年开始，交通部专项安排了 2000 万元灾害防治计划，局也尽最大能力进行配套并完成了安保工程的实施，但由于隐患路段安保整治涉及面太广，量太大，干线公路中仍有 G213 线、G320 线、瓦贡线、尼其线、丽维线、以马线、剑兰线等公路急需处治。全局的公路水毁遗留资金缺口至 2005 年已累计达到 12.21 亿元。

2001～2006 年云南省公路水毁修复工程完成情况表（单位：万元）　表 13

序号	项　目	2001 年	2002 年	2003 年	2004 年	2005 年	2006 年
1	水毁损失	19307.59	13919.89	9211.94	14092	10185	—
2	水毁修复	8435.00	6800.00	3900.0	4400	5900	—
3	水毁遗留	12872.59	7119.89	5311.94	9692	4285	—
4	遗留工程累计	95677.48	102797.0	108109	117801	122086	—

3. 大中修投入严重不足，路况难以稳定

按照交通部《2001～2010 公路养护管理工作发展纲要》确定的干线公路大中修比例，每年大中修率不低于 13%～18%，即 2005 年需大中修 2124 公里，实际安排 158.4 公里，仅为需要的 7.4%；2006 年需大中修 2251 公里，实际安排 396 公里，为需要的 17.6%（见表 14）；2007 年需安排 2230 公里，实际安排 266 公里，仅达到需求量的 11.9%。长此以往，既增加了养护的压力，又降低了公路的服务水平。

4. 政策不配套，生产工人养老保险金未得到妥善解决

由于历史上政策不配套等因素，导致局下属单位在养老保险上形成很多问题。尤其是劳动合同制工人的养老保险，全局未能参保和停保的单位

尚有昆明、昭通、玉溪、文山、保山、六库、临沧等七总段和楚雄总段的部分管理段，共涉及合同制工人4862人。经测算，如果从2007年6月补交（从1995年10月起算），此笔资金缺口大约为1.25亿元。

2001～2006年云南省油路大中修工程完成情况表（单位：万元） 表14

序号	项　目	2001年	2002年	2003年	2004年	2005年	2006年
1	全省公路里程（公里）	163953	164853	166133	167050	167638	198496
2	油路里程（公里）	16916	17490	20677	23035	24539	28397
3	完成大修里程（公里）	362.35	510.19	713.56	533.98	158.43	395.9
4	完成大修里程占油路里程比重（%）	2.14	2.92	3.45	2.32	0.65	1.39
5	完成大中修资金（万元）	15023	23513	30883	22650	7070	19930

5. 油路里程大幅增加，养护资金需求缺口加大

2001年，云南的油路里程为16916公里，通过实施通县油路、县际油路、通畅工程等项目后，到2006年云南的油路里程已达28397公里（表15），增长了68%。而相同条件下的油路和砂石路的年公里养护成本相差1.5万元以上，仅此一项按比较保守的算法每年就需增加养护资金约1.8亿元，且还不含需大中修养护资金。

2000～2006年云南省油路里程变化情况表 表15

序号	项　目	2001年	2002年	2003年	2004年	2005年	2006年
1	全省公路里程（公里）	163953	1648.53	166133	167050	167638	198496
2	油路里程（公里）	16916	17490	20677	23035	24539	28397
3	油路里程比上年增加（%）	1.92	3.39	18.22	11.40	6.53	15.72

以上5个方面的问题突出反映在管养资金的缺口和历史遗留欠账上。根据交通部的最低需求测算，今后10年我省的公路养护将引来一个高峰期，资金需求还将大幅增加，平均每年将增加9.56%（详见图1）。如此大的资金缺口因无新增来源，将给公路管养工作造成巨大的压力，影响公路养护工作的正常开展，从另外一个侧面也影响了公路养护职工队伍的稳定性。

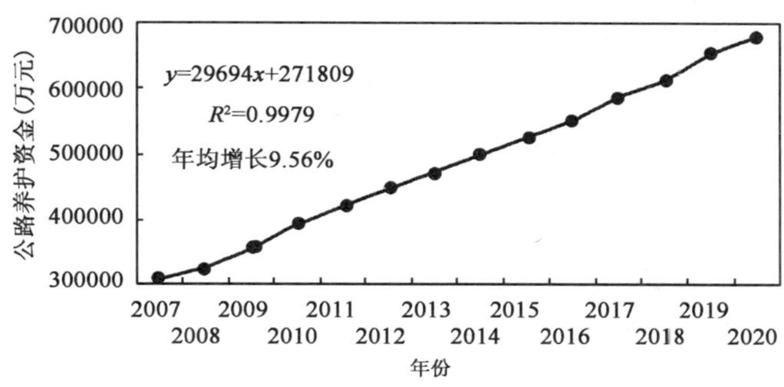

图 1　2007～2020 年云南省公路养护资需求测算走势图

三、对策与建议

以上分析显现出巨大的公路养护与管理资金需求矛盾，若长期得不到妥善解决，将越来越制约我省公路养护事业的发展，面临的形势必将会更加严峻。为此省交通厅对资金缺口问题要引起高度重视，寻求更多途径采取有效措施统筹计划逐步解决。另外我局也将积极采取有力措施，探寻新的发展思路，充分利用有限的养护资金，通过改革创新，加大科技投入和结构调整力度，突出重点，确保“三个服务”落实到位。在具体实施上我局采取了以下措施。

（一）进一步深化干线公路养护管理运行机制的改革

按照三年的改革目标稳步推行“管养分离”，确保“三个转变”的实现，我局提出了“科学管理，精心养护，文明执法”的工作要求。

在科学管理方面，我局首先把提高人才素质工作放在首位，重点放在“五个进一步”上，具体如下：

（1）进一步加大干部人事制度改革力度。按照“坚持干部人事制度改革是贯彻落实科学发展观、构建和谐发展行业”和机构设置“三定”的要求，科学、合理的设置岗位，确定任职条件，建立健全评价、竞争、约束和激励机制，加大竞争上岗力度，确保干部能上能下、能进能出，真正做到因事设岗，一岗一薪，精简、高效、务实。

(2) 进一步加大培训力度。不断拓宽基础人才、通用人才、紧缺人才的培养渠道，坚持“内培”与“外培”相结合，充分挖掘现有人才的潜能，发挥现有人才在实现行业和谐发展中的积极因素，让现有优秀人才脱颖而出。

(3) 进一步加大紧缺人才引进力度。按照“懂经营、会管理”的理念，疏通“内引”渠道，在探索上派学习、下派挂职锻炼和横向交流培养人才方式的基础上，发挥“外引”的主导作用，拓宽思路，严把进人“人口关”，有针对性地招考应届毕业生和有相关工作经验的优秀人才，不断改善我局的人才结构。

(4) 进一步加大考核力度。结合行业特点和形势发展要求，完善各类人才考核、评价机制，按照“三个留人”的原则，充分营造人尽其才、才尽其用的良好用人氛围。

(5) 进一步加快管养分离的机制改革步伐。目前全局已有三个总段开展管养分离试点改革，各项工作现已稳步推进。

在精心养护方面，采取多方筹资，加大两个结构调整，一是在养护结构方面，强化对用工制度和生产工艺进行调整；二是在养护计划结构调整方面，通过减少固定工、增加临时工来减少人员费用支出。用规范化养护来控制沥青用量，对交通量小的砂石、弹石路面费用进行调整，缓解由于资金缺口带来的压力。运用和发挥“321”工程养护资源，试行“管养分离”养护机制，逐步实现内部养护管理职能的分离，明确养护与管理的职责，采取“两化养护”：其一，实现路面养护专业化，增加基础建设投入，提高科技含量，使粗放的、生产力低下的养护作业方式向机械化、专业化、现代化的作业方式转变，进一步提升专业养护队伍的机械化、规范化养护的实力，提高科技含量降低养护成本；其二，实现路基养护社会化，向社会与市场接轨，通过合同管理形式利用社会劳动力资源，在养好公路的基础上降低养护成本，缓解养护资金的压力。同时在“两化养护”的基础上加大管理考核力度，提高公路养护质量。

在文明执法方面，重视“建队伍、强素质、实施文明执法”工程，在树立良好社会形象的基础上，加大维护路产路权的执法力度，有效控制红线建筑，加大路巡路查工作，及时发现和查处路政案件，追缴路产损失，最大限度减少损失。另外，省公路局高度重视治超工作，严格按照省交通厅治超工作的布置，打击超载和超限活动，对车货总重超过55t的车辆实行严管。减小超重车对公路的破坏程度，最大限度地延长公路使用寿命，降低公路使用周期养护运营成本。

通过以上三个方面的工作，切实推进“三个转变”的实现进程，即：实现从劳动密集型向管理效益型转变，从手工操作向机械化规范化养护型转变，从粗放生产型向节约科学型转变的实施进程。

（二）加快农村公路养护体制改革步伐

目前，我省农村公路养护里程达17万多公里，农村公路养管体制改革已列入省公路局的重要议事日程。根据省交通厅的决定，2007年我省16个州市的21个县作为改革试点，为加快建立和完善农村公路养护市场，省公路局按照国办发〔2005〕49号文的要求采取了六项措施：一是通过制订方案、出台细则，落实国务院“县级人民政府是农村公路管理与养护主体”这一重要政策，使当地人民政府承担起农村公路管理与养护的职责，领导农村公路管理与养护工作，并建立和充实地方公路管理机构，加强管理人员和技术人员的培训工作；二是与省管公路同步推行“管养分离”试点工作，试行市场经济条件下农村公路管理与养护的新机制，实施“管养分离”，推行农村公路养护工程费制，逐步建立农村公路养护市场；三是农村公路原有的管理和养护人员费用全部进入地方财政预算，使农村公路管理与养护机构有稳定的资金保障；四是继续发扬“人民公路人民爱”的光荣传统，通过“一事一议”自愿的原则动员公路沿线广大群众投工投劳承担部分农村公路养护工作，降低养护成本；五是加强大中修工程质量和进度管理，确保农村公路管理到位；六是加大社会宣传力度，提升农村公路在建设“社会主义新农村”中的重要地位，采取建、养、运一条龙的优惠政策，吸收更多的社会资金投入农村公路养护，增加农村公路养护资金来源；七是总结和推广成功经验，使全省公路养护事业平衡发展。通过上述大量实质性的工作，我省农村公路管养体制的改革工作进展顺利。

（三）科学管理、强化监督

一是建立和完善公路养护管理数据库，准确掌握全省公路质量状况，有效地对养护工程项目进行立项排队分析，根据资金相项目的轻重缓急情况，确定实施顺序，确保资金投入的科学性与合理性；二是采用省交通厅颁布的《云南省公路养护工程预算定额》及《云南省公路养护工程造价管理系统》准确分析和测算项目资金需求量，实行以需定支的办法，逐步实现模糊管理向量化管理的转变。同时，明确责任目标，引入社会监督，加强项目过程质量控制和目标管理，使有限的资金发挥最大效益。

（四）调整管理模式，强化目标管理

管理模式是影响提高资金使用效果的一个关键因素。在一定资金投入条件下，不改变管理模式，资金的使用效果就不可能有太大的改变。从2003年起，在省交通厅的正确领导下，省公路局按照工作思路统筹规划、科学实施，到2007年底全局通过两个结构调整，实现了“321”工程，共建成管理所262个，养护料场157个，养护机化站105个，调整了养护生产结构，推进了养护机械化的进程，为进一步深化改革、强化管理打下了坚实的基础；为缓解养路费连续多年投入不变、资金缺口逐年增加的压力，做好了管理模式转变的准备，在养护投资效果和养护质量管理方面实现了重大突破。

（五）加强科技创新，降低养护成本

我们采取加强公路养护人才培养，实施人才梯队建设工程，大力倡导科技创新等措施，在新技术、新材料、新设备的研发和应用上下功夫。一是在节能降耗、生态环保型养护上加大研发和应用力度，积极推广应用基层和路面的再生技术，通过沥青路面冷热再生、水泥混凝土路面破碎利用和边坡生物防护等环保节能的养护技术工艺，逐步建立低投入、低消耗、低污染、高效率的养护新模式，降低养护成本。二是积极推广使用省外或国外适用的养路新成果，提高养护质量，延长公路使用寿命。

（六）加强沥青路面的预防性养护工作

公路养护的目的是保持路况的完好，延长沥青路面的使用寿命，确保行车的安全、经济、舒适。如果沥青路面缺养、失养，路况质量必然会很快下降，道路通行就必然会受到影响。我省公路养护目前存在的很大问题，就是对预防性养护工作措施认识不到位。因此，要狠抓2000年以来铺筑的14906公里沥青路面的预防性养护工作落实。只要预防性养护工作做好了，就可以使我省的沥青路面的养护工作步入良性循环，实现可持续发展。

（七）加大沥青路面的周期性养护的投入

我省公路养护目前存在很大一个问题，就是由于大中修工程跟不上，导致公路养护一直处在恶性循环当中。预防性和前瞻性养护工作不到位，有限的资金投入只能是用来补坑塘，因此，必须开展应对政策环境变化的前瞻性研究。按照交通部的要求，每年大中修里程投入不能低于全部管养里程的13%，对2000年以前铺筑的15283公里沥青路面要加大投入，实施大中修工程来稳定路况，确保好路率。而2006年省公路局正常资金仅能安排的里程大约有270公里，仅达到1%。这还是近几年省公路局在干线公路养护上强制实施了计划结构调整的结果，即每年把小修保养的资金指令性挤出一部分实施油路处治工程，另外就是加大治超工作力度后，收取的治超费的70%用于油路大中修工程。经统计，2006年这两块资金修复的里程达396公里，仅为需要的17.6%，要实现周期养护，每年还需要增加投资2.5亿元。

自“八五”期以来，云南公路建设取得了突破性的迅速发展，公路通行条件达到了历史最高水平，为云南的经济建设和社会发展作出了重大贡献。但为维护和提高现有公路的通行条件，公路养护资金的供求矛盾则在不断加大，虽然省公路局为此采取了许多应对措施，深挖内部潜力，稳步推进了多项改革工作，努力争取了多项部、省对公路路网改造的有利政策，从一定程度上减小了养护资金短缺的巨大压力，但仍不能从根本上解决问题。特别是今后10年，云南的公路养护将进入一个管养工作的高峰期，公路养护需求年增幅将达9.56%，公路养护资金的供求矛盾还将不断加剧，行业内部和社会对行业的压力也将不断加大，全省公路行业只有从资金来源结构上进行改革，才能从根本上解决问题。

云南省公路沥青路面延长使用周期的管养对策

近年来，我省的公路沥青路面大幅增加，里程达 20192 公里，如何管养好这一建设成果，使我省路况质量稳中有升，降低管养成本，这既是一个技术问题，也是一个科学的管理问题，需要我们广大的公路交通职工共同来做好这项工作。

公路的管理养护本质上是一个投入与收益的问题，如何使有限资金获取最大路面使用效益，是我们制定养护决策的目标。多年的实践经验证明，只有强化沥青路面的小修保养和预防性养护工作，才能降低养护成本，才能有效地延缓大修时间和控制大修里程的集中性大投入，避开周期性的抢修抢养投入，从而延长公路沥青路面的使用周期，降低公路的管养成本。

一、云南省沥青路面的现状

1. 云南省沥青路面建设情况

截至 2007 年底，全省纳入国家统计的公路总里程为 200333.33 公里。在总里程中，等级公路为 104771.419 公里，占 52.3%；高速公路为 2507.176 公里（其中，四车道高速公路 1988.247 公里、六车道高速公路 488.229 公里、八车道高速公路 30.7 公里），一级公路为 600.222 公里，二级公路为 4370.21 公里，二级以上公路占总里程的 3.73%；有铺装和简易铺装路面 35124.93 公里，占 17.53%；未铺装路面 165208.3 公里，占 82.47%。我省沥青路建设从 1966 年开始（不含抗战时期修建的老滇缅公路），其后经历了 1974～1980 年、1991～2000 年、2001～2007 年三个高峰期，见表 1。

各建设期公路修建里程统计表　　表1

建设年代	1966～1973	1974～1979	1980～1990	1991～2000	2001～2005	2006～2007
里程（km）	871	5181	2785	6446	10136	4770

2. 我省沥青路面等级分布情况

我省现有沥青路面中，有铺装路面（高级）20467.948公里（其中，水泥混凝土路面4931.881公里、沥青混凝土路面15536.067公里）；简易铺装路面（指表处和上拌下贯路面）14656.982公里，共计35124.93公里，占总里程的17.53%；未铺装路面（中级、低级、无路面）165208.3公里，占总里程的82.47%。沥青路面总里程为30193.049公里，占公路总里程的15.07%，见表2。

各建设期公路修建里程统计表（单位：公里）　　表2

路面分类	路面里程	国道	其中国主干道	省道	县道	乡道
沥青混凝土	15536.067	4178.16	2092.819	3478.966	6668.193	270.021
其他沥青路面	14656.982	2423.659	123.026	5055.017	707.138	563.608

3. 设计寿命与使用周期情况

我省沥青路面从1966年开始修建，至1980年达到6446公里，1990年达到7956.9公里，1996年突破10000公里，达到10122公里，2003年达到20677.393公里，2007年达到35124.93公里。1987年前几乎均为表处或上拌下贯，路面结构多为2厘米表处或4～6厘米贯入+2～3厘米热拌沥青混合料，其设计使用年限表处6年、上拌下贯10年，考虑通行能力主要为轻型交通，设计荷载相当于现在的B22-60（轴重6吨）。从1987年开始修建沥青混凝土路面，多用于高等级公路，设计荷载在高等级公路上为BZZ-100（轴重10吨），设计使用年限为12～15年。

通过逐年的大修，部分路面等级逐步得到提高，但仍有相当部分路面在超载情况下超期服役。同时由于施工技术和施工水平原因，加之超载车辆和重载车辆的迅猛增加，相当部分公路实际不能达到设计使用寿命，按照现有路面设计规范要求，沥青路面设计使用寿命中包含一次大修，所以

1987年以后修建的沥青路面也有相当一部分需要进行大修维护。

二、存在的主要问题

(一)“三超”严重

超限超载运输对公路的危害极大。超重运输是超限运输中对公路设施损坏最为严重的因素。所谓超重运输，是指在公路上行驶的各种机动车辆的车货总质量超过了公路所能承受的规定值的行为，表现在以下两个方面：

一是车货总质量超过具体规定值；二是车辆轴载质量超过具体规定值。车辆超重对路面的破坏作用是致命的，将严重缩短公路的使用寿命，并使其养护费用成倍增加。交通部门有关研究显示，一条设计使用寿命为15年的公路，如果按设计交通量，车辆平均超重1倍，其使用寿命将缩短90%，即该公路实际使用寿命为1年半。根据汽车专用道路车流量统计分析，现有的交通量中重型车（以实际载货量计，绝大多数车辆是超重）所占比重已远远超过了20%，导致公路不堪重负，路面大面积毁坏，使用寿命大大缩短，实际通行能力低下，给国家造成巨大的经济损失。目前“大吨小标”的创新车、一再增加栏板的超重车到处可见，作为经济建设运输动脉的公路，已被无序运输推入不堪重负的困境。

公路长期在超载车辆碾压下，公路的使用寿命大大缩减，造成公路未到大中修周期时就要提前大中修，小修工作量也成倍增加，大大增加了公路的维护费用，公路也由此陷入了边修边坏、屡修屡坏的怪圈。根据专家分析，车辆超限重量的增加和其对路面的损害是呈几何倍数增长的，超限10%的货车对道路的损坏会增加40%，一辆超载2倍的车辆行驶一次，对公路的损害相当于不超限车辆行驶16次；一辆36吨的超载车辆对道路的毁坏程度相当于9600辆1.8吨重的小汽车对道路的破坏。驾驶员和车主超限运输每赢利1元钱，就会造成公路损坏100元的代价。据近期我省超限运输检测点资料反映，100%的载重车超重，标准轴载5吨的货车居然改造成25吨，甚至30吨的货车，15吨的货车则被改造成近100吨的货车使用。公路超载运输对路面使用寿命影响是巨大的（图 1）。

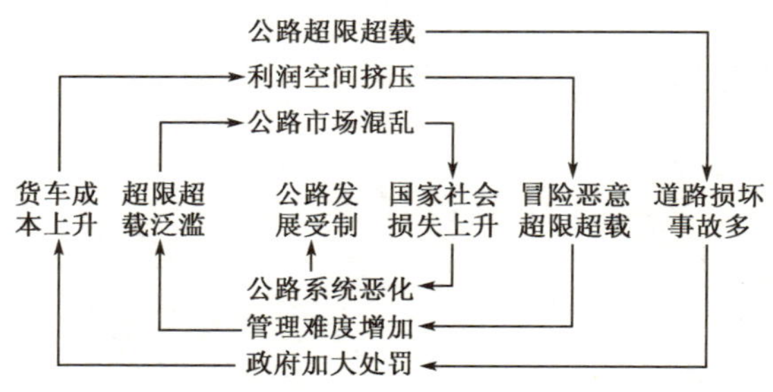

图 1　超限运输的“恶性循环”示意图

超期超量服役是现有沥青路面的另一个特点。我省现有沥青路面中，1973 年以前修建的约占 2.4%，1974～1979 年修建的占 14.4%，1980～1990 年修建的占 7.7%，1991～2000 年修建的占 17.9%，2001～2005 年修建的占 28.20%，2005 年以后修建的占 29.4%。按照原来路面的设计标准，即使不考虑超载、超量的影响，也有约 40%即 14000 公里沥青路面超过服役期，其中大部分是在 20 世纪 70 年代后期在原有砂石路上采用 3 厘米表处形成的，这部分公路已经处在严重超期、超交通量使用中而急需修建新的路面。

1991 年开始，曲靖地区公路由于长时间超期服役、交通量迅猛增长、超载车辆大幅增加得不到及时修复，路况质量逐年降低，并急剧恶化。到 1994 年底，一些路段几乎崩溃，严重影响了地方经济发展，造成了恶劣的社会影响，省交通厅不得不紧急筹集 2000 万元，对主要干线的一些重点路段进行抢修，其中大修 50 公里，中修 20 公里，罩面 10 公里。

国道 108 线永仁至武定段全长 187 公里，其沥青路面是在 1975～1984 年间铺筑的 3 厘米表处路面，到 2006 年最短使用 22 年，最长使用 30 年的情况下，受资金制约影响，全线只安排过大修 103 公里，剩余 84 公里不得不靠小修维持。此时，路面已经严重破坏，尽管其后采取多种措施，也难于恢复路况，对当地经济造成很大影响。

（二）大中修投入不足

沥青路面在使用一段时间以后，除了日常养护外，还需要进行大、中修以维护路况稳定，一般中修时间为3～5年，大修时间为5～8年。而实际情况是全国性的大、中修投入严重不足，云南也不例外。

由于长时间超期、超量服役得不到及时的修复而恶性循环，导致路面状况恶化。到2007年省管（不含高速公司和交通局）公路沥青路面16986公里中，依据原CPMS的分析，需要中修的公路有达到3158公里，需要大修的公路有1338公里。

按照交通部《2001～2010公路养护管理工作发展纲要》确定的干线公路大中修比例，每年大中修率分别不低于5%和8%的原则计算，即2005年需大中修2124公里，实际为158.4公里，仅为需要的7.4%；2006年需大中修2251公里，实际为396公里，为需要的17.6%；2007年需安排2230公里，实际为266公里，仅达到需求量的11.9%。长此以往，既增加了养护压力，又降低了公路的服务水平。

表3为“十五”期间我省高速公路养护费用统计表。从经费投入来看，大中修所占比例过小，大中修所占里程的比例也较小，如果再考虑超期服役及重载破坏等原因，则这一点大修里程则更少，如果累计下去，其后果非常严重。

“十五”期间云南省管高速公路养护费用统计 表3

年份	公路养护里程（公里）	养护资金支出（万元）				大中修比例		
		合计支出	大中修支出	小修支出	日常养护支出	里程（公里）	里程比例（%）	资金比例（%）
2001	22247.7	76150	7800	42500	35850	220	1.0	9.1
2002	22054.418	87100	6515	48215	38770	220	1.0	7.0
2003	22161.038	93500	9570	45230	38700	158	0.7	10.2
2004	22429.247	98500	9620	45000	43880	125	0.6	9.8
2005	22220.256	98500	11851	42050	44599	158	0.7	12.0
2006	22292.6	98500	4230	45800	48470	396	1.8	4.3
2007	22302.635	105000	5810	46893	522297	266	1.0	5.3

以我省昆河、昆禄、磨思、昆嵩四条收费公路为例，由于超期服役、体制变化和管理不善等原因，四条路的路况质量每况愈下，造成了强烈的

不良社会反响。2008年3月中旬经省公投司委托，省公路局进行了全面摸底调查，发现四条路都存在超期、超量服役的现象，大中修投入严重不足等问题。昆禄公路全长74公里，设计年限8年，1999年竣工交付使用，到2007年仅安排过4公里大修；昆嵩高速公路45公里，设计年限15年，1996年交付使用，至2007年安排大修1公里；昆河公路全长198.2公里，设计年限为8～12年，1993～1996年分段工交付使用，截至2007年全线安排大修里程共114公里；磨思公路长71公里，设计年限12年，1996年交付使用，至2007年安排大修67公里（其中一个标段35公里因质量问题进行了返工）。大中修的投入严重不足，加之体制变化，管理不到位等因素造成了四条路的路况质量不断下降。

（三）小修保养工作不到位

沥青路面小修保养是保持路面使用质量、延长使用寿命周期的重要技术措施，它一般分为初期保养、日常保养和预防性季节保养修理。通常我们把清扫保洁、处理泛油、拥包、裂缝、松散等病害作为保养作业，而修补坑槽、沉陷、处理波浪、啃边等病害作为小修作业。应当注意的是，沥青路面的小修和保养是两个不同的概念，也与我们常说的公路小修保养不同，它也属于一部分预防性养护措施。

纵观现行养护管理模式，几乎都把小修保养作为一个笼统的概念而没有细分。在管理和实施中存在诸多问题，导致投入和管理粗放，实施效果较差。

1. 预防性养护和前期养护重视不够

对于云南来说，所谓的路面预防性养护，主要是针对预防坑塘而言，采取刮油法、炒拌罩面等封裂封水养护工艺，对治理龟网裂延长路面使用周期具有很好的作用。但就整个公路局而言，还存在着很大的不平衡性，仍然有很多总段探索实践的力度不大。特别是在前期养护方面，雨季之前的沥青耗用量还不足30%，到了雨季由于前期预防性养护不到位，大量的龟网裂转化为坑塘，在此养护不利季节，又投入大量的沥青修复，数量多质量差，使本来不足的养护资金变得越发捉襟见肘。

2. 及时性养护不到位

由于养护工艺的滞后，不能很好地解决对出现的坑塘和沉陷及时地进行修补，传统的修补方式多为热拌热补沥青混合料，或灌入式、乳化沥青冷拌冷补等，这些工艺有一个共同的特点，就是要等坑塘和沉陷形成一定的规模，才能动用养护机械，进行批量产出，以降低机械成本。结果把病害等大等多，形成“补大不补小”的现象，这是小修保养的一个突出问题。

3. 费用分割不明

现有的管理模式是按公路等级和沥青路面宽度定额拨付小修保养费用，这样将导致其他小修保养费用和路面保养费用之间交叉、人员费用和工程费用难于明确区分，路面小修保养投入难以保障。

4. 费用投入不合理

我省现有沥青路面里程中，其建造年代、区域气候和材料、交通量水平、重载和超载水平等条件都有很大差异，其现有路况水平，特别是沥青路面的服务水平差距很大，均分小修保养费难于达到预期效果。

5. 缺乏有效的针对沥青路面小修保养的有效定额

不同等级、不同交通量、不同服务质量要求所需要的单项小修或保养的费用差距很大，同一定额显然不能通用。

6. 缺乏小修保养的竞争机制

目前我省仅对大、中修进行招标投标制，而小修保养方面虽然进行了道班的改革，实行了竞争上岗，但这仅仅是形式上的，其针对性也仅限于每公里公路小修保养费用的有效利用。省外较为先进的养护模式中，小修保养招标投标制度的建立取得了很好效果，这对我们也有很好的借鉴作用。

7. 养护技术提高缓慢

由于受资金困扰和人员素质及机械水平的限制，很多小修保养还局限于较为原始的工艺，或者说沿用传统的养护作业方法。一些新的技术难于实施或实施缓慢，对养护新材料和新工艺的深入研究及推广应用的工作力度仍显不够。

8. 养护机械和设施配套不够完善，机械化程度还不高

小修、保养机械化程度不高或设备不配套直接导致养护作业效率低、养护设备利用率低，这与现行的养护管理体制和养护队伍专业化和社会化程度有关。

9. 小修保养效果考评手段滞后

小修保养的实施质量往往不能得到切实有效的保证，而实施效果也参差不一，缺乏系统的考核体系和保证体系，年终的路况抽查不能真切反映小修保养的实际效果。

（四）预防性养护认识不足、措施不力

预防性养护没有真正落到实处，主要反映在以下几方面：

(1) 未能真正引起单位主要领导的重视，存在着等、靠、要思想，路烂了不是认真去分析，查找原因，而是强调超载超限车辆增多、资金紧、大修跟不上，所以造成了沥青路面的早期损坏。

(2) 从客观上讲，的确近年来超载、超限的车辆在不断增加，养路资金逐年减少，养人的费用已到了养路经费的两倍以上。要靠现有的资金把整个路况提高确实有一些难度。

(3) 大修油路的投入一直保持在45～50万元/公里，有些地方不够实事求是，造成大修油路的实际成本大于计划。所超资金只有用小修保养资金来弥补，所以造成小修保养资金更加短缺，该进行维修的不能及时维修，形成了拆东墙补西墙的局面，致使一些路段的路面长期得不到处治，造成了路况质量的下降。

(4) 在油路大修上，由于资金紧，致使一些单位领导首先考虑的是不超支，所以在管理上采取以包代管的方式，放松了施工过程中的质量管理，特别是在材料选配上，不按科学及规范要求去做，就凭老经验、老观念去

办事，结果形成当年搞好的大修油路当年就出现质量问题，有的甚至全面返工，造成了一些不必要的经济损失。

（5）责任不落实，叫的多，做的少，施工过程中的监督落实不到位，有布置，没有落实，在监督管理上没有形成一套有效的管理机制等。

（五）规范化养护没有引起重视

（1）只有领导认识到位，才可能部门组织到位，职工实施到位。目前还存在为了做表面工作，追求竞赛荣誉而不规范养护的现象，没有严格执行制定好的各项规章制度。

（2）没有把握住规范化养护的重点、解决好难点。重点就是材料的选用、强基薄面和“双卡”制的执行，难点就是要持之以恒地做到规范操作，要把这些工作当作日常养护生产工作的重中之重的任务来落实。要大胆管理、严格管理，属于生产职能的要精心指导、认真执行。

（3）没有认真落实规范化养护的要求和考评办法。已建立的这些操作规程和管理制度是多年来养护生产的经验和结晶，制度的建立不容易，但制度的坚持更为可贵，要把行之有效的管理和考核办法与日常工作检查、验收、奖惩兑现结合起来。

（六）管理工作相对滞后

沥青路面养护是一个技术性很强而又需要精细化管理的工作。长期以来，沥青路面的养护仍然存在诸多困难。

（1）需要调整思维。随着大量公路建成，除了一些特殊的路基或构造物方面原因需要特殊的点式维护外，沥青路面的养护工作应是重点。在相当长时间形成的“重建轻养”思想，应逐步转变到“建养并重”上来，历史积累下来的遗留问题应当得到充分的重视并加以解决，这就需要从总体上加强沥青路面养护管理，树立“全寿命周期”理念，避免由于养护缺失导致路况全面恶化。

（2）沥青路面养护管理规范和管理办法亟待完善。应该说现有的管理办法非常多，但是大多仅针对公路养护的宏观管理。高速公路、一般公路的沥青路面养护需要不同的管理办法，不同的养护机制下也需要不同的管理办法。养护标准是确定养护方案的主要依据，要充分考虑路况条件和其他相关因素，合理确定养护工作的各项技术参数，通过合理的养护标准，制定适时的养护对策，以保证养护资金的有效使用。因此，对现有管理办法完善和改进，使之能与实际情况相符合，特别是改进计划管理模式，才有利于沥青路面养护工作取得更好的成效。

（3）评价方式需要改变。原有的以好路率为基准的评价方式仅仅针对于宏观管理，而实际路况，特别是需要提供养护决策的评价指标的建立需要更加科学化。养护管理的评价决策要做到科学、规范，必须以大量的路面管理数据为前提，要立足养护实际，建立和运用数据采集系统，采用高效、快捷的检测设备，定期、有重点地采集路况信息和交通信息，通过计算机建立数据并进行量化分析，为养护管理提供准确、定量的分析资料。

（4）对路面预防性养护重视不够。云南的预防性养护水平仍处于较低阶段，一些先进的技术、工艺仍未得到推广和应用，预防性养护在整个养护资金投入中所占比例过低，设备投入不足，人员素质不能满足。要充分认识到预防性养护是整个养护工作中的重要组成部分，积极提倡和推进预防性养护工作，才能确保寿命周期养护成本最低，也才能提高沥青路面的养护水平。

（5）养护体制改革并不完善。长期以来形成的养护体制要在短期内得到改变并不是很容易的，养护管理在原有模式下的思维定式依然存在。新形势下的路面养护工作需要一种新机制的激励，尽快推进养护体制改革，转变工作方式，才有可能做到养护规范化、科学化。

（6）养护机械设备投入不足。现有管理模式中，由于受资金制约，对养护机械的投入，特别是先进机械设备的投入被放到了次要位置上。以2005年为例，省管公路养护实际发生费用约15亿元，设备投入仅为1300万元，还达不到总费用的1%，长期的投入不足已经严重影响了养护技术和养护水平的提高。

（7）科技投入不足，教育仍需加强。我省现有科技经费投入中明显偏重于新建，路面养护中的一些技术和工艺的引进、开发、推广应用缺乏足够的科技经费支撑。以2005年为例，局管公路科研和技术改造总投入550万元，不到养护费用的0.4%，扣除技术改造的费用，科技费用就更低了；而教育经费的投入也明显不足，2005年职工培训费用为720万元，人均费用约为360元。长期的科技和教育投入不足，使技术储备跟不上实际需求，使养护技术和工艺的更新和发展面临巨大困难。

（8）养护管理信息化建设步伐缓慢。我省从20世纪80年代开始和省外同期开发和引进了CPMS、CBMS等管理系统，随后也进行了公路数据库、水毁管理系统的开发，但是由于缺乏政策或决策支撑，长期止步不前，到目前为止仍没有一个管理部门建立完善的数据库供科学决策参考。

（9）养护质量管理落后。我省目前仍然采用年终好路率的评价方式，对养护质量的跟踪管理几乎仍然依靠人工方式进行，养护决策实施后的长期评估并未进行，客观、科学的评价模式仍亟待加强。

三、提高沥青路面养护水平，延长路面使用周期的对策

1. 强化小修保养，实施规范化养护

小修保养是维持沥青路面路况水平，延长沥青路面使用寿命周期的基础；强化小修保养，实施规范化养护是保证养护质量的关键；清晰思路，充分认识小修保养的预防性作用是前提。

我省每年小修保养的支出约为养护工程费的40%，投入比例远高于全国平均水平，表4是云南省“十五”期间小修保养费用实际支出情况，从表中可以看出，人工费比例较大，实际投入工程费偏少。所以，如何加强小修保养管理和投入是确保公路质量和延长公路使用周期的关键。

（1）改进管理模式。在管理上进一步重视小修保养，在概念上将日常养护、小修、保养、大中修分开，在小修保养资金管理上，打破过去按路

段里程切块平均分配资金的方式，实行小修保养分离，根据现有道路的实际情况合理分配资金，保证小修保养在总养护费用中占合理比重，确保小修保养的经费投入。

2001～2005 年云南沥青路面小修保养实际支出情况 表 4

年份	总费用（万元）		养护工程费（万元）			养护里程（km）
	路面	路基	人工	材料	机械	
2001	37949	13072	14515	11719	2100	12841
2002	38845	13406	14660	11842	2160	13153
2003	40674	13885	16750	13518	2389	14904.7
2004	41143	13956	17741	14310	2474	15999.67
2005	42011	14222	18354	14808	2588	16268.81

（2）引入竞争机制。积极探寻小修保养的竞争机制，逐步过渡到招、投标制。建立小修保养的长期考评制度，工程实行管养分离、定额管理、计量支付、质效挂钩、严格考核。

（3）加大基础投入。加强人员素质培训，积极引进新材料、新技术、新工艺，加大机械设备投入确保小修保养的工作质量。

（4）明确职责。逐步建立业主负责小修保养费用的筹集，招标文件编写，标底编制，招投标组织以及养护质量监督控制和考核；业主代表小修保养工程质量的监督、控制以及计量支付；承包人负责工程实施、质量保证的制度。

（5）加强生产管理。保养与小修工程分开管理，保养工作采取分路段承包、小修工程实行项目管理。小修工程管理要做好编制维修方案和工程预算、审批施工组织计划、工程质量监督检查、整理竣工资料、进行竣工验收等工作。

（6）加强质量管理。加强小修保养工程的质量管理，建立健全质量检查奖惩办法，按月、分项考核。建立各道工序施工检查验收制度。

（7）坚持道路巡查报告制度，及时准确了解道路状况。坚持三级定期巡查制度，同时做到定期巡查和重点巡查相结合。

（8）加强信息管理。建立和完善小修保养信息化管理制度，实现巡查数据收集、路面病害处理、实施效果评价管理电子化，使养护数据更加科学化、系统化，为养护决策提供依据。

（9）实施规范化养护。规范化养护就是按照行业的技术规范来实施小修保养，这样不仅规范了养护生产，同时降低了生产成本，有效地解决了提高质量和降低成本的问题。

2003～2006年，公路局在全局范围内开展了沥青路面规范化养护劳动竞赛，通过四年的竞赛活动，全局的机械化、专业化养护水平，公路养护的科技含量、管理水平，以及职工的操作技能和路况质量，都得到了大幅提升。在四年的竞赛中，规范化操作培养了大批的生产技术能手，配套了大批的养护机械；强基薄面的实施，“双卡”管理等有效地控制了成本，达到了提高路况质量和降低成本的目的。

2. 加强预防性养护，延长路面使用周期

20世纪90年代后期，随着我省公路的快速发展，公路里程的不断增多，发展高水平的养护技术已逐步成为养护工作中的重点。进入21世纪以来，我省早期建设的公路不少已经进入大、中修阶段，如不采取新的养护策略，将难以保证路况水平。

预防性养护是一种养护理念，其基本出发点是通过早期养护，延缓路面的病害发展过程，从而推迟后期进行维修重建时间，延长路面使用周期，最终获得更高的费效比。实践证明，实施预防性养护可以获得很好的费效比，达到事半功倍的效果。目前，预防性养护在我省已经开始实施，并取得了很好的社会和经济效益，全面推行预防性养护已经具备条件，但仍需进一步加大推进力度。

（1）确保预防性养护资金投入。在现有小修保养、大（中）修的资金分配模式下，进一步体现预防性养护作用和地位，在全省预防性养护需求分析基础上，提出5～7年的年度资金额度，专款专用。

（2）建立预防性养护管理体制。为了保障预防性养护工作的顺利实施，应加快建立从上至下的，以养护主管部门为主，联合计划、财务各部门的管理体系和信息提供、第三方检测单位的支持机构及预防性养护承担者的实施主体的管理体制，明确其职能、任务、权限等。

（3）建立省内预防性养护资金调配模式。在预防性养护年度费用额度范围内，建立各下级地区预防性养护资金分配额度的确定方法和调配模式。

（4）建立预防性养护信息收集与决策体系。在现有养护信息收集基础上，制定预防性养护信息收集办法，与检测单位、信息部门合作，建立信息收集的日常制度。在信息基础上，建立路网中路段选择、路段具体技术方案选择的标准，保证在适当的时间，将适用的措施应用在适宜的路面上。

（5）建立预防性养护监督、评价和总结机制。制定预防性养护工程质量监督办法，规范施工前、中、后的检测方法、指标和评定标准，为施工单位施工水平备案，并对实施后的长期效果进行长期监测。

（6）培育预防性养护施工单位。在现有养护体制改革的基础上，对管养分离后的养护公司继续给予扶持，使其能够满足预防性养护技术要求高、机械化程度高的要求，鼓励其具备承担预防性养护任务的能力，提高养护质量和效率。

（7）建立预防性养护竞争模式。完善预防性养护的招投标模式，引入预防性养护质量保证期概念，保证在竞争模式下确保工程质量。

我省在20世纪90年代后期开始应用一些简单的预防性养护技术，一些新的技术也在本世纪初开始得到应用，如：芒市总段较早采用了封缝、刮油封缝、注浆封缝、贴缝、稀浆封层等技术，丽江、曲靖、开远、大理、昆明等总段也较多的采用了稀浆封层技术，昆明总段还研发推广了“沥再生”表面恢复技术，高速公路从2006年开始使用微表处技术。表5是我省常采用的预防性养护措施的平均初期费用。

2007 年云南省内常用预防性养护措施成本统计表 表 5

技术措施	预期寿命（年）	实际寿命（年）	平均成本（元/平方米）
沥青表处	1～3	1～3	7～10
薄层热拌沥青罩面	5～7	3～5	16～20
微表处	3～5	1～3	14～16
稀浆封层	2～4	1～3	7.5～10
普通灌缝	2～3	1～2	2.5～4
贴缝	3～5	1～3	9～12
表面恢复	3～5	1～3	6～10

预防性养护的核心是要求采用成本效益最佳的养护措施，强调养护管理的计划性。如何及早进行路面的预防性养护计划，将适用的措施，在适当的时间，应用在适宜的路面上，让状态良好的道路系统保持更长时间，延缓未来的破坏是预防性养护的关键所在。

3. 加大大中修工程投入，实现标本兼治

长期以来，公路养护资金投入不足，以 2007 年为例，不考虑超期、超载、超量的因素，云南省省管公路需投入资金 19.63 亿元，而实际投入为 12 亿元，差距如此之大，其原因主要是压缩了大、中修需求。

根据《云南省公路管理与养护资金需求研究专题报告》，要维持路网运营水平，沥青路面大、中修的资金投入需要大幅增加（见表 6）。

2007、2008、2010、2015、2020 年云南省大中修油路资金需求测算表 表 6

年份	全 省 公 路			干 线 公 路		
	总需求（万元）	大中修（万元）	比例（%）	总需求（万元）	大中修（万元）	比例（%）
2007	322104	127699	39.6	264604	105973	40
2008	341948	134480	39.3	281516	111331	39.5
2010	410154	156699	38.2	329202	128784	39.1
2015	546194	204619	37.5	434288	166397	38.3
2020	709020	250901	35.4	549055	203542	37.07

由于云南地处边陲，车辆保有量与公路里程差距较大，公路养路费收入处于全国中下水平，而对沥青路面养护与管理的实际投入偏少，这是造成养护与管理资金需求矛盾不断加剧的主要原因。为了解决大量沥青路面

超期、超载、超量服役导致路况继续恶化，维持路网服务水平，在制订年度计划时，应优先安排预防性养护，加大沥青路面大中修投入力度；对于路况较好的地段，大修里程控制在总里程的5%～7%以内，中修里程不低于8%；对于路况较差的地段，特别是超期服役严重的路段，更要加大大修投入比例。同时，用于预防性养护的中修投入也不能减少。

要树立科学发展观，继续坚持“建设是发展，养护管理也是发展，而且是可持续发展”的理念。只有加大大中修投入力度，才能逐步解决早期建成的沥青表处、沥青浅贯等简易铺装路面结构的超期服役问题，才能解决由于日常养护投入不足导致公路初期病害未得到及时处治而加速路面破坏问题，才能逐步使干线公路基本实现周期性、预防性养护，从而延长路面使用寿命，降低公路养护全寿命周期成本。

4. 大力推广和应用新材料、新工艺、新技术

要实实在在地实现路面养护方式由粗放生产型向集约科学型的转变，实现养护资金效益最大化，延长路面使用周期，使养护生产早日步入周期性养护的良性循环，只有依靠坚持科技创新、科学发展的原则，结合我省沥青路面养护特点，大力推广和应用新材料、新工艺、新技术。

（1）加大开发、引进、推广新路面养护材料的力度。虽然我省对乳化沥青、旧沥青路面材料再生剂、沥青路面表面恢复剂（沥再生）、SBS改性沥青、废旧橡胶、硅藻土、裂缝贴缝材料等都进行了引进、开发和推广，但是，推广应用的力度、范围还有限，熟练和成功运用的面积还不够大。因此，研发和引进技术指标优良、性能稳定、适合我省情况的新养护材料是必需的。

（2）积极推广应用新工艺、新技术。要大力推广和应用预防性养护的相关技术和工艺，继续推广应用良好的稀浆封层技术、厂拌热再生技术、裂缝刮封工艺，积极引进和发展微表处、雾封层、同步碎石封层、就地再生等技术。在大中修工程中，继续推广强基薄面技术，加强高性能沥青混凝土、基层材料就地冷再生、水泥稳定层防裂等技术的运用。

（3）研究、开发、引进路面自动化检测设备，改进路面养护管理系统。积极开发和引进路面强度、路面病害的快速自动检测仪器设备（如自动弯沉检测车、自动摩擦系数检测系统、路面车辙、裂缝、病害自动检测系统等），改进现有路面养护管理系统，使之可以进行预防性养护处理，从而实现干线公路沥青路面养护检测机械化、养护分析数据化、养护管理信息化、养护决策科学化，逐步实现节约养护、循环养护、科技养护、预防养护和良性养护。

云南省公路养护工作方法

目前，我国已基本形成高速公路、国省干线公路、农村公路三大网络，主要矛盾已由过去的基础设施供给能力总体不足，转变为发展方式与经济社会发展需求不相适应、服务能力与社会公众要求不相适应的矛盾，公路交通进入了一个新的发展阶段。在此阶段，加强养护管理成为公路交通发展繁重而紧迫的任务，安全保障成为公路交通发展的根本要求，改善服务和创新管理成为公路交通发展的重要着力点，社会各界对公路交通运输在安全、便捷、畅通、舒适等公共服务方面提出了新的更高要求。如何搞好公路的养护管理，是摆在我们面前一项长期而艰巨的任务。“三分建设，七分养护”足以说明公路养护的重要性。然而与公路里程快速增长相比，公路养护是一个薄弱环节。燃油价税费改革后，公路养护管理面临着“三快一慢”的局面，即交通量增长快、人工费增长快、材料费增长快、财政养护资金供给增长慢。为此，我们必须树立“建设是发展，养护管理也是发展，而且是可持续发展”的观点，从以人为本、以车为本的视角出发，研究规范化、标准化、专业化和社会化的公路养护管理工作机制，实现从劳动密集型向管理效益型转变，从手工操作型向机械化规范化养护型转变，从粗放生产型向集约科学型转变，切实打造“畅、平、洁、绿、美、安”的公路运输环境。我们在对多年来沥青路面预防性养护劳动竞赛经验总结分析的基础上，学习参考了部、厅、局相关的标准规范要求，将公路养护管理的一些内在规律、工作理念、技术措施、工作程序和工作模式记录下来，形成手册。为使该手册更具代表性与实用性，内容取材主要结合总段公路养护管理工作实际，目的是让公路养护管理工作者特别是初涉养护作业的专业人员一学就会、一看就懂，从而引导一线工作人员规范操作，采取正确有效的技术措施，提高公路的路况质量，延长公路使用周期，进而更好地为经济社会发展服务。

一、指导思想

认真贯彻落实交通运输部公路养护管理工作新要求，把握转变经济发展方式和加强创新社会管理两条主线，坚持“畅通主导、安全至上、服务为本、创新引领”十六字方针，逐步实现管理决策科学化、养护作业规范化、路网调度智能化、运营服务精细化、应急救援快速化、路政管理法治化，形成高质量工程、高品质服务、高效率监管、高科技支撑、高素质队伍的公路养护管理格局，构建更安全、更畅通、更快捷、更绿色、更高效的公路交通网络，更好地满足经济社会发展和人民群众出行需求。

（一）十六字方针

畅通主导是根本，安全至上是基础，服务为本是宗旨，创新引领是保障。

畅通主导——公路养护管理工作既要保证现有公路网正常通行，又要优化路网结构通行环境与畅通条件。

安全至上——既要确保公路设施自身安全，也要保证公路设施运营安全，更要保证用路者出行安全。

服务为本——要把为民、便民、利民贯穿到养护管理工作的各个环节。

创新引领——全面推进理念创新、科技创新、机制创新，研究路网管理创新。

（二）四化三转变

四化——养护管理科学化、养护作业机械化、路面养护专业化、路基养护生态化。

三转变——实现从劳动密集型向管理效益型的转变；实现从手工操作型向机械化、规范化养护型的转变；实现由粗放生产型向集约科学型转变。

“四化”是现代公路养护管理发展的大方向，只有顺势而为，确定发展路线以后，通过“四化”逐步实现“三转变”。主要体现在：一是最大限度地发挥了“以人为本”的作用，有力调动了广大干部职工的主观能动性和积极性，职工福利明显改善，养护队伍团结稳定；二是科学管理水平上了一个新的台阶，职工养护操作技能明显提高；三是养护专业化、机械化、规范化水平提升较快，养护技术进步明显，材料再生利用、新技术、新工艺、生态养护等方面取得实效；四是聚合行业优势，整合人力、财力、物力资源，增强实力和竞争力，夯实基础；五是立足于自身客观实际和发展需求，较好地处理了改革发展稳定的关系，实现了主辅同步、内外兼顾、整体推进的发展。

当前，针对公路养护管理发展依然面临的“三个矛盾”（即养护资金投入严重不足与养护管理任务日益增加的矛盾；新形势下的养护基础站所综合布局规划建设滞后与科学化、规范化、精细化养护管理要求的矛盾；站所养护管理设备陈旧老化、养护管理力量薄弱与国家“畅安舒美”的要求、社会公众日益提升的出行需求的矛盾），我们必须坚持“三个有利于”（即有利于促进行业发展；有利于增强单位发展实力；有利于造福广大职工群众），必须做到“三个始终坚持”（即始终坚持发展养护主业，不断提高服务经济社会发展的目标不动摇；始终坚持筑牢公益性公共服务为主的三级管理体制，不断提高各项管理效率的目标不动摇；始终坚持提高全体干部职工综合素质，不断适应改革发展形势需要的目标不动摇），努力提升“三个服务”水平，切实推进公路养护管理事业科学发展、和谐发展、跨越发展。

二、工作理念

一好——服务好。

二精——作业精、管理精。

三勤——勤检查、勤保洁、勤维修。

四提高——提高养护工艺水准、提高公路服务水平、提高管养经济效益、提高资源利用效率。

五标准——畅通、平整、美观、环保、安全。

六要求——规范学习好、操作工艺好、材料选配好、机具压实好、生产管理好、路容路貌好。

三、工作原则

（一）坚持调查分析，做好科学决策

调查分析是科学决策的前提。公路养护调查可分为日常巡查、经常检查、定期检查、特殊检查、养护质量综合检查、公路技术状况评定等。进行公路路面、路基、桥隧、交通设施等状况调查的目的，是为了及时发现公路设施的病害及损坏，对出现的公路设施状况不良情况进行记录，并迅速作出判断和处理，掌握、收集公路设施技术状况和交通信息，为制订养护对策提供帮助，并通过及时掌握公路使用状况，建立养护日志，为建立完善的养护管理系统、编制养护预算积累资料以及建立科学的路况评价体系提供基础资料，使得在制订公路日常维修、小修、中修和大修等养护工程预算和处治方案时依据充分、针对性强、措施有效，决策科学、合理。

（二）坚持实事求是，做到因地制宜

要一切从实际出发，坚持实事求是，在全面进行公路病害调查，掌握产生病害原因的基础上，结合实际地形、地质、材料、气候等情况，因地制宜地制订出更有针对性且科学、适用、经济的公路病害治理方案。公路养护工程不同于新建工程，有很强的自身特点与要求，更需要坚持实事求是、因地制宜。在进行路面病害处治施工时，现场管理人员和设计人员要认真查看、分析路面病害实际情况，与施工图设计进行认真对比，如果发现实际病害与施工图设计不一致或病害有所发展、恶化的情况，就要及时变更或调整病害治理方案，也就是采取边施工边设计，确保病害治理不留

隐患，做到彻底、有效。

（三）坚持规范管理，做到精益求精

公路养护工程规范化管理是指通过科学计划，合理组织，严谨实施，严格考核，高效、优质、安全、低耗地完成一系列公路养护生产活动的行为。要改变粗放型的公路养护管理模式，改变那种责任不清、细节意识差、满足于“只求数量，不讲质量”的思想，实现从粗放管理到精细化管理的转变，构建规范化、精细化的管理体系，做到“精在事前，细在过程”，使公路养护管理在细节上做到尽善尽美，把公路养护质量纳入良性循环、健康发展的轨道。首先，要建立完善规章制度，用制度规范管理行为；其次，按照责权利一致的原则，把养护目标、养护责任、养护责任追究三项内容细化量化，在各司其职的基础上建立良性互动、职能协作的精细管理机制，使养护工程管理的各个层面、各个环节、每一道工序和每一项工作内容都确保精细、高效、协调和持续运行。

（四）坚持机械作业，做到优质高效

养护机械化是公路现代化的必由之路，养护机械化是降低成本、提高效率和保证质量的有效途径，是科技兴路和社会发展的需求。积极发展公路养护作业机械化，要把公路养护机械化、现代化工作作为一项重要内容切实抓好。现阶段公路特别是高等级公路养护的特点是工艺精细性、规范化操作性更强，养护作业的及时性更高，新技术、新材料、新工艺的应用更为广泛。原来的养护生产组织形式和管理方法已不能适应现在养护的需求，只有实现养护机械化，逐步配置一批先进的设备，才能满足机械操作性好、自动化程度高、作业能力大、速度快、污染小的养护要求和新技术、新材料、新工艺的作业要求。实现养护机械化，除了部分引进国外先进的大型综合养护机械外，必须不失时机的抢抓目前我国高等级公路大发展的机遇，立足养护机械的国产化，不断提高公路养护机械的装备率、配套率。养护机械化，不仅可以促进生产力的提高，同时也是对公路养护生产组织

形式和管理方法的重大变革，它必将把公路养护从落后的生产方式推向科学养护的新阶段。

（五）坚持科技创新，做到节能减排

公路养护工作要坚持科技兴路，持续发展的原则，依靠科技进步实现公路养护现代化，保证养护工作持续健康发展。结合公路养护特点和自身实际，大力推广和应用先进的养护技术和科学管理方法，改善养护生产手段，提高公路养护科技水平。一是要积极推广和应用新技术、新材料、新工艺、新设备技术成果，加大科技创新力度，有针对性地开展桥头跳车处治、水泥混凝土路面和沥青路面快速修补技术、旧沥青混凝土再生利用技术等的应用和研究。二是要进一步加大力度提高技术含量，扩展新技术的应用范围，把节约资源、保护环境的要求贯穿于公路养护工程设计、施工、管理全过程，大力推进理念创新、管理创新、技术创新，减少资源占用，保护生态环境，推动公路养护工作再上新台阶。我国沥青路面的设计寿命为6～15年，每年有12%的沥青路面需要翻修，旧沥青废弃量将达到每年220万吨之巨，如能加以利用，每年可节省材料费3.5亿元，而这个数字是以每年15%的速度增长。10年以后，沥青路面的大、中修产生的旧沥青混合料将达到1000万吨，届时通过再生利用每年可节约材料费15亿元。我省每年公路养护投资近10亿元，大、中修里程近400公里，如果大量的使用新石料，不仅会导致森林植被减少、水土流失，造成严重的生态环境破坏，而且大量沥青混凝土翻挖后被废弃，不加以利用，不但浪费了可再生资源，同时还对环境造成严重的污染。对于我国这种优质沥青极为匮乏的国家来说是一种资源的浪费。交通运输部在“十二五”养护管理规划中明确提出，逐步实现公路养护中废旧路面材料的100%循环利用的目标。因此，需要对旧沥青混凝土进行再生利用势在必行。再生技术应用可产生直接经济效益，2003年以来，曲靖总段在公路小修保养、大中修及城市道路维修中，利用厂拌热再生技术共铺筑沥青路面1430100平方米，节约沥青3677吨，节约碎石80000立方米，节约资金2000余万元。此外，加工生产沥青再生剂

500余吨，为昆明、红河、楚雄、大理等总段提供产品和技术服务。

四、工作程序

（一）规划公路的预期服务水平

立足于社会经济发展需求和人民群众日益增长的出行需求，正确评估公路现状服务水平和预期要达到的服务水平目标，根据公路使用年限和路况实际，全面预测公路路况发展趋势，制定公路中长期养护规划方案。

（二）决策公路养护投入规模

认真进行公路路况检测，全面采集路况数据并认真分析对比，及时、准确掌握公路的技术状况。从实施养护工程以保障公路健康、良好运行，研究公路技术状况衰减规律以合理确定最佳养护时机和周期，逐步实现预期服务水平目标等方面提出养护资金需求，结合实际资金能力决策年度养护投入规模和中长期养护投入规模。

（三）编制公路养护工程预算

根据年度养护投入规模、路况养护实际需求及考虑社会综合因素，进行养护资金的优化分配，科学合理地编制年度养护投资预算。结合路况实际，可采取分类、分阶段、因地制宜地安排养护工程。对通车时间在五年之内的路段，要全面推广应用预防性养护，以防治早期病害，延缓病害发展，延长使用周期；对通车年限较长，历史欠账较多，路面已产生结构性病害的公路，要采用防治相结合的养护方式来实施道路养护，以防止路况衰减加剧，治理缺陷，根治病源。

（四）确定公路养护技术方案

在通过详细的路况检测、调查、试验等基础上，对公路病害进行研究分析，找到产生病害的原因，对症下药。按照有关技术规范制订出针对性强、措施有效的养护技术方案。一般要制订出有2～3个比选方案，并邀请相关方面专家对技术方案的进行评审；方案确定后按规定进行申报、审批等工作。一般的处治原则是先根治道路工程缺陷，再行处治病害，否则路况的恢复达不到预期的效果。目前，我省多数路段的防治措施为：路基防护，桥涵构造物加固，处理地下水和地表水，修复路面系统的严重破损，实施路面的大中修。防治性养护方式可作为一种恢复路况向预防性养护方式的过渡方法。

（五）实施公路养护工程管理

根据已确定的养护技术方案进行养护工程施工组织，工程实施方案要结合路段的工程特点、交通情况、气象条件等因素进行精心组织、周密安排。公路养护工程管理工作要把工程质量、安全管理放在首位，按要求实行招投标制度、工程监理制度和合同管理制度。

（六）验收及质量缺陷处理

按交通运输部和省级交通运输主管部门有关规范、规定组织养护工程交竣工验收，按养护工程合同及时进行工程质量缺陷治理。

五、工作措施

（一）规范化养护

管理信息化——充分利用现代电子信息技术，提高管养效率和水平，提升公路公众服务能力。有利于提高工作效率，达到资源优化配置的目的。

作业机械化——改变传统的养护生产方式，达到机械化、生产规模化、科学节约型的养护，有利于提高工作效率和施工进度，保证施工质量，促进养护技术发展。

队伍专业化——建立一支懂管理、懂技术、能操作的专业化队伍，严格养护市场准入制度。以建设国省主干线养护中心为主构架，建立高速公路的日常养护专业化队伍，分片区、划路段地组织小修保养工作，有利于培育和健全养护市场，提高养护队伍的综合竞争能力。实践证明，规范化养护是切实可以达到提高公路养护效果、提升管理水平、降低养护成本的目的，并可以促使养护模式从单一型、粗放型、被动型养护向全面养护、规范化、机械化、预防性养护转变。养护规范化是当前及以后长期要开展的一项重要工作，只有大力推行养护管理规范化，不断提升公路养护水平，才能确保公路得到良好地养护，实现交通又好又快发展。

（二）预防性养护

公路预防性养护是指通过预养护，使公路初期病害得到有效处治，不让公路病害进一步向更深层次发展，从而达到延长路面使用周期、保持道路完好率和平整度、提高道路质量、降低道路寿命周期养护成本、延长中修或大修期限的目的。

提高认识——提高防微杜渐的意识，在结构性破坏发生前，采取预防性措施改善系统的功能状况、恢复路面表面功能，延缓未来破坏，提高费效比。公路是国家或企业的固定资产，若在设计使用年限内过早损坏，意味着国家和企业的固定资产贬值，若达到或延长使用年限，则标志着国家和企业的固定资产得到保值或增值。

保证资金——科学编制养护计划，确定养护资金投入比例，确保预防性养护资金的投入。将预防性养护作为养护规划中和养护计划的重要组成部分，重点安排路面预防性养护资金，兼顾桥梁预防性养护投入，达到“前期先投入，今后少投入”的目的。

把握时机——根据道路使用年限、路况质量、交通量大小，养护预期目标和经济能力，综合考虑确定预防性养护时机。如果因资金投入不足等原因，错过了预防性养护的最佳养护养护时机，将得不偿失。沥青路面预防性养护，总体上突出“防水防裂、勤防早防”工作要求，以预防路面“水损害”为中心，坚持做到“六防、六加强”（“六防”即防路面渗水，防路基冲缺，防边沟、涵洞淤阻，防桥梁、构造物损毁，防边坡坍塌，防路面、路肩积水；“六加强”即加强宣传学习，加强制度管理，加强预防落实，加强规范养护，加强及时养护，加强生态养护），努力实现公路养护由被动养护向主动养护、由滞后养护向及时养护、由事后养护向超前养护转变，提高公路养护质量和养护资金的使用效率，努力将公路养护逐步推向前瞻性、周期性养护的良性循环轨道。“上医医未病，中医医预病，下医医已病”，预防性养护是“上医”。

（三）精细化养护

确定目标值——确定可操作、可检查、可考核的量化指标。要做到“六有”，即：各项管理有制度，养护生产有记录，养护作业有标志，坑塘修补有卡片，路面保洁有专人，桥梁隧道有监控，路基边坡有绿化；“六无”，即：路面平整无坑槽，路基稳定无沉陷，路容整洁无垃圾，桥隧稳固无缺陷，排水畅通无堵塞，绿化良好无枯死；“六齐全”即：养护制度齐全，养护记录齐全，养护设备齐全，作业标志齐全，绿化苗木齐全，养护基地齐全。

排定时间表——根据公路养护规划和年度养护计划，围绕“全面、全季节、全周期、长寿命、低成本”的科学养护观，确定工作步骤和工作程序，对总体目标及阶段性目标进行时间控制。

研究对策库——研究提出解决问题的方案，掌握主动权。根据有关规范和上级交通运输主管部门的要求，提出解决问题的几种方案，并推行专家评审制度，择优选取大中修养护工程技术方案。

建立考核制度——落实责任，严密跟踪养护工作动态，建立养护工程质量监督机制。养护工程特别是大修工程应推行全方位的养护工程质量监理，引入第三方监理的养护工程监理管理办法，转变过去自管、自养、自验的生产程序，强化质量管理。同时制定养护工程质量考核办法，实行养护工程养修使用寿命期限和养护工程质量缺陷责任保证期制度，在责任期内要明确养护工程修建的质量责任制，合理制定奖惩制度，完善整个养护工程管理考核体系。

六、工作体系

（一）路基养护工作法——四防四保

防冲刷，保设施完好　　防积水，保路肩平顺
防坍塌，保边坡稳定　　防渗漏，保路基强度

（二）路面养护工作法——四勤四防

勤巡查，防管理失控　　勤保洁，防道路污染
勤检查，防路面失养　　勤维修，防病害恶化

（三）桥涵养护工作法——四查四保

查桥涵结构，保通行安全　　查薄弱构件，保防灾能力
查承重部件，保荷载要求　　查信息档案，保责任落实

（四）绿化养护工作法——四要四求

要适地适树，求科学合理　　要防病防虫，求成活保存
要定期修整，求环境质量　　要合法采伐，求抚育更新

（五）交通工程养护工作法——四查四保

查安全设施，保清洁完整　　查服务设施，保整洁便利
查机电系统，保功能正常　　查养护房屋，保美观适用

（六）防护工程养护作业法——四重四防

重检查，防水毁洪灾　　重固本，防风袭沙阻
重预警，防冰灾雪害　　重预案，防突发事件

（七）养护作业安全工作法——四强四定

强教育，定安全理念　　强设备，定安全保障
强管理，定安全措施　　强监督，定安全责任

云南省公路沥青路面预防性养护探讨

随着我省公路沥青路面里程的快速增加，管理与养护工作任务的压力也随之加大。如何养好沥青路面、降低管养成本，成为我们交通行业每一个领导和管理者要重点研究的问题，这就需要我们广大管理人员围绕“养好公路、降低成本”来做好这项工作。只有强化沥青路面的预防性养护，特别是要加强2000年以后新铺的14906公里沥青路面的预防性养护与管理工作，才能使我省的公路沥青路面的养护工作步入良性循环，实现可持续的发展。

一、沥青路面预防性养护技术

（一）沥青路面预防性养护的概念

任何道路都有其生命周期，不同阶段的路面，也有不同的维修、养护需求。路面养护以路面现状指数PCI为指标，将养护工作分为以下四个阶段：①当PCI处于75～95范围内，路况优异，只有少量的裂缝出现，且小于3mm。为尽可能保持良好路况，防止水的渗透使裂缝扩大，可采取一些简单的密封措施。②当PCI指数在60～75范围内时，路况良好，此时是实施早期预防性维护的最有效时期，进行密封可有效地减缓道路退化，从而使道路的寿命延长。③当PCI处于50～60之间，路况已面临恶化，并出现表层以下的损坏，路况已无法通过实施路表维护措施来得到改善，此时应采取必要的裂缝密封和坑槽修补作为应急性措施，可使路况维持在一种可使用的状态，直到大规模的翻新改造。④PCI指数下降到25～50时，路面破损严重，已无法继续使用，需要实施结构翻新，重铺面层。前面两个阶段为预防性养护，后面两个阶段为矫正性养护。目前，我省现在大多数公路养护都属于矫正性养护。

路面预防性养护（Pavement Preventive Maintenance，简称 PPM），是指养护部门在路面结构良好或是路面病害发生初期，即对其进行养护，不让路面病害进一步向更深层次发展，从而达到延长路面使用寿命、保持路面完好率和平整度、提高路面质量、降低路面寿命成本、延长中修或大修期限目的的作业方式和实用手法。它与传统的路面养护遵循的“坏了才修、不坏不修”的原则截然不同，强调预防性。经验表明，预防性养护能延缓路面破坏，延迟昂贵的路面大、中修和重建。其最佳实施时机应该在路面尚处于良好状况，或者只有某些病害先兆时进行。这时，仅需要投入小额费用，就能达到很好的效果，是一种效益费用比非常良好的养护措施。

路面预防性养护的前提条件必须是路面结构强度充足。其实质是在适当的时间，采用适用的技术，对适宜的路面采取措施。其核心是强调养护管理的主动性、计划性、合理性。其目的是达到养护的最佳成本效益。

（二）预防性养护常用技术

针对路面出现的不同形式的早期破坏或使用功能减退，需要采取不同的预防性养护措施，以减缓病害的发展，延长路面寿命。

1. 裂缝修补

裂缝修补基本上是为了阻止水分进入出现的裂缝中。补缝和灌缝分别指处理几乎不活动的裂缝和正在温度及车轮荷载下发展的裂缝。由于路面结构采用了半刚性基层沥青路面结构，因而会出现不同程度的反射裂缝。为了防止雨水冲刷及在荷载作用下裂缝扩展，应及时对裂缝进行灌缝。目前，国内常用的裂缝修补方法有：普通沥青灌缝、SBR 改性乳化沥青灌缝、路面裂缝密封胶修补裂缝和压浆法修补裂缝。

2. 坑槽修补

针对路面出现的局部破坏（如坑槽、松散等），常采用的修补方法为热补法和冷补法。过去通常的做法是将破坏区域的旧沥青混合料全部清除，然后再用新沥青混合料填补，这种修补方法可以保证修补质量，但大量的旧沥青混合料被废弃，造成了资源的极大浪费和环境污染。为了避免资源的浪费，国内不同省份进行了冷补材料的开发和应用，材料多使用由冷补添加剂、稀释剂（柴油）、沥青、集料组成的混合料。

3. 路表封层

路表封层技术主要用于恢复路面功能性损坏和非失稳性车辙的处治。参考国内外经验，常用的路面封层技术包括：雾状封层、沥青表处、碎石封层、薄层热拌沥青混合料、超薄磨耗层、稀浆封层和微表处技术。各路表封层适用条件如下：

（1）雾状封层。雾状封层的作用是封闭路面，阻止路面开裂松散，延缓路面老化，提供路面边缘与路肩的轮廓。雾状封层仅仅是在路表面喷洒不含集料稀释的乳化沥青。

（2）沥青表处。沥青表处通过喷洒聚合物改性沥青填充空隙和裂缝；喷洒细集料或沙子；再喷洒聚合物改性沥青；最后使用胶轮压路机碾压。它适合各种气候环境，在高温干燥环境下最优。

（3）碎石封层。碎石封层在路面喷洒乳化沥青后，撒布碎石石屑，用压路机将骨料嵌挤进原路面50%～70%，效果与集料级配、最大粒径相关，可进行罩面及提高抗滑性能。双封层可以获得很好的路用性能。通过合适的设计与施工，碎石封层可以在重交通路面上表现优异。然而由于碎石易于松散，主要还是应用在中轻交通路面上。

（4）薄层热拌沥青混合料。薄层热拌沥青混合料是指铺设厚度为19～38mm的沥青混合料。薄层沥青虽作为功能层考虑，但仍然部分承担了车轮荷载的应力分布。

（5）超薄磨耗层。超薄磨耗层是指由断级配、改性沥青组成的混合料所铺设的10～20mm的表层，可以有效填补裂缝，提高摩阻力，是一种新型的处理办法。

（6）稀浆封层。稀浆封层是指将良好级配的集料（细砂和矿粉构成）和乳化沥青构成的混合物，通过专用喷洒器喷洒在整个路面表面。对处理低等级的裂缝、路表防水、提高在60公里/小时车速下的汽车抗滑能力有效，厚度通常小于10mm。

（7）微表处。微表处使用聚合物改性乳化沥青、细集料、矿粉、水与稀浆封层采用的一样的添加剂，主要目的是阻止松散、路面老化，同时提高路面的抗滑性能。该技术可以提高路面平整度，填补15mm以内的车辙。

（8）砂封层。与碎石封层的结构和工艺类似，区别在于砂封层在洒布乳化沥青后覆盖的是砂或者细集料。砂封层可用于干燥、氧化的沥青路面表面，防止松散，阻止雨水渗入，增加路面的抗滑性能。该措施在国内的下封层中有广泛应用，但在面层的使用还缺乏经验。

（9）复合封层。指在碎石封层之上再施工一层稀浆封层。稀浆封层的采用可以减少碎石层的石料损失。复合封层可以提供密实防水的表面，并具有很好的抗滑性能。

（10）刷入封层。指在路面表面喷洒一层聚合物改性沥青，然后用特殊的刷子把沥青刷入路面的裂缝和空隙中，再均匀地撒一层砂或者细集料，再把集料和沥青的混合物刷一遍，最后用轮胎压路机进行碾压。刷入封层一般适合于在低交通量的道路使用，主要用来填缝和空隙。国内在路面表面涂刷沥青还原剂也可以认为是刷入封层的一种。

4. 现场热再生

现场热再生有三种形式：热翻松、重铺处理、重拌和处理。翻松在美国的松路面，同时加入回收剂，最后整平压实，处理的厚度不大于50mm。重铺处理包括加热路面，翻松或铣刨面层到一定深度（一般为19～25mm），加入再生剂进行混合，整平后摊铺一层新的热拌混合料磨耗层，然后压实。重拌和处理包括加热路面，翻松或铣刨路面，把旧料回收到拌和设备中，加入新料和再生剂就地热再生重新拌和，然后再摊铺到路面上形成单一、均匀的面层。现场热再生处理的厚度一般为25～50mm。

5. 沥青还原剂

在频繁交通荷载和温度胀缩的反复作用下，沥青会发生老化，油分逐步向胶质、碳质转变，各项性能指标下降，这时可采用沥青再生剂对路面进行涂刷，补充沥青中的油分，恢复老化沥青的活性，恢复路面性能。

6. 就地热补

针对路面出现的局部破坏如裂缝、坑塘、松散、龟裂、拥包、沉陷等病害，可以采取就地热补的方法。过去通常的做法是将破坏区域的旧沥青混合料全部清除，然后用热沥青混合料重新填入压实，这种修补方法由于冷接缝，冷热相间的沥青边缘会留下缝隙的隐患，一旦碾压不到位会使路面在短时期内再次受损，且大量的旧沥青混合料被废弃，造成资源的极大浪费和环境污染。

（三）路面预防性养护的成本费用

预防性养护具有多次低投入、提高路面营运水平、延长沥青路面使用寿命等特点，已经被国内外广泛认同。但不同的措施其初期成本不一，其处治效果和处治后寿命预期也不同。

1. 美国预防性养护措施的平均费用

美国在 20 世纪 70 年代就已经开始进行预防性养护技术的研究工作，并在 80 年代开始广泛应用，随着机械设备技术和沥青路面材料（特别是沥青或沥青混合料改性材料）的发展，一些新的预防性养护技术在 90 年代也得到开发和拓展。2004 年，美国联邦公路局完成了对全国预防性养护技术应用的评价。美国所采用的预防性养护措施的基本费用见表 1。

2. 国内预防性养护措施的平均成本费用

我国在 20 世纪 90 年代初开始预防性养护技术的研究，并逐步得到推广应用，在华东和华北地区应用较为广泛。由于人员、材料成本的差异，其初期成本也有所不同，见表 2。

2000 年美国预防性养护路面养护成本　　表 1

处治措施	选用原因							处治寿命（年）	平均单价
	摩擦力	松散	坑槽	车辙	裂缝				
					高	中	低		
清理并灌缝						√	√	3	0.66 美元/m
切缝灌缝						√	√	7～10	5.58 美元/m
开槽灌缝						√	√	3	2.3 美元/m
裂缝灌缝					√	√		5	16.4 美元/m
雾封层								1～2	0.18 美元/m^2
单层石屑	√	√						3～6	0.66 美元/m^2
双层石屑	√	√						7～10	1.79 美元/m^2
稀浆封层	√	√						3～5	1.79 美元/m^2
微表处		√	√	√				5～8	2.09 美元/m^2
罩面		√		√				5～8	25 美元/t
冷拌和料			√					1	55 美元/t
热拌和料			√		√			3～6	25 美元/t
稀浆封层或微表处			√		√			1～3	1.02 美元/m^2
喷射			√					1～3	不定

注：仅针对路面结构层完好的路面。

2006 年我国预防性养护平均成本　　表 2

技术措施	适用范围	寿命（年）	平均成本（元/m^2）
雾状封层	①中等的纵横向裂缝，块状裂缝；②表面松散、风化；③老化的沥青路面；④水侵入结构	1～2	2.88～4.32
沥青表处	①中度的纵横向裂缝，块状裂缝；②表面松散，风化（施工时应清除表面松散料）；③水侵入结构	1～3	7.2～11.92
碎石封层	①轻度纵横向裂缝，块状裂缝；②表面松散、风化；③老化的沥青路面；④水损坏；⑤轻度不平整；⑥轻度唧浆；⑦抗滑能力降低	4～7	单层：7.1～8.64；双层：10.56～11.92
薄层热拌沥青罩面	①中轻度的纵横向裂缝，块状裂缝；②表面松散、风化（施工时应清除表面松散料）；③路面不平整；④轻度唧浆；⑤抗滑能力降低；⑥抗车辙	7～10	密级配：16.7～19.2；开级配：12～13.5

续上表

技术措施	适 用 范 围	寿命（年）	平均成本（元/m²）
超薄磨耗层	①轻度纵横向裂缝，块状裂缝；②表面松散、风化；③路面不平整；④轻度唧浆；⑤抗滑能力降低	7～10	24～28.72
稀浆封层	①轻度纵横向裂缝，块状裂缝；②表面松散、风化；③老化的沥青路面；④抗滑能力降低；⑤填补车辙带（车辙不严重）	3～5	6.72～9.12
微表处	①中度的纵横向裂缝，块状裂缝；②表面松散、风化；③老化的沥青路面；④轻度不平整；⑤中轻唧浆；⑥抗滑能力降低；⑦填补车辙（车辙已经稳定）	4～7	8.4～16

3．云南省内预防性养护措施的平均成本费用

我省在 20 世纪 90 年代后期开始应用一些简单的预防性养护技术，一些新的技术也在本世纪初开始得到应用，如：芒市总段较早采用了封缝、刮油封缝、注浆封缝、贴缝、稀浆封层等，丽江、曲靖、开远、大理、昆明等总段也较多的采用了稀浆封层技术，昆明总段还研发推广了“沥再生”表面恢复技术，高速公路从 2006 年开始使用微表处技术。我省 2007 年常采用的预防性养护措施的平均初期费用见表 3。

云南省 2007 年常用预防性养护措施平均成本 表 3

技 术 措 施	预期寿命（年）	实际寿命（年）	平均成本（元/m²）
沥青表处	1～3	1～3	7～10
薄层热拌沥青罩面	5～7	3～5	16～20
微表处	3～5	1～3	14～16
稀浆封层	2～4	1～3	7.5～10
普通灌缝	2～3	1～2	2.5～4
贴缝	3～5	1～3	9～12
表面恢复	3～5	1～3	6～10

芒市总段在预防性养护工作中，主要采取了 4 种处治方法，这 4 种处治方法的平均成本构成如表 4 所示。

从表中可以看出，这 4 种处治方法针对不同的沥青路面病害状况，成

本从 43 元/m² 到 73.75 元/m²，相差较大。这说明我们在选择和制订养护处治方案时，必须对路况进行综合分析，根据病害的实际情况选择不同的处治方案。

芒市总段预养护成本分析表　　表 4

序号	处治方法	养护成本（元/m²）								应用实例
		修补旧路面病害	乳化沥青	4cm 浅贯	2.5cm 沥青碎石	3cm 表处	6mm 稀浆封层	3cm 沥青碎石	合计	
1	浅贯+2.5cm 沥青碎石	35	1	18.74	19.01	—	—	—	73.75	G320 K3509～K3510
2	3cm 表处＋6mm 稀浆封层	35	1	—	—	15	8	—	59	G320 K3508～K3509
3	3mm 沥青碎石＋6mm 稀浆封层	35	1	—	—	—	8	22.8	66.8	G320 K3505～K3599
4	旧路处理＋6mm 稀浆封层	35	—	—	—	—	8	—	43	潞盈路 K61～K62

（四）使用寿命周期与成本

1. 寿命周期成本的概念

预防性养护实际上是业主对道路的又一次成本投资，成本属于整个寿命周期成本的一部分，成本发生的时间段为整个运营期。为了合理地进行投资，获取最大收益，道路管理者需要对道路的整个成本进行优化，特别是运营期的成本投入。因此，业主想通过优化选出最具成本效益的养护策略计划，而这个养护方案的效益分析应选用合适的工具来进行。当前，最为常用的是寿命周期成本分析法，它比较适合分析长期投资的项目方案。对于这种投资，管理部门不仅要考虑到道路的技术效果，还要考虑经济效果。寿命周期成本分析法主要用来评价经济效果，即评价项目合理或有效利用现有资源的程度。

所谓寿命周期成本分析（Life-Cycle Cost Analysis，简称 LCCA），主要是基于某个合理的基础经济指标，对两个或两个以上的备选方案进行比较。

综合考虑备选方案在整个使用年限内（从实施开始到最终丧失使用功能为止）的所有费用，包括建设成本、养护成本以及用户成本，并对其进行分析，选出能在使用年限内提供必需的性能且成本最低的方案，即寿命周期成本最低。

2. 预防性养护的成本效益

已有研究表明，路面的使用性能不是直线下降的。在使用初期，其服务能力下降较缓慢，但当损坏状况超过某一限值时，路面的服务能力就开始急剧下降，病害急剧增多。从对路面性能的影响来看，预防性养护有更大的优势。改正性养护策略是待路面损坏蔓延到了必须维修的程度后，才采取的相应措施。进行路面矫正性养护时，路面经常处于较差的服务状况。而采取预防性养护，当路面还处于良好使用状况时，就采取预防性养护措施，及时阻止路面状况的急剧下降。这种举措不仅能获得更长的道路使用寿命，而且在路面使用寿命期间，始终能维持较好的道路服务水平，由此产生良好的社会和经济效益。

美国对几十万公里不同等级道路的沥青路面跟踪调查发现：修建质量良好的公路，在路面经历了75%的设计寿命，其质量下降40%时，进行预防性养护，假如要花1美元；如果等路面质量下降到80%，亦即其剩余寿命仅为12%时才进行养护，这时通过大修所得到与进行预防性养护所得到相同的路况则所需的费用就为4～5美元或更多。更为重要的是，路面质量在很短的时间内就下降了40%，而路面剩余寿命也迅速从60%下降到18%。因此，推迟路面的养护将会面临着路面的大修和重建，这不仅使路面长期处于较低的服务水平，还会造成寿命期的高费用。根据美国国家公路与运输协会（AASHTO）于1997年对各个州的预养护使用效果进行了调查发现，预养护计划可以在不对路面进行大中修或改建的情况下获得更长的使用寿命，能够节省投资，减少整个生命周期的费用（图1）。具体调查结果如下：

(1) 密歇根州认为，预养护的费用效益是大修或改建的6倍。密歇根州从1992年开始预养护计划，对辖区内15420公里的4260公里公路（27.6％）实施了预养护措施，预养护总的资金投入约8000万美元，但是如果不采取预养护措施，估计期间所需的大中修或改建费用将达到7亿美元，是预养护的8倍。因此，他们认为预养护措施能够有效地节省公路部门的长期投资成本。

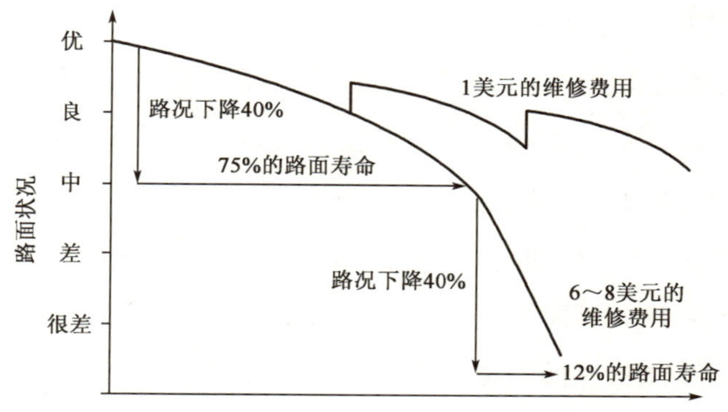

图1　路况与使用寿命曲线

（2）加利福尼亚州认为，预养护能够提高路面的表面功能，可延长路面的使用寿命5～7年，这5～7年的大修或改建的时间延后，可以把本来要用在路面大修或改建的资金投资到其他更需要的地方。预养护措施可以在短期内施工完成，能够降低对交通的干扰，减少居民出行的不利和交通的延误，提高路面的使用性能，给用户提供使用质量更好的道路。

（3）佐治亚州每年基本用不同的预养护措施（包括薄加铺）来处理10％的路面，每年投入的预养护资金为7000万～8000万美元。他们认为预养护对交通的干扰少，引起的交通延误低，对附近的居民和商业的影响小。随着预养护技术的提高，采取预养护技术后的路面使用性能大大提高。对此1972年和1997年，预养护措施后的路面的平整度提高了300％，即现在的封层表面处理后的平整度是同样的路面20年前处治后的4倍。佐治亚州报告说，通过预养护计划的实施，当地路面行驶质量已经提高到了相当高的水平，所以采集的平整度数据也不再是衡量预养护计划的关键因素。

（4）亚利桑那州公路部门就道路养护工程费用曾做过如下比较：

①铺筑完沥青混凝土路面后，不做任何中间的维修与养护，行车 20 年后，进行大翻修；

②铺筑完沥青混凝土路面后，在行车 10 年后，做一次修补性养护，然后再做一次沥青混凝土罩面；

③按预防性养护的要求，对于已铺的沥青混凝土路面，根据路面检测结果，及时定期地做预防性养护。

对三种维修养护方式的经济分析表明，第一种方式的养护工程费用是第三种的 163%，第二种方式为第三种方式的 155%。因此，预防性养护是最经济的。

由于我国没有对所有预防性养护道路使用效果进行跟踪调查，再加上道路修建质量差异较大导致非正常养护投资增加的不确定性，目前仅仅提出了寿命周期成本分析方法，现仍然缺少有效的分析结果。下面将我省芒市总段预养护的效果进行简单介绍。

芒市总段近几年高度重视预防性养护工作，不断加大力度，路况质量始终保持着良好的发展势头。例如芒市总段管养的 G320 线芒瑞路使用已接近 12 年，但在这 12 年里，局下达的大修里程不足 10 公里，中修仅为 10 公里，前后一起投入使用的几条高等级公路都已做了改造，而这条路仍保持着良好的运营状态，路况质量一直较好，这都是重视预防性养护的结果。实践证明，实施预防性养护可以有效地延长路面的使用周期，提高好路率，保持路况的稳定。

（五）预防性养护管理与决策

路面预防性养护对我国高速公路逐步由建设期转入养护期，具有十分重要的意义，必须坚持预防性养护的原则，不断加强养护工作的主动性、预见性和系统性，以实现路面寿命周期效益最大化目标。这里首先提出的就是主动性、预见性，也就是对预防性养护工程的重视问题和态度问题，芒市总段的预防性养护工作成效充分说明了这一点。芒市总段十分明确公路养护的目的，各级领导对预防性养护认识到位，思想统一。早在十年前，芒市总段就提出“以养好路面为中心，以平整度为龙头，加强预防性养护，稳步提高路况质量”的养护指导思想，并同时提出了“无主业不稳，无辅业不兴，无科技不强”的口号。在工作上始终坚持主业主抓，主要领导重点抓，分管领导亲自抓，业务部门具体抓，做到各级领导的主要精力始终放在如何抓好预防性养护这个关键环节上，认真研究预防性养护的措施与对策，针对路面产生病害的实际，采用科学的预防性处治方案，控制路面病害的扩大，杜绝因养护的原因而产生大量的路面病害，保持了路况的长期稳定。

路面预防性养护是一项系统工程，不仅需要科学的检测、分析、评价、预测方法，而且需要有效的预防性养护技术及足够的资金，同时应进一步加强研究，以寻求更好的检测、分析、评价、预测方法和更有效的预防性养护技术，同时加大养护投入，确保预防性养护工作的展开。目前，全国各地区在预防性养护实践过程中，因完整的体系与过程未真正实现，还存在不少问题，但基本可以从以下四个方面进行管理。

1. 确定基本目标

在确定预防性养护基本目标时，可以采用以下两种方法：

方法 1：将保持路面 PQI 指数处于良好；保持路面 PCI 指数处于中以上；保持路面 RQI 指数处于良好以上；保持路面 SRI 或 BPN 指数处于中以上；保持路面 PSSI 指数处于良好以上作为预防性养护的目标。采用路段信息并结合日常及年度养护检查结果，制订预防性养护路段方案。

方法 2：按照道路管理者与使用者平均车公里成本、管理者寿命周期内路面年平均成本、管理者平均车公里路面成本、路面全寿命周期内年平均养护成本等四个成本最低的原则进行量化和测算，提出合理与先进的决策。但由于使用者成本非常复杂，我国目前情况仍难于取得科学、准确的数据，所以实施难度较大。

2. 预防性养护决策所需基本信息来源

对所有路面进行定期普查检测，检测结果在路面管理系统中适时更新，从路面管理系统的低交通量分析报告中获得最初的信息，日常养护与检查结果作为补充信息。上述信息的分析结果构成预防性养护的基本信息。对需要进行预防性养护的路段，应进行针对性的检测，其检测结果作为提供决策的最终信息。

3. 决策基本过程

决策的基本过程为：获取当前路面状况资料；确定是否达到预防性养护标准；根据公路等级、交通量、路面病害主要类型和严重程度，选择合适的多种养护措施；从养护措施的预期寿命和平均费用进行费用效益分析；再考虑可获得的材料、施工质量保证、耐久性、保通、使用舒适性、营运安全等，从而确定最终的预防性养护措施。

4. 效果检验方法

对预防性养护效果的检验与评价主要依据日常指标检测。在预防性养护实施前后，都要进行日常的路面使用性能指标检测与评定，通过实施预防性养护前后的指标对比与变化趋势，并通过与非预防性养护路段的对比，评价预防性养护的效果。在实施前，选取需要进行预防性养护的路段，进行各项路用指标检测，并对其行车舒适性、使用耐久性等各项性能进行综合评定，发现其不足之处。对该路段实施预防性养护作业并经过一段使用后，再次对其各项指标进行检测，观察指标的增长情况以及各项路用性能的恢复情况，并与未实施预防性养护措施的同等病害路段进行横向比较，观测各项指标差距，以检验预防性养护的效果。

二、云南省沥青路面的现状

（一）沥青路面技术等级情况

截至 2007 年底，全省纳入国家统计的公路总里程为 200333.23 公里；在总里程中，等级公路为 104771.419 公里，占 52.30%；高速公路为 2507.176 公里（四车道高速公路 1988.247 公里、六车道高速公路 488.229 公里、八车道高速公路 30.7 公里），一级公路为 600.222 公里，二级公路为

4370.21公里，二级以上公路占总里程的3.73%。有铺装和简易铺装路面35124.93公里，占17.53%；未铺装路面165208.3公里，占82.47%。

我省现有沥青路面中，有铺装路面（高级）20467.948公里（其中：水泥混凝土路面4931.881公里、沥青混凝土路面15536.067公里）、简易铺装路面（指表处和上拌下贯路面）14656.982公里，共计35124.93公里，占总里程的17.53%；未铺装路面（中级、低级、无路面）165208.3公里，占总里程的82.47%。沥青路面总里程为30193.049公里，占公路总里程的15.07%。详见表5。

2007年云南省沥青路面等级分布情况（单位：公里）　表5

路面分类	路面里程	国 道	其中国主干道	省 道	县 道	乡 道	专用公路
沥青混凝土	15536.067	4178.16	2092.819	3478.966	6668.193	839.537	270.021
其他沥青路面	14656.982	2423.659	123.026	5055.017	5653.608	707.138	563.608

2007年，我省沥青路面现状见图2、图3。从图2可以看出，在我省的公路总里程中，有铺装和简易铺装仅占总里程的17.53%，这说明我省的公路铺装率较低。但从图3可以看出，在我省路面铺装简易铺装中，沥青路面有30193.049公里，占有铺装和简易铺装总里程的86%，这说明目前我省公路养护的一个突出问题是：我省虽然路面铺装率不高，但是在有铺装和简易铺装总里程中，沥青路面的比例较大，也就是说，我省沥青路面养护的一个突出问题是沥青路面占有主导地位，沥青路面养护的问题是重点。

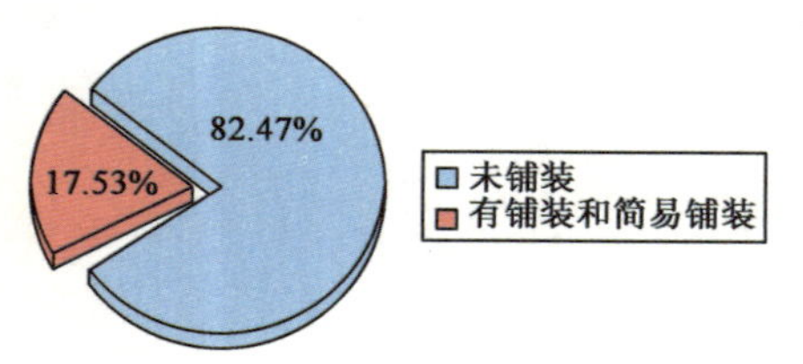

图2　云南省2007年有铺装和未铺装路面比例图

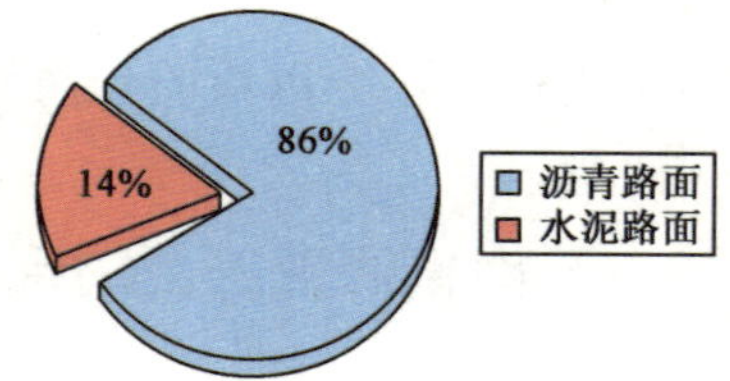

图3　云南省2007年有铺装路面中沥青、水泥路面比例图

（二）建设与使用周期情况

我省沥青路面从1966年开始修建，至1980年达到6446公里，1990年

达到 7956.9 公里，1996 年突破 10000 公里达到 10122 公里，2003 年达到 20677 公里，2007 年达到 30193 公里（表 6）。1987 年前几乎均为表处或上拌下贯，路面结构多为 2cm 表处或 4～6cm 贯入＋2～3cm 热拌沥青混合料，其设计使用年限表处 6 年、上拌下贯 10 年，考虑通行能力主要为轻型交通，设计荷载相当于现在的 B22－60（轴重 6 吨），从 1987 年开始修建沥青混凝土路面，多用于高等级公路，设计荷载在高等级公路上为 BZZ-100（轴重 10 吨），设计使用年限为5～12 年。

通过逐年的大修，部分路面等级逐步得到提高，但仍有相当部分路面在超载情况下超期服役。同时由于施工技术和施工水平原因，加之超载车辆和重载车辆的迅猛增加，相当部分公路实际不能达到设计使用寿命。

各建设期修建里程 表 6

建设年代	1966～1973	1974	1980～1990	1991～2000	2000～2005	2005～2007
里程（公里）	871	5181	2785	6437	10136	4770

（三）CPMS 系统的分析情况

2007 年省管（不含高速公司和交通局）公路沥青路面 16986 公里中，依据原 CPMS 的分析，需要中修的公路有 3158 公里，需要大修的公路有 1338 公里。在需要大、中修的里程中，总体强度不足部分占 66.6%；在强度不足的里程中，严重不足的有 49.4%。

（四）交通部养护大中修要求情况

按照交通部《2001～2010 公路养护管理工作发展纲要》确定的干线公路大中修比例，每年大中修率不低于 13%～18%，即 2005 年需大中修 2124 公里，实际安排 158.4 公里，仅为需要的 7.4%；2006 年需大中修 2251 公里，实际安排 396 公里，为需要的 17.6%；2007 年需安排 2230 公里，实际安排 266 公里，仅达到需求量的 11.9%。长此以往，既增加了养护的压力，还降低了公路的服务水平。图 4 是我省 2005～2007 年大中修需求里程与实际安排里程的比较图。

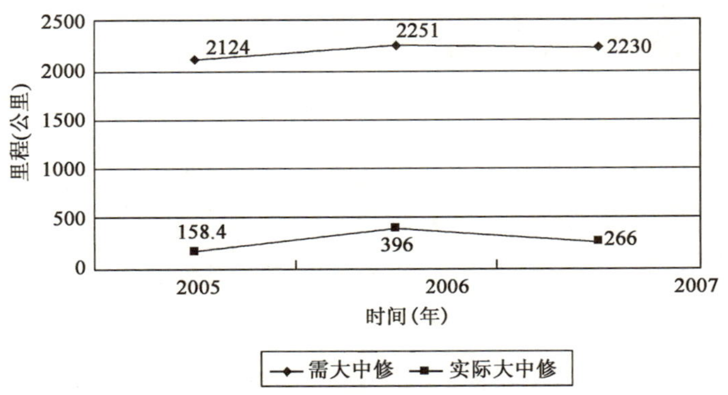

图 4 云南省 2005～2007 年大中修需求里程与实际安排里程比较图

从图 3 可以看出，2005～2007 年我省沥青大中修实际安排里程，实际安排计划与需求相比最低仅为 7.4%，最高也不过 17.6%。从中可以看出我省沥青路面养护现状的另一个突出问题是需求与实际的矛盾，实际进行大中修的里程远远小于养护的需要。

三、云南省沥青路面养护投入情况

1. 小修保养投入分析、大中修工程投入分析

目前，各公路管理总段管养 23591 公里，干线公路养护 2006 年以交通厅核定的方式投入 9.85 亿元（其中，养路工程费 5 亿元，养路事业费和养路其他费 4.85 亿元），年公里养路费 4.2 万元，而根据交通部按最低需求测算结果则需投入 19.9 亿元，与维持公路最低服务水平的养护资金需求仍缺口 10.05 亿元（其中：养路工程费缺口 9.41 亿元，养路事业费和养路其他费缺口 0.64 亿元）。2001～2005 年期间省管公路养护实际支出情况见表 7。

2001～2005 年，我省年均沥青路面大修里程均不足总里程的 1%，实际支出情况见表 8。路面小修保养的实际工程投入费用总体费用偏少，在投入费用中人工费比例较大（表 9）。

2001～2005 年云南省公路养护实际支出情况表（省管公路养路费） 表 7

年份	公路养护里程（公里）	养护资金支出（万元）	汽车养路费安排（万元）	公路日常养护投入标准（元/公里）						公路大中修支出（万元）	公路小修支出（万元）	公路日常养护支出（含人员、公用经费）（万元）
				高速公路	一级公路	二级公路	三级公路	四级公路	等外公路			
	1	2=10+11+12	3	4	5	6	7	8	9	10	11	12
2001	22247.7	76150	76150	—	—	31790	22210	11980	9123	7800	42500	35850
2002	22054.418	87100	87100	—	—	32150	23000	12350	9503	6515	48215	38770
2003	22161.038	93500	93500	—	—	33100	23700	12420	9600	9570	45230	38700
2004	22429.247	98500	98500	—	—	33200	23700	11866	9200	9620	45000	43880
2005	22220.256	98500	98500	—	—	33320	22600	12053	9346	11851	42050	44599

2001～2005 年云南省沥青路面大修实际支出情况 表 8

年份	总费用（万元）	二级（万元）	三级（万元）	四级（万元）	大修里程（公里）
2001	11737	4951	2357	550	220
2002	11434	6493	2297	1139	231
2003	8156	3631	1816	609	158
2004	6567	2501	1899	263	230
2005	8193	4090	1793	—	155

2001～2005 年云南省沥青路面小修保养实际支出情况（含路基）

表 9

年份	总费用（万元）	（万元）	养护工程费（万元）			养护里程（公里）
		其中路基	人工	材料	机械	
2001	37949	13072	14515	11719	2100	12814
2002	38845	13406	14660	11842	2160	13153
2003	40674	13885	16750	13518	2389	14904.7
2004	41143	13956	17741	14310	2474	15999.67
2005	42011	14222	18354	14808	2588	16268.81

2. 沥青耗用

2003～2008 年云南省公路沥青耗用分析见表 10；各等级公路沥青用量见表 11。

2003～2008 年云南省公路沥青耗用分析表（单位：吨/公里） 表 10

年份	保养	中修	大修
2003	2.5	35	50
2004	2.5	35	45
2005	2.3	35	45
2006	1.9	35	45
2007	1.9	30	40
2008	1.9	35	40

云南省各等级公路沥青用量表 表 11

公路等级	路面宽度（米）	大修（吨）	中修（吨）
一级	16	88	56
二级	12	66	42
	8.5	47	20
三级	7.5	42	26
四级	6	33	21

四、云南省公路沥青路面的预养护工作存在的问题

针对我省公路沥青路面的现状，结合沥青路面预养护的要求，下面分析我省沥青路面预养护工程中存在的问题。首先了解国内外在沥青路面预养护方面的做法和经验。

1. 国外情况

美国早在 20 世纪 70 年代就开始了预防性养护工作的实践，并纳入养护计划中，经过长期的应用，取得了非常好的效果。

在 1999 年，对美国 50 个州、加拿大 6 个省份的公路管理部分进行了一

次大范围的预防性养护计划与实践的问卷调查，获得 41 个部门的反馈。结果表明，各州的预防性养护开展的层次和水平差异很大，全部反馈的部门都进行了预防性养护技术的应用。85%的部门确立了预防性养护计划，2 个部门正在确立。17 个部门报告有超过 10 年的现场预防性养护计划。有 2 个州已经铺设了专门的预防性养护试验路，以评价某些预防性养护技术措施的性能；有 3 个州已发展了良好的预防性养护计划，并反映在多种指南文件中。

对于预防性养护应用时机的选择：25 个部门在路面仍处于较好状态时进行，22 个州报告在路面处于较差状态时进行，1 个部门报告在路面处于很差的状态时进行。按照预防性养护的特点，在路况尚好情况下实施是合理的，其他情况下则偏离了预防性养护的主要目标。实施时机把握上的差异表明，对预防性养护的基本理念的理解还不统一。

2001 年，在一项由路面维护基金会发起的研究中，进行了对公路养护部门的广泛调查，共获得 34 条有效反馈。调查结论认为：对大多数公路部门而言，预防性养护观念就是在适当时机采用适当处治技术，这反映了观念、策略和方向上的巨大转变。但大多数公路部门面临资金短缺问题，预防性养护和最差优先的养护方式之间矛盾凸显。在一个最差优先的养护计划中，剩余资金（如果有）才用于预防性养护。应对路面功能失效的处治技术将占养护资金的大部分，且效果较差，使总体计划失效。

在法国的道路结构设计中，其策略是修建坚固的道路基层，以便能够每过 10 年或 15 年才需要对路面磨损进行修复，每 20 年进行一次结构性重铺罩面，通常不进行路面的重建改造工程，根据不同的道路设计厚度，采用不同类型的罩面养护（薄层、超薄层等）工艺。法国研发并使用了专用的路面检测设备，可采集到大量的关于路面和道路状况的各种数据，每三年对整个道路系统进行一次评价。法国的终极目标是应用这一路面管理系统确定路面养护方法，提供各种路面状况的信息。路面养护措施主要集中在路面的特性质量改善方面，例如，提高摩擦阻力、降低噪声、提高承载能力等。

南非的路面检测系统采用最新的技术、计算机程序和全球定位技术。采集的信息用于检测道路系统状况，预测路面服务寿命，选择未来养护工程项目。通过设计优良的程序来确定路面养护作业的成本效益。在南非，为了防止骨料损失，广泛采用了预先裹敷骨料的方法。通过热拌方式预先混合骨料和沥青完成道路的初期罩面。最初的路面养护处治方法是在研究和经验总结基础上选择的各种表面封层技术。每一个养护项目都是在建立设计规范、应用决策树方法的基础上进行的。

澳大利亚道路建设工程的理念是建设基础厚实的、具有高强度基层和薄沥青磨耗层的道路。在新南威尔士，道路交通部门研究制定了包括基础养护 5 年计划在内的战略规划。澳大利亚各州均使用各种数据采集系统。采集的数据包括（但不限于这些）平整度、车辙、强度（弯沉）、结构、裂缝、摩擦阻力和封层寿命。昆士兰州研制了内部使用的软件作为道路养护政策和策略在州和地方级别上的决策支持工具，其他州则使用商业提供的相应软件完成类似的工作。澳大利亚在碎石封层和热沥青混合料中广泛使用聚合物改性沥青，对于碎石封层主要使用热沥青，也使用一些乳化沥青。使用一些不同种类的添加剂对沥青进行改性，如 SBS、SBR、EVA、EMA 以及橡胶粉等，其中 SBS 和橡胶粉是使用最为广泛的两种添加剂。对于热沥青混合料也是如此。

在西澳大利亚郊区，最常用的维修方法是铣削面层，采用内部应力吸收隔层＋薄层罩面（30mm）的结构。对于低交通量路段，采用双层碎石封层并获得了良好的路面性能，碎石封层的预期寿命为 12～15 年，沥青混合料罩面（重铺）预期寿命为 20 年。为了防止雨水渗入路面下层，经常进行路面裂缝修补，因为保持路基的干燥是一个关键问题。维多利亚公路部门的养护策略由 6 年计划所组成，其目标为，保持路网的国际平整度指数在 4.2m/km 以下。自 1994 年以来，每年有 10％的路网受到这一战略计划的保护。

2. 国内情况

预防性养护与一定的公路发展水平与发展阶段相适应。20 世纪 90 年代后期，随着高速公路的快速发展，高速公路里程的不断增多，发展高水平的养护技术已逐步成为养护工作中的重点。进入 21 世纪以来，我国早期建设的高速公路不少已经进入大、中修阶段，且养护相关观念和技术的国际交流日益频繁，大型养护设备逐步引进，都促使公路养护，特别是高速公路养护进入了一个新的纷繁复杂的阶段。预防性养护观念和相关技术逐渐为广大公路工程技术人员所了解和接受，并在全国各地区进行了不同程度的尝试，取得了一定的实际效果。

到 20 世纪 90 年代中后期，上海逐渐引进了“预防性养护”的理念和技术，当时使用的预防性养护措施有稀浆封层、微表处等。2003 年，上海市公路管理处联合同济大学，专门成立了公路沥青路面预防性养护技术研究课题组，对预防性养护技术的一些关键问题进行了研究。于 2004 年 7 月～2004 年 10 月间先后完成了 4 条试验路的施工，并对其进行了跟踪观测和分析。2006 年 1 月，上海市公路管理处组织编写了《上海市公路沥青路面预养护技术规程》，于 2007 年 2 月起正式实施。目前，上海沥青路面的预养护措施有稀浆封层、微表处、碎石封层、复合封层、THMO、灌缝或封缝、雾封层和沥青再生剂等 8 种。

2001 年，“乳化沥青稀浆封层技术应用研究”项目列入当年江苏省交通科技研究计划。经过近两年努力，从原材料、稀浆混合料质量控制、施工工艺、施工质量检查与验收等各个方面，对该技术的施工实践作出了一系列的科学性总结，为其推广应用提供了重要指导。在此基础上，形成了《乳化沥青稀浆封层技术应用指南》和《乳化沥青稀浆封层施工技术规程》，进一步推动乳化沥青稀浆封层在全省的推广应用。自 1998 年以来，在江苏省各地累计实施了近 1800 万 m^2 稀浆封层。自 2002 年以来，江苏省对于稀浆封层预防性养护，每市均设定了目标，全省平均每年实施 300 多公里，实施效果良好。路面稀浆封层技术在江苏省范围得到了进一步的推广应用。

陕西省先后于2003年在榆林铺筑薄层罩面试验段，2003年西安在周马路铺筑碎石封层试验段，2004年西安铺筑碎石封层试验段，并在试验段的基础上，总结经验，改进工艺，逐步在全省推广预防性养护施工新工艺。

京津塘高速公路目前常用预防性养护技术一般有裂缝填封维修、表层铣刨加铺（挖补）和就地热再生等技术。在京津塘高速公路开通初期，应用最多的预防性养护技术就是路面表面层挖补技术。其主要原因是天津段约有58公里软土路基沉降路段，特别是桥头引道和构造物路段。近几年，部分行车道出现网裂和轻微车辙，也经常使用表层挖补技术来处理局部行车道病害。目前，京津塘高速公路使用最多的预防性养护技术是路面就地热再生技术。2000年华北高速公路股份有限公司引入就地热再生技术，2001年即在京津塘高速公路天津塘沽段进行试验性养护维修施工，并取得了成功。几年来，京津塘高速公路运用就地热再生技术累计维修路面136万平方米。

山东在20世纪90年代早期，采用沥青洒布车洒布沥青，然后人工抛撒预拌碎石进行碎石封层施工；其后，稀浆封层、同步碎石封层、灌缝等技术得到广泛应用。2000年，开始引进智能化、高性能的沥青洒布和碎石撒铺设备，并研究、推广沥青碎石封层预防性养护技术。2002年，开始大量应用高性能的灌缝设备和材料，每年全省灌缝量在200万米左右。以德州为例，2004～2006年，年均灌缝约8万米，路面挖补数量下降3.6万平方米。2005年，山东开始提出全方位，多层次预防养护新理念。目前山东省用于预防性养护的主要技术有：灌缝贴封、沥青碎石封层、就地热修补、稀浆封层、微表处、薄层罩面、复合罩面等。

表12为部分区域预防性养护投入比例情况表。

3. 云南省情况

20世纪80年代我省就开始推广应用乳化沥青，并用于表处路面，这为随后乳化沥青稀浆封层的大量应用打下了良好的基础。云南省公路局2003

年提出了“12435”公路养护管理思路和“通、平、美、绿、安”的工作目标，在工作重点中强调科学养护的重要性，这一工作思路极大地推动了一些预防性养护工作的开展，特别是2005年底制定的《云南省公路局加强沥青公路预防性养护实施办法（试行）》，既肯定了前期预防性养护所取得的成绩，也为后续的养护工作起到了良好的导向作用。各个管理总段都积极总结经验，进行技术引进和开发新材料，一些总段还举行了“预防性养护”劳动竞赛。

部分区域预防性养护投入比例情况（单位：%） 表12

年份	上海（市管）	江苏	华北高速
2006	54.6	15.7	57.5
2005	83.3	20.5	72.9
2004	48.7	26.8	34.4
2003	38.2	23.3	21.5
2002	32.7	39.8	53.2
2001	62.9	43.8	14.3
2000	9.9	—	—

我省在对沥青路面开裂的预防性养护工作开展的时间较长，其技术也较为完善，如芒市总段较早地开展了“一封二刮三铺四压”的刮油法、阳（阴）离子乳化沥青灌缝、灌（压）浆灌缝、高温融缝、薄层罩面、封层处理、单层沥青表处、稀浆封层等技术，并且取得了很好的效果。其他如玉溪、曲靖、开远、大理、丽江、文山、昆明等，总段都积极开展了包括稀浆封层技术在内的各种预防性养护工作，昆明总段还研发了“沥再生”用于路表特性恢复，坑塘冷补技术也在逐步开展。

昆玉高速最先在我省引进了微表处技术，并成功应用在预防性养护中，其他高速公路也逐步开始了微表处技术的应用。

芒市总段较早开始预防性养护工作，采取了多种措施。一是注重调查研究，用科学的数据来指导养路生产。芒市总段养护的沥青路有8条共计534公里，自2002年起，他们分别对G320芒瑞路、腾瑞线、潞盈线、畹江线建立了里程档案，对每公里的强度、摩擦系数、渗水系数进行了详细检测。在此基础上，对这些路段采取了科学的预防性养护手段和处治措施，并提出：需预防性养护的不中修；需中修的不大修；需大修的严格按照设计要求施工，以此来延长路面的使用寿命。二是开源节流，挖掘内部潜力，将有限的养路资金用好、用活，使其充分发挥最大效益。5年来，省公路局下达给芒市总段的小修保养资金分别为：2001年1120万元；2002年1390万元；2003年1005万元；2004年1305万元；2005年1105万元。为了保证路况的稳定，他们在下达给段上的小修保养计划时，在保证所有的正常养护外，每年都挤出15%～20%的资金（约200万元）集中使用，用于强化沥青路面的保养，以保证重点路段的预防性养护。三是因地制宜，实事求是，结合路况实情采取经济合理的处治方法。自2000年以来，芒市总段对G320芒瑞路进行了70公里、腾瑞线进行了30公里、潞盈线进行了58公里、畹江线进行了10公里、章陇线进行了6公里的预防性养护。在这174公里的预防性养护中，通过局下达的大中修计划仅为24公里。在预防性处治方法上，主要采用了前面预防性养护成本分析中介绍过的五种方法。这五种方法均根据实际路况来分析确定，不搞一刀切。四是实施科技养护，走机械化养护的路子。近几年来，芒市总段十分重视科技的应用和机械化养护。在公路养护中，他们积极推广应用新技术、新材料、新工艺、新设备，大量应用了硅藻土改性沥青，大胆尝试了APAO改性剂、沥青抗剥落剂、PVC高黏结剂、博尼维添加剂等，成功应用了乳化沥青稀浆封层技术。今年又积极响应省公路局的号召，对沥青混合料和旧水稳层混合料加以利用，并试验成功了沥青冷拌技术在小修保养中的应用。其中，硅藻土改性沥青在公路养护中的应用和乳化沥青稀浆封层的应用，分别获得了德宏州人民政府颁发的科技进步三等奖和二等奖。目前，总段下属的三个管理段均已建有一个机化站，各种养护设备配置齐全到位，已基本实现沥青生产工厂化、养路操作规范化、路面养护机械化、全面管理科学化。

但是，从总的情况来讲，我省预防性养护工作的技术和管理都落后于中、东部地区，更落后于国外，这可能主要与我省的资金投入有关。

由于我省近年来公路的建设发展异常迅猛，传统的、长期计划经济体制下的经验型养护管理模式，已不能适应其发展要求，我省公路沥青路面预防性养护主要存在以下几个方面的问题：

（1）预防性养护严重滞后。近几年来，我省沥青路面建设速度非常快，但正是由于建设速度过快，养护管理明显滞后，从全省范围来讲，至今还未形成统一有效的管理体系。从专业层面分析，预防性养护严重滞后，各方面来讲对预防性养护都重视不够，而且没有形成规模，制约了养护工作的发展。如果积极开展预防性养护，就可以把一些问题消灭在萌芽状态，节省养护成本，提高养护效率。

（2）新材料的研究与应用规模化程度不高，对养护新材料和新工艺的深入研究及推广应用的工作力度不够。一方面体现在各地盲目引进新材料，但是往往对材料内在机理及运用中的关键技术还没有搞清楚就开始使用，结果以失败告终。另一方面新材料的研究力度也不够，大多数仅限于研究传统问题，并且处于试验阶段，没有形成规模效应和材料品牌。

（3）建立资源节约型、环境友好型社会的意识还不是很强。就公路建设来说，体现在建设时期土地的大量占用造成水土的流失问题、水系及植被的破坏等，给后期的养护工作埋下了隐患。

（4）缺少合理的养护定额与规范。目前针对公路养护管理特点的养护定额与技术规范尚未出台，养护工程费支出缺乏严格的考核标准，随意性较大；养护质量的考核指标，不能满足公路全方位养护的客观要求。

（5）随着沥青路面总里程的不断延伸，养护工程量剧增。部分沥青路面因各种原因达不到原设计服务期而提早进入维修期，使得日常养护、大中修以及预防性养护等不同的养护作业内容并存，所需养护资金较大。

（6）养护机械和管理设施配套不够完善，机械化程度还不够高。

（7）养护作业效率低、养护设备利用率低，这与我省的养护管理体制和养护队伍专业化和社会化程度有关。

（8）未积极开展路况检测、诊断和评估设备的研究与开发，沥青路面养护管理系统不够完善。

(9) 需大中修的沥青路面与每年安排的大中修计划相差巨大。从前面的数据可以看出，我省近几年每年安排的大中修计划里程仅为需要大中修里程的 7.4%～17.6%，计划远远无法满足养护需求，养护资金缺口巨大。

五、沥青路面预防性养护对策与措施

国内外预防性养护的发展过程、程度与速度等，在不同地区间都呈现出明显的差异性。总体上，国内预防性养护技术措施的应用种类要少于国外，国内各地区间差异也很明显；预防性养护的资金和组织机制仍未建立完善；由于各地区不同的原始路况水平，预防性养护资金占投资总额比例不一；多数情况下，预防性养护资金划拨仍混于养护资金总额中，受其他类型养护资金需求的影响较大，很少有专门的预防性养护资金计划，也没有长期的预防性养护投入规模控制。通过前面的分析，我省沥青路面预养护的对策与措施主要有以下几个方面。

(一) 强化管理

1. 完善和改进现有路面管理系统

我们现有路面管理系统是在干线公路基础上建立的，在建立之初并没有重点考虑预防性养护，它直接用于预防性决策参考尚需要进行改进和完善。因此，要建立和完善路面管理系统，运用现代管理科学的理论、系统分析的方法，建立路面状况数据库，对路面使用性能进行定量评价与预测，并进行养护对策的优先排序，养护资金的优化决策等，才能为实施预防性养护提供科学依据。

2. 组建符合市场经济规律的养护组织机构

要组建符合市场经济规律的养护组织机构，实现养护管理市场化，即把公路养护工作全面推向市场，引入竞争机制，各管理处不设自己专门的养护队伍。养护工程向社会公开招标，真正实施管养分离，减编管理机构，减少为此而设立的庞大养护队伍。

3. 建立完善的质量保障体系，减轻日后养护工作量、降低养护费用

因基层和路基的病害而导致的沥青面层损坏，都较为严重，且修复难度大。应重视进一步提高新建路的施工质量，特别是提高基层和路基的整体承载能力和水稳稳定性。在修筑沥青面层时，在保证压实度和平整度要求的前提下，还应注重铺设质量的均匀性。多数沥青路面的初期病害通常出现在局部薄弱的地方。铺设质量的均匀一致，可使整段路面在服务期内的磨损量、病害类型、病害严重程度都接近。

（二）规范化养护

1. 制定沥青路面养护定额、规范、标准，加强行业监管，推行规范化养护

公路养护作为一种新兴产业实行公司经营后，制定相应的行业规范、定额与标准尤其重要。因此，应尽快制定合理的养护定额、规范及标准，如沥青路面维修工程定额及编制办法、养护质量检查评定标准等。此外，还应通过立法来加强行业监管，实施强制养护，实现规范化养护的目标。

2. 加强机械化养护

路面预防性养护规范化需要先进的检测手段作基础，同时预防性规范化养护还要采用机械化的施工方法，以保证路面养护施工高效、优质、快速完成。

3. 局规范化劳动竞赛

近年来，为提高行业的公共服务能力和发展能力，省公路局提出了"行业专业化、管理科学化、路面养护机械化和路基养护社会化"发展目标。在干线公路开展沥青路面规范化养护劳动竞赛活动，进一步落实预防性养护和规范化养护措施，及时处理各种公路病害，加大对重点、难点路段的修缮和整治。通过四年多来规范化劳动竞赛的开展，大大提高了公路养护规范化程度，降低了养护成本，有效促进了公路养护质量的提高。

（三）科技手段

1. 高效率检测及养护设备的应用

路面预防性养护离不开先进的检测手段和养护施工设备。适宜的路面预防性养护的检测仪器及施工设备，才能保证路面养护工作的高效、优质、快速。

2. 研究开发沥青路面预防性养护新技术

不断学习吸收国内外沥青路面养护新工艺、新材料和新设备的开发、研究成果，同时应加快相关技术国产化进程。

（四）加大资金投入，建立预防性养护政策，特别是养护资金政策

预防性养护投入增加，并实施延续一定时间后，路况的总体水平都可显著地提升，路面总体路况趋于相对稳定后，需要的投资规模有可能也趋于稳定，但它需要相应的保证措施，需要相应的政策作为保障。

预防性养护政策主要包括资金政策、计划与决策政策、监管政策等。其中，最关键的因素是资金政策，这是预防性养护得以实施的经济基础。在保证预防性养护的经费后，才能保证预防性养护工作进入系统和持续发展的正确轨道，然后通过计划与决策政策及监管政策的实施，保证预防性养护资金投入的效果和预防性养护的目标实现。

（五）排水系统

排水系统是养护工作的重中之重，也是沥青路面预养护工作的重要内容，尤其要避免地表水下渗。特别是雨季到来之前，要疏通排水系统，加强排水系统的养护，以免积水渗入路基路面，影响路面强度和稳定性。做到夏防雨水、冬防冰雪，夏季加强处治龟裂、网裂，冬季对龟裂、网裂路段注意清除冰雪。

（六）路产、路权的维护

只有保护路产，维护路权，才能保障公路畅通，实现公路的社会效益和经济效益。要明确专人负责，保证巡查的密度和频率。严格按照工

作程序办理各类路政许可审批事宜，严禁旷工和擅离职守，实行人财物的垂直管理。为了进一步调动路政员的工作积极性，切实提高工作效率和执法水平，还可以采取相应的考核制度，考核结果与工资直接挂钩。接到举报电话后，辖区内在规定时间内必须赶赴案发现场进行调查、核实和处理。

预防性养护是一种养护理念及实施的一整套养护策略。因此，它并不是以预防性养护技术为核心，而是以其实现的一整套政策、体制、模式和运作方式为核心，技术只是最终的实现方式。

实际上，在我国以往的养护模式中，也有一些预防性养护的做法，但没有明确发展相应的养护观念。我国目前的养护体制与模式，与预防性养护相比，最大差别在于上述观念的差异导致了养护策略的差异。在小、中修范畴内，一般情况下，只有路况最差的路段才能得到更优先的养护，但由此带来的问题是费效比不高，因为在路况总体水平不是很高的情况下，实施的养护对延缓病害、延长寿命的效果要差一些（从费效比看），最佳时机不在此时。

预防性养护不能涵盖所有养护问题，只是路面整个寿命周期养护工作中的一个阶段。预防性养护与目前养护体系的主要矛盾就在于：我国路况总体水平一定的情况下，很多路段已经超出了养护的最佳时机（费效比角度），而对这些路段优先养护，使我国养护资金大量作用在费效比较低的层次上，而这又造成不少路段错过了最佳养护时机，进入费效比低的养护阶段，并由此进入恶性循环。

理论和实践都充分证明，无论从费用角度，还是从保证路面使用性能的角度看，预防性养护都是节约资金，延长使用寿命的一种经济、便捷、有效的现代公路养护技术。因此，在公路养护工作中，路面出现病害先兆之时，就应该采取有效措施进行预防性养护，使其不发生或不继续发展、扩大，以致影响到基层的稳定。作为公路养护工作者，尤其是作为决策者，在资金分配上和养护计划上，都应尽快从矫正性养护向预防性养护转变，促使公路养护事业向着科学、高效的方向发展。

随着我省沥青路面里程的越来越长，加之由于养护经费不足导致超期服役比例的增大，沥青路面的管理、养护也变得更加重要。适当制订年度养护计划大、中修的比例，在制订年度养护计划时，应优先安排中修，鼓励预防性养护，并在资金上给予倾斜，合理控制大修或翻修改造项目，及早进行路面的预防性养护计划，对延缓路面使用性能恶化速率、延长其使用寿命和节约寿命周期费用等方面，都有着重要的意义。

云南省公路绿化工作的思考与探索

云南地处云贵高原，属于山岭重丘区，地质地貌、气候条件以及植被类型等自然环境复杂多样，素有“动植物王国”美誉。公路绿化作为国土绿化的重要组成部分，随着生态、环保战略的实施，促使公路绿化的内涵不断丰富。如何结合当前省委、省政府提出的改善生态环境，打造“绿色经济强省”的建设目标，做好云南的公路绿化工作，是摆在云南省交通干部职工面前的一项重要任务。为此，本文拟从云南省公路绿化的现状、存在的主要问题和对策等方面，对全省的公路绿化作一思考和探索。

一、云南省公路绿化的现状

到 2007 年底，全省纳入交通部统计的公路通车总里程达到 200333.23 公里，为云南的经济和社会发展提供了必要的、较为完善的公路交通基础条件，促进了交通运输业的不断发展。

（一）云南省公路绿化的责任主体

《中华人民共和国公路法》第四十二条规定："公路绿化工作，由公路管理机构按照公路工程技术标准组织实施。"《云南省公路绿化管理规定》第三条规定："各级人民政府应当加强对公路绿化工作的领导，把公路绿化纳入公路建设发展计划，并对执行情况进行督促和检查。各级主管部门是公路绿化的主管部门。各级公路管理机构依据公路主管部门的授权，负责公路的绿化与管理。各级林业、土地、电力、邮电等有关部门按照各自职责，协同做好公路的绿化与管理。"从这些规定可以看出，目前我省公路的绿化与管理的责任主体是全省的各级公路主管部门。具体来讲，对于经营性收费公路而言，其主体是建设和运营的业主；对于国省干线公路即省管公路而言，其主体是省公路局，对于农村公路而言，其主体是各州、市、县的交通局。

（二）云南省公路绿化的资金来源

从我省公路绿化资金的实际来源看，主要还是公路修建时的配套和各级公路管养机构按管养计划进行投入。绿化资金目前共有以下五个方面的来源：

一是列入年度公路管养计划的公路绿化专项费，主要体现在高速公路和普通干线公路的管养方面；二是州（市）、县级人民政府公路绿化的专项拨款，主要是根据本地区经济发展的需要，对本辖区公路绿化进行专项补助；三是参与共同投资的路外单位支付的绿化费；四是公路行道树更新采伐、更新间伐及修枝断尖所得收益；五是新建或者改建的公路工程纳入概预算的公路绿化工程费。

（三）云南省公路绿化的主要做法

我省公路绿化由于责任主体不同，绿化工作的做法也不相同，普通干线公路由于长期由省公路局管理，探索了一些有效做法，在重点旅游线上体现出了良好效果；高速公路的绿化则由主要满足工程需要向人与自然和谐转变；农村公路的绿化随着新农村建设，开始引起责任主体的关注。

1. 普通干线公路绿化的主要做法

我省普通干线公路的绿化，以云南省公路局为绿化责任主体。按照层层落实责任制的办法，实行省公路局、总段、管理段及管理所的四级绿化承包责任制，按照“先干线，后支线；先坝区，后山区；先水土流失明显地段，后自然条件较差地段”的顺序规划绿化方案，不断优化公路绿化“种、管、养、护”工作措施，先后提出了“乔灌结合，绿美并重，突出美字”和“山区以绿为主，坝区绿美并重”的绿化指导意见；明确了“三高、两大、两合理、四统一”的工作要求，“三高”，高起点、高标准、高质量；“两大”，树塘大、树苗大；“两合理”，合理施肥、合理浇水；“四统一”，统一定购树苗、统一栽种时间、统一种植标准、统一验收办法；做到了“三分种、七分管；一日栽，千日管”。管理上采取以管理所集体承包、职工家庭或个人承包等方式为主，辅以开展“警民共建”、“路警共建”、“村民共建”等活动，动员不同行业的干部职工和公路沿线群众，以栽种“爱心树”、“警民树”、“军民树”等形式参与公路绿化工作，使全省普通干线公路绿化里程达到1.25万公里，占养护里程的53.4%。

近十年来，随着旅游业的快速发展，在省委“绿色经济强省”目标的指引下，省公路局以芒市、丽江、景洪等旅游区的公路绿化为重点，投入重资抓好“绿色长廊建设”工作。

在德宏州，芒市总段始终坚持“公路管养到哪里，公路绿化就到哪里”的绿化工作思路，以“种管结合，突出管字，绿美并重、突出美字”为原则，通过几年的努力，使德宏州境内管养路段形成了“千里公路千里绿”的靓丽景观。

在丽江市，丽江总段自2003年开始，为配合丽江市政府打造国际精品旅游文化城市，结合长江中上游天然林保护工程，对通往著名景区的几条干线公路加大绿化工作力度，每年在省局安排的4万元绿化补助款的基础上，想方设法挤出资金，安排落实绿化种植任务，加强祥宁线、大丽线、

丽宁线、丽维线几条省道的绿化种植，使几条干线公路成为林荫大道。全省各条旅游干线公路也纳入了绿化规划中。

在西双版纳州，针对景仑线作为景洪市连接“孔雀尾羽”橄榄坝和“植物天然博物馆”勐仑植物园的旅游主干线，也是通往老挝至泰国的昆曼大通道的重要组成部分的实际，省公路局从20世纪90年代公路建成后就开始与州委、州政府一道对该条道路实施了绿化美化工程，目前，公路边上一行行、一排排翠绿、挺拔的油棕树宛如一道道靓丽的风景线，不仅展示了热带雨林风光，且油棕树粗壮的树干又被驾乘人员誉为“天然安全护栏”。

2. 高速公路绿化的主要做法

我省高速公路的绿化工作，以建设的投资方为责任主体。特别是随着第一条穿越国家级热带雨林自然保护区的思小生态示范高速公路的建成，代表我省高速公路绿化做法的成熟。在随后通车的新河、蒙新、曲嵩、昭待等高速公路的设计施工中，始终贯彻着“保护自然、恢复自然、融入自然、享受自然”的建设理念，尽力做到土建设计、施工与绿化设计、施工同步化，景观设计自然化，植物配置生态化，工艺环保复合化，使高速公路在交通安全、生态安全、水土保持、景观美化、文化标识等方面发挥了较大作用。

3. 农村公路绿化的主要做法

我省农村公路的绿化工作，主体为地方公路管养部门。农村公路绿化工作随着经济和社会的发展，各级政府越来越重视，特别是县、乡政府，除了在项目建设时期进行专项安排外，还将农村公路绿化纳入村镇规划建设和建设社会主义新农村工作之中，使农村公路的绿化向正规化、标准化迈进。

在省交通厅的正确领导下、在全省公路职工的共同努力下，我省公路绿化工作取得了很大成绩，创造了显著的生态、经济和社会效益。目前，云南省内的国省道、旅游干线公路、农村公路里程达到 200333.23 公里，可绿化里程 161476.439 公里，已绿化里程达 60008.555 公里，公路绿化率为 37%。

二、当前公路绿化存在的主要问题

当前，我省公路绿化的计划色彩较浓，总体规划不到位。因种管机制不活，技术手段落后、护管不力等因素，致使我省公路绿化客观存在的问题破解较难，主要体现在以下几个方面。

1. 主观方面

在主观上存在的问题主要表现为对政策研究、管理机制的探索和管理手段的更新上。具体表现为：

一是政策研究滞后。在全省的公路绿化工作中，因政策研究滞后导致的创新机制和动力不足较为明显。一方面，表现为没有对相应的政策进行深入的研究，没有利用好在国家和省级政府颁布的《土地法》、《物权法》、《森林法》及《云南省绿化管理规定》中对公路绿化工作的政策发展空间，导致我省公路绿化与全省飞速发展的公路基础设施建设不相协调和配套，与省委、省政府建设“绿色大省”的目标不相符合。另一方面，表现为没有跟上改革发展的步伐，不符合可持续发展的理念。为满足社会发展对改善生态环境的需求，国家和省在土地、林权等涉及公路绿化的方面进行了不断的改革，但公路绿化却没有对应的改革措施，导致公路绿化不仅跟不上公路高等级化的需要，也跟不上云南建设旅游文化大省、绿色经济强省的需求。

二是管理模式单一。我省公路绿化模式多为各级交通主管部门组织实施，“关门绿化”的单一模式，使得各级公路绿化主管部门大多依据所辖路段的情况进行绿化设计、施工，致使全省公路绿化的协调性、规划性、功能性较差。由于未能根据国家土地使用承包权的变动及时研究公路绿化的适宜形式，公路绿化工作多年以来的种、管工作处于被动局面。如：没有利用好现有的土地资源，表现为在拥有土地使用证的路产路权用地上的绿化不充分，没有发挥土地使用权的优势。在管理上还在沿袭统包统揽的做法，只注重了公路的绿化、美化和防护等生态效益，却忽略了公路绿化投资的经济等综合效益，在很大程度上制约了全省公路绿化的后续发展。

三是前期重视不够。公路建设前期，缺乏公路绿化的规划，导致没有准确定位，品种单一，不够美观；在工程项目建设时，缺乏对绿化工程的统筹安排，设计预算安排不足；设计时植物品种选择不当，乔灌木配置不合理；种植时没有考虑后期的绿化养护，导致绿化效果不好。

四是路政管理不力。目前的路政管理对于路产路权保护的主要精力集中在路面、路基设施上，尤其是在实施了超限运输治理之后，分散了人力和精力，加之绿化里程长，点多面广，路政管护力量薄弱，管护力量不够，导致公路绿化植物遭人为、牲畜损害和行车事故损毁的现象比较严重。

2. 客观方面

在客观上，我们主要面临投入、经营管理和解决与农民争地问题。

一是绿化投入不足。在云南公路绿化经费来源上，社会资源没有得到有效整合和充分利用，全省公路绿化资金实际需求缺口仍然较大。表现为总量不平衡，局部有减少。从我省普通干线公路的绿化投入看，从2003年到2007年，每年安排公路绿化经费仅为120万元，仅占当年养护投资总额的0.2%。扣除物价和劳动力成本上涨因素，全省公路绿化经费呈负增长，这相对于全省161476.439公里宜林路段公路绿化的种植和管护经费来说，缺口仍然较大。在农村公路绿化上，由于农村公路建设、管理和养护方面存在的投入先天不足的问题，这些年绿化工作虽然有所进展，但发展极不平衡，少数路段由村社负责做了绿化工作，多数路段特别是穿越村镇地段均未绿化，新建公路因投资有限也未把绿化纳入设计施工。

二是投入与产出失衡。往往是只有投入没有产出，这与市场经济的规律严重不符。没有把公路绿化作为产业化开发，公路绿化的成果没有转化为经济效益，形成“以树养树”，导致公路绿化没有形成投入、产业上的良性循环。

三是与农争地矛盾大。公路绿化用物种与群众农作物收成收益矛盾日益突出。因土地资源越来越紧张，加之公路沿线交通方便，在公路沿线毁林、毁草、开荒种地的现象日趋严重，有的地方农作物就种植在公路路缘边上。主要体现在，由于我省农作物区行道树多为阔叶树种，因树叶遮光和根系对土地的影响，多会对农作物的生长和收成收益造成一定的影响。因此，老百姓对公路主管部门在农作物区种植行道树的行为，往往采取了消积合作的态度，导致沿线群众对行道树盗伐等现象屡禁不止，对在公路沿线新种的行道树，群众有“拔苗助长”的行为，造成行道树的成活率较低，资源浪费。造成管理上的难度大、路政人员破案难度大。

三、对策和措施

通过从主、客观两方面对当前我省公路绿化存在问题的分析，我认为，要针对这些问题，从加强政策研究、加大绿化投入和创新发展理念三个方面入手，加大工作力度，来抓全省的公路绿化工作。

1. 加强政策研究，拓展发展空间

云南建设旅游文化强省、绿色经济强省的目标，为推进公路绿化工作创造了良好的氛围，对于加快公路绿色通道建设步伐，尽快形成“有路必有树，有树必有荫，有荫必有景”的公路绿化格局，具有重要的促进作用。同时，国家林权、土地的改革，为推进各级公路管理机构绿化方式的转变和公路绿化新机制的建立，开创了新的发展空间。为此，各级公路管养部门要做好以下几项工作：

一是要继续解放思想，运用先进管理理论。我省各级公路绿化主管部门，要结合全省正在开展的“解放思想大讨论活动”，进一步解放思想，更新观念，加大学习和运用先进的管理理论的力度，建立与市场经济发展相适应的公路绿化管理机制，将“关门绿化”单一形式转变为整合社会资源的“开放绿化”形式，最终实现“资源取得效益，公路取得绿化”的多赢目标。如利用经济管理的理论，提升资源的有效利用和资源的有效整合，在有条件的地区和路段实行公路绿化社会化，推行有偿承包。

二是要深入研究政策，履行行业管理职责。针对当前公路绿化工作“成本高，效果差”的现状，进一步加强对国家及我省现有公路、森林、土地和绿化管理规定等法律、法规和相关政策的研究，着眼于发挥和履行公路的服务基本职能，结合行业特点，使这些法律、法规和政策在行业内有

所体现。如将公路和土地等对公路用地的相关规定，与公路绿化的工作结合起来，既能解决公路路产路权的管理，还能促进公路绿化的发展。再如，根据《云南省公路绿化管理规定》，公路行道树进行更新采伐、更新间伐和修枝断尖的收益分配原则："（一）集体或者个人栽植并管护的，收益全部归集体或者个人；（二）单位、集体或者个人栽植交公路管理机构管护的，收益由双方协商确定分配比例；（三）公路管理机构栽植并管护的，收益全部归公路管理机构。"据此，可以在公路绿化的种管机制上进行相应的改革，创新管养形式，推进公路绿化工作。

三是要借鉴改革成果，调动各方的积极性。我国农村土地改革实施了30多年，有效破解了农民、农业和农村存在的紧迫问题，极大地解放了农村生产力；当前我省实施的林权改革试点，必将解决林业存在的"集体林地产权不够明晰、使用权流转不规范、经营机制不活、利益分配不合理"等问题，建立起一整套适应林业发展的新体制和机制，在林木的所有权、经营权、处置权等方面有重大突破。因此，我省公路绿化应充分借鉴土地和林业改革的成功做法，以产权和收益为杠杆，充分调动公路管养职工、公路沿线群众、集体或企业的积极性，推进公路绿化工作。如对穿越村镇和耕地的路段，可采取公路沿线群众、集体或企业负责公路绿化的种管，收益全部归个人、集体或企业。也可采取公路绿化主管部门统一栽植，个人、集体或企业承包管护，收益按比例分成。对山区和丘陵地段，可将公路沿线山区老百姓的林地种植外延至公路绿化带，允许栽种一定比例的经济林、用材林，也可把经营权交给职工，收益归个人或与公路主管部门按比例分成。这样就可以最大限度地调动社会各方面造林、育林、护林、用林的积极性。

2. 加大绿化投入，夯实发展基础

要抓好公路绿化工作，资金投入是基础，应当通过统筹规划，确定绿化需求，通过改革管养方式和整合各方资源来加大投入，夯实全省公路绿化的基础。

一是要抓好绿化规划，明确公路绿化需求。各级公路管理机构要根据面临任务，按照轻重缓急、分层次管理的原则，以国、省干线和旅游线路为重点，根据高速公路、省管公路、农村公路在公路运输中履行职能的不同，制订公路绿化的发展规划，以规划确定公路绿化投入的总需求。同时，要根据各条路线的地质气候等特点，以“保证成活率，保证保存率”为目标，因地制宜地制订切实可行的公路绿化年度计划，确定年度资金需求。

二是要调整养护方式，增加公路绿化投入。我省公路里程长，公路绿化工作任务重，资金需求量比较大。因此，必须按照“路基养护社会化，路面养护机械化”的“管养分离”机制改革的要求，通过调整养护方式，使公路绿化工作与路基养护社会化工作相结合，增加公路绿化的有效投入。

三是要整合各方资源，拓宽资金投入渠道。公路绿化作为一项惠及全社会的事业，全社会和全民都应当参与。因此，除了各级公路管理机构在公路管养费用中专项支出外，地方各级政府也要积极筹措资金给予大力支持。同时，要通过整合各方资源，拓宽公路绿化资金的投入渠道，鼓励国家、部门、集体和个人参与公路绿化工作，实行谁绿化谁所有、谁投资谁受益、谁经营谁得利，充分调动各方面参与全省公路绿化的积极性。

3. 创新发展理念，激活管理机制

理念决定思路，思路决定出路。在公路绿化上，我们面临的诸多问题，归根结底是因为理念滞后产生的。因此，要从理念创新入手，探索新的管养机制和管理方式，推进全省公路绿化工作。

一是要拓展发展视野，树立开放绿化理念。各级公路管理机构要认识到，公路绿化是一项跨部门、跨行业、跨区域的系统工程。但由于我省较为单一的“关门绿化”的种管模式，使全省的公路绿化难以与公路发展同步，难以与经济社会发展同步。为此，公路绿化工作要与时俱进，与公路建设结合起来，与沿线城镇、乡村的绿化结合起来，使公路绿化工作不仅贯穿于公路规划、建设和管理阶段，更吸引社会方方面面的支持和协作，最终形成全省公路“开放绿化”的理念和氛围。

二是要明确绿化目标，建立新的管理机制。各级公路管理机构要不断探索和建立以“市场化运作、产业化经营、社会化管理”为核心的公路绿化管理机制，形成路产所有权、绿化管理权、经营权相分离的运作模式，创造符合市场化运行机制，适应公路管养分离改革的机制保障。为此，一方面，要以“促进公路绿化发展，保证新机制运行”为目标，结合我省实际，设计公路绿化管理制度，完善公路绿化技术标准；另一方面，要分类引入投资。要充分调动各种社会力量绿化、管林、养护的积极性，把建设、管护与利益结合起来，缓解任务繁重与资金不足的矛盾，实现公路部门得利、个体承包者得利的双赢目标。对于经济效益明显的国省道、旅游干线等高等级公路，要进行整体运作，引入工程招投标制，使公路绿化产生的社会效益和经济效益最大化；对于经济效益不明显的路段，可采用协议合作方式，使有限投入发挥最大效益。

三是创新管理方式，确保新的机制运行。在“开放绿化”理念的指导下，要以落实管理制度为目标，制订切实可行的有效措施推进绿化工作；要通过公路绿化能力的提升，来完善公路绿化管理制度和公路绿化技术标准，探索推进公路绿化工作的有效途径，以确保公路绿化管理新机制的运行。为此，第一是要建立信息平台。当今社会是一个信息化的社会，我省的公路绿化也不能游离于信息之外。各级公路管理机构要充分发挥专业优势，建立全省公路绿化信息的平台，向潜在的投资方或合作方提供信息。第二是要加强社会协作。各级公路绿化主管部门要积极寻求地方政府的支持，将公路绿化纳入政府环境建设规划、造林绿化规划和城市总体规划。并通过多种途径和形式多样的公路绿化栽种及宣传活动，广泛营造人人参与的“爱路护树”社会氛围。第三是要确保绿化质量。要严格按照公路绿化技术标准，按照“因地制宜，体现特色”的原则，对宜绿化路段进行科学设计，丰富绿化树种，积极探索多样化的绿化模式，提高公路绿化的生态效益和景观效果。

公路绿化作为改善公路生态环境、减轻公路生态影响的重要措施，已在全世界得到广泛应用。重视公路绿化，建设绿色长廊，已逐步成为提升公路管养品质的重要课题；也是拉动旅游业，实现绿色经济强省；推动交通运输业，促进云南经济发展的重要举措。因此，作为公路人，要努力贯彻落实科学发展观，不断通过理念创新、机制创新和加大投入，推进我省公路绿化工作持续、健康发展，把公路建设成为能给予充分美感享受的立体绿色风景线。

云南省干线公路实施管养分离改革的探索与思考

中国共产党第十七次全国代表大会根据新中国成立以来的发展历程，科学的总结了中国特色社会主义理论体系，要求全党倍加珍惜、长期坚持和不断发展党历经艰辛开创的中国特色社会主义道路和中国特色社会主义理论体系，深入贯彻落实科学发展观；并指出，科学发展观是同马克思列宁主义、毛泽东思想、邓小平理论和“三个代表”重要思想既一脉相承又与时俱进的科学理论，是我国经济社会发展的重要指导方针，是发展中国特色社会主义必须坚持和贯彻的重大战略思想；明确了科学发展观“第一要务是发展，核心是以人为本，基本要求是全面协调可持续发展，根本方法是统筹兼顾”的科学内涵和精神实质。因此，谁理解了其内涵和精神实质，并把它与本行业、本职工作结合起来落到实处，谁就走在了时代发展的前沿，就能在激烈复杂的竞争中赢得主动；相反，谁只是把它当作口号和教条，就背离了科学发展观的要求，就会失去发展机会，甚至出现大倒退。

对于云南省公路管理养护行业而言，新中国成立以来发生了巨大变化，尤其是近30年来，成绩显著，积累了许多宝贵经验。但是时代发展了，形势变化了，要求提高了，行业转型面临的任务非常紧迫。如果不坚持我党“励精图治、开拓进取、探索真理、把握规律”的优良传统，根据行业发展规律制订改革措施，任何形式的改革都不可能取得实效。结合云南省情、对行业发展规律的认识以及过去行业改革发展的经验，我认为，管养分离是实现公路行业转型的必然选择，管养分离机制改革是促进公路行业快速向现代服务业转型的必由之路。

一、科学发展，改革经验宝贵

“万人脚下，交通先行。”对我国特别是云南来讲，落实到公路行业，就是“公路先行”，并且“必须先于一切”。这些说明，行业的科学发展很重要。从改革开放以来的公路交通发展成就来看，近30年来公路行业实现了科学发展。主要表现在以下三个方面。

（一）为经济和社会发展服务的能力和水平明显提高

公路行业为经济和社会发展提供服务的能力和水平主要表现在公路通车里程、公路技术等级两个方面。新中国成立以来，尤其是改革开放30年来，云南省公路工作在省委、省政府和交通运输厅的领导下，在全省各族人民的支持下，公路通车里程、公路技术等级都取得了长足发展，为我省经济和社会发展奠定了坚实的基础。

1. 公路通车里程的快速增长，为经济和社会快逗发展奠定了基础

1978年底，全省公路通车里程为41816公里，其中晴雨通车里程为31958公里；按行政等级分，国、省道14467公里，县、乡道23673公里，专用公路3676公里。到2007年底，全省公路通车里程为200333.23公里，其中晴雨通车里程为119849.178公里。按行政等级分，国道7722.534公里，省道10230.637公里，县道48751.467公里，乡道97670.8公里，村道31422.487公里，专用公路4535.305公里。通车总里程和晴雨通车里程分别是1978年的4.79倍和3.75倍，年均增长分别为16%、12.5%；农村公路（县道以下公路）通车里程增长了7.51倍，年均增长25%。

30年来，全省新修公路158517公里，平均每年新修公路5284公里。使全省129个县全部实现通等级公路；2684个乡（镇）中，2492个通等级公路，占乡（镇）总数的92.85%；27920个行政村中，16950个通等级公路，占乡（镇）总数的60.71%。正是由于公路通车里程的快速增长和公路通达深度的提高，为全省经济和社会的快速发展奠定了交通基础。

2. 公路技术等级的全面提高，为全省经济的快速发展提供了保障

1978年底，全省公路通车里程中，按技术等级分，二级公路108公里，三级公路4365公里，四级公路20393公里，等外公路16950公里；按路面等级分，高级路面0公里，次高级路面5545公里，中级路面9081公里，低级路面17333公里，无路面里程9857公里。到2007年底，全省公路通车里程中，按技术等级分，高速公路2507.176公里，一级公路600.222公里，二级公路4370.210公里，三级公路9469.229公里，四级公路87824.582公里，等外公路95561.811公里；按路面等级分，高级路面20467.948公里，次高级路面14656.982公里，中级路面14792.264公里，低级路面62178公里，无路面里程88238.018公里。从1978年到2007年，我省公路通车总里程中，二级以上公路里程从108公里增加到7477.608公里，增长了68倍，年均增长2.27%；次高级以上路面由5545公里，增加到了35125公里，增加了5.3倍，年均增长17.8%。2003年通县油路工程实施后实现了县县通油路。公路技术等级和路面状况得到了全面提高，公路承载和公路通行能力明显提升，为全省经济的快速发展提供了保障。

（二）领导公路行业科学发展的能力和水平明显提高

领导行业发展的能力和水平是体现行业地位的关键。从云南公路发展的历程来看，什么时候引领了行业发展，什么时候把握好行业发展规律，什么时候创新了服务，行业就会得到快速发展。尤其是近30年来，表现尤其突出。

1. 领导改革的能力不断提高，促进了公路管养工作持续协调发展

作为云南公路的主管部门，云南省公路局在省委、省政府的领导下，在省交通运输厅的正确指导下，根据党中央、国务院不同时期改革重点，研究落实改革要求，利用干线公路垂直管理的体制优势，实事求是地制订公路管养改革措施，不断推动公路管养改革，使干线公路管养工作始终处于领先和引导地位，极大地促进了我省公路管养工作持续协调发展。如党的十一届三中全会后，我国走上了一条“摸着石头过河”的渐进、可控的

改革开放道路，使资源配置方式逐渐从计划经济转向了市场经济。随着对传统计划经济体制的突破和“以计划经济为主，市场调节为辅”原则的确立，我省公路工作也在“改革、开放、搞活”方针指导下，把思想和精力集中到养好公路、保障畅通，为经济建设和各项事业发展服好务上来。

1979～1986年，通过农村推广家庭联产承包责任制的借鉴，主动探索公路养护生产经济责任制，从1981年开始，在干线公路管养工作中，不断地对“投资包干、节约分成”的经济责任制进行试点，探索实行事业单位企业化管理的有效形式，打破养路“大锅饭”的格局。1986年，作出了在干线公路管养工作中全面推行公路养护经济责任制的决定。通过改革，干线公路好路率由1979年的21.6%增加到1986年的57.9%，提高了2.7倍，公路改革工作取得初步成果。

1987～1996年，随着1987年10月党的十三大对社会主义有计划商品经济体制的明确，1992年10月党的十四大对建立社会主义市场经济体制的改革目标的确立，全省公路工作在推进公路养护经济责任制的同时，根据交通部制订的“建养并重，加强养护；防治结合，以防为主；养改兼顾，以养促改；标准管理，确保畅通”的32字方针，开始尝试“干部聘任制”，探索和丰富“公路养护目标责任制”的内涵，探索出“承包到班、责任到人、目标管理、双向考核、按劳计酬”，“站所承包、划段到人、百分考核、浮动工资”和家庭承包及领工承包等公路养护目标责任制新方式，推动改革向纵深发展，干线公路好路率由1987年的60.7%增加到1996年的64.5%，提高了3.8个百分点。

1997～2002年，随着1997年9月党的十五大对党在社会主义初级阶段的基本纲领的系统论述，根据“建设有中国特色社会主义的经济，就是在社会主义条件下发展市场经济，不断解放和发展生产力”的精神要求，我省公路工作又展开了新的一次改革。干线公路在曲靖和大理推行养路公司化管理试点，促使养路观念实现了较大转变，职工改变了计划经济下“要我干”的传统观念，树立了“我要干”的市场经济观念；用工制度迁至进一步改革，引入竞争机制，工人实行组合上岗，干部实行竞争上岗；实行了合同管理，生产管理有所加强。改革的结果是路况质量稳步上升，干线公路好路率由1997年的67.79%增加到2002年的78.14%，提高了10.4个百分点，职工收入增加，单位实力增强。

2003年以来，根据党的十六大确立的科学发展观要求，省公路局紧紧围绕“提高质量、降低成本、延长使用周期，以公路达到‘通、平、美、绿、安’为目标，为云南人民群众的出行和促进云南经济发展提供良好公路交通条件”这个宗旨，坚持“以人为本，以车为本”的公路管理和养护理念，不断加大公路管养力度，提高公路管养水平，公路养护质量明显提高，公路通行能力得到增强，塑造了“通、平、美、绿、安”的云南公路新形象。通过市场化、公司化管理制度的深入实施和公路“管养分离”改革试点，机构和人员设置朝着“精简、统一、效能”方向迈出了坚实的步伐。至2006年，干线公路州（市）和县级管养机构分别减少了15%和10%，精简人员2074人，精简面达39.8%，分流人员达4312人，分流面达20%，行管人员压缩了12%。2007年普通干线公路好路率为76.93%，比2002年末提高了9%。在全国干线公路大检查中，公路养护规范化管理赢得了部检查组的好评；全省普通干线公路通行条件明显改善，公路服务水平明显增强，为经济社会发展作出了重要贡献。

在抓好干线公路改革工作的同时，省公路局党委把建好管好农村公路，服务社会主义新农村建设，促进农村经济社会各项事业发展，作为全局工作的重点来抓，通过制订措施、加大投入、强化管理，使农村公路建、管、养取得了丰硕的成果。

在农村公路建设方面，省公路局充分结合省情局情，积极贯彻交通部提出的“修好农村公路，服务新农村”的战略目标，在全省农村公路通畅工程建设中，提出了要遵循“1223”的指导意见，即一个原则（路不在于宽、而在于通畅，不在于等级高、而在于适用）、两个重点（提高农村公路桥涵等构造物的配套率、提高路面硬化率）、两个结合（在经济条件好的地区水泥路和沥青路结合，以水泥路为主；在经济欠发达地区水泥路和弹石路结合，以弹石路为主，在过村镇路段铺筑水泥路面）、三小工程（小水泥路、小油路和小弹石路工程）。同时，坚持“等级多标准、路面多样化、筹资多渠道”的原则，建设资源节约、环境友好的农村公路。特别近五年来，我省农村公路和县际公路建设投入超过200亿元。尤其表现突出的是独具云南特色的弹石路面技术得到创新和发展，铺筑弹石路面超过8500公里。

在农村公路养护管理方面，省公路局从2005年开始，与地州市交通部门签订了《云南省县乡公路养护与管理责任制考核办法》，把农村公路养护与管理的各项要求量化为各种指标进行检查考核和奖惩。州市交通部门又与县区交通部门签订责任书，县区交通部门再直接与农村公路养护责任单位签订责任书。通过层层签订，层层负责，真正把责任制落到实处。2007年，按照省交通厅的部署，在全省农村公路管护工作方面具有代表性的21个县，先行开展了农村公路管养体制改革试点工作。

2. 总结规律的能力不断提高，促进了服务能力和水平的整体提升

局党委通过在把握好不同时期公路改革重点的同时，从公路管养实际出发，强化对公路行业发展规律的总结和研究，做到了能够把握不同时期公路工作基本矛盾，突出公路工作的重点，不断推进全省公路工作持续协调发展。比如，1979～1986年，这个时期公路工作的重点是，干线公路以提升路况质量为中心，抓好养路生产，开展增产节约。发动各总段广泛开展了以先进典型为榜样，扎扎实实开展社会主义劳动竞赛，使有限资金充分发挥了效益，快速地提升了干线公路的路况质量，为支持经济发展奠定了交通基础。1987～1996年，针对当时干线公路技术等级低、路面等级低和配套设施差等导致的通行能力弱的特点，在全省开展了修砌边沟、路缘石、护栏墩，提高路基、加铺弹石路、改弯加宽路面等文明样板路创建工作，在公路养护上建立了砂石路面养护的“三好四勤”制度和沥青路面的专业养护形式。1997～2002年，则以公路小修保养为工作重点，对交通流

量大和影响力大的路段进行重点投入，同时探索并完善了雨季“三查”制度、“双卡”制度、返修率考核、安全生产管理等制度，促进养护生产工作逐步规范化、制度化。2003年以来，局党委在过去实践的基础上，确立了“‘坚持一个方向’（即坚持公路管养的改革方向），进行‘两个调整’（即养护生产结构调整和养护计划结构调整），加大‘四个投入’（即加大沥青路面修缮工程、水毁修复工作、养护基础设施和养护机械投入），实现‘三个转变’（即公路养护与管理从劳动密集型向管理效益型转变，养护施工从手工操作型向机械化、规范化养护型转变，养护生产从粗放型向集约科学型转变），处理好五个关系”（即改革发展与稳定的关系、条块关系、主辅关系、内实外扩关系、统筹兼顾与整体发展关系）的“12435”发展思路和达到“通、平、美、绿、安”的“5”字工作目标，为公路工作实现科学发展奠定了思想基础。在全体职工的努力下，2576公里沥青公路得到了修缮；国、省干线危桥316座得到了改造，桥梁安全形势得到改善；对7条国道、57条省道和6条县道行车安全隐患路段实施了安全保障工程和灾害防治工程，普通干线公路的安全水平明显提高，社会效益显著提高。公路养护基础设施建设得到加强，全省普通干线和农村公路共投入资金超过10亿元，新建或完善管理所（道班）、机化站和料场等养护基础设施。其中以“321”工程为代表的普通干线公路养护基础设施建设成绩尤为显著，共建设和完善272个管理所、156个料场和105个机化站。不同时期突出不同的重点，有力地促进了行业服务能力和水平的整体提升。

3. 业务创新的能力不断提高，促进了公路工作向现代服务业转变

改革开放以来，局党委坚持“科学技术是第一生产力”和行业的竞争就是人才和科技的竞争的观点，以公路行业发展中遇到的技术与管理、生产与发展、工期与质量、成本与效益等问题为切入点，加强对全局公路职工的文化知识、业务技术教育培训工作，组织引导局属各单位进行技术进步、技术创新、技术研究和新技术、新工艺、新设备、新材料的推广应用工作。对职工开展了以提高技能为主的培训和节约资金、节约材料、提高

效益为目标的科技研究，承担了交通部、省交通厅以“柔性路面就地冷再生技术应用研究”、“公路隧道健康诊断应用技术研究”、“双曲拱桥危桥加固新工艺”等为代表的一大批科研项目，并加强了科研成果的推广和应用，从而提高了干线公路生产水平。在农村公路建设方面，局在省厅的支持下开展了许多探索，尤其是“九五”以来，先后开展了帕尔玛和贝塞尔等新材料使用，特别是“十五”以来，弹石路面创新课题取得了重大进展，获得了交通部的大力支持，并成为全国农村公路建设路面类型之一进行推广，取得了节约建设资金、加快建设步伐和保护环境的效果。

在管理创新方面，按照公路管理制度化、规范化的总体要求，根据我省公路和经济发展状况的实际，省公路局在公路管理和养护上进行了一系列管理创新，并建立健全了一系列的规章制度，如干线公路管理方面，制定并完善了《公路养护巡查制度和路况病害修复时限制度》、《公路养护路段责任到人管理制度》、《安全生产管理制度》、《公路养护沥青材料供应储备制度》、《公路养护中修工程计划统计管理制度》、《公路养护资金拨付使用管理制度》、《沥青路面大中修工程质量管理制度》七个制度，以及《修保养质量指标考核办法》、《沥青路面修缮工程招投标办法》、《沥青路面大修工程实行质量责任期返修率考核的奖惩办法》、《水毁预防及抢修管理暂行办法》、《机关管理办法》、《沥青路面规范化养护劳动竞赛实施办法》、《社会治安综合治理台账规范》、《公路路政管理档案规范》、《财务管理办法》、《养护计划管理办法》、《收费公路管理办法》等 14 个办法，使养护生产工作逐步规范化、制度化，使公路养护与管理工作基本达到以制度管人、按制度办事，为各项目标的圆满完成提供了有力的保障。在农村公路工作方面，制定并颁布了《云南省农村公路建设和养护管理办法》、《云南省农村公路沥青路面养护办法》、《云南省县乡公路养护与管理责任制考核办法》、《云南省县乡公路弹石路面修建、养护技术质量标准规定》等规章制度，用于指导全省农村公路的建、管、养工作，使我省农村公路的发展，在规划管理、计划统计管理、建设技术管理、施工管理与质量监理、养护管理、职责检查与奖惩等方面，做到了有规可依，推进了农村公路养护工作逐步走向规范化、正规化和制度化。此外，在我局负责全省公路一般经济干线建设项目期间（2006年以前），制发了《关于加强经济干线建设项目计划进度及资金管理的通知》，从管理措施上确保经济干线建设项目的完成；根据省厅有关部署，为做好县际公路建设管理工作，成立了县际公路工程建管理领导小组并制定了《云南省县际公路建设管理实施细则》，以指导县际公路建设的管理工作，确保县际公路建设任务的顺利完成。

管理创新和制度建设，促进了公路工作逐步走向规范化、正规化和制度化，推进了公路工作又好又快发展，加快了公路工作由传统交通行业向现代服务业战略性转变的步伐。

（三）为职工的全面发展服务的能力和水平明显提高

行业职工的生产生活、收入和工作条件如何，主要表现为行业发展与经济和社会发展是否同步的问题，是否共享发展成果问题。全省经济和社会的发展，离不开广大公路职工的辛勤付出，公路职工也从发展中得到实惠。

1. 职工生产生活条件显著改善

改革开放30年来，职工的居住条件发生了显著变化。特别是党的十六大以来，变化最为明显。过去有的职工几代人住在远离城区，拥挤、潮湿的道班房，喝水、就医、子女上学等方面存在严重不便，生活条件十分艰苦。在省厅没有增加投入，国家又没有配套政策的情况下，局通过实施“321”工程，新改建住房11547套，134万平方米，其中一线职工住房面积82万平方米，住房8530套，新建管理人员住房52万平方米，3017套。基本解决了广大职工特别是一线职工的后顾之忧。

职工的生产条件发生了显著变化。在计划经济养护模式下，职工住深山、拿锄头，从事着“晴天一身灰，雨天一身泥”的繁重体力活，职业病频发。局“12435”发展思路确立后，通过“两个调整”和“321”工程的实施，将全局1356个小道班调整为300个管理所，将小型机械化养护站，扩大为104个设备齐全、技术先进，功能完善，能承担各类等级公路养护和施工任务为一体的公路机械化养护站，全局养护机械设备拥有达到4479台（件），总价值为78527.7万元，比1978年增长了49倍。随着公路管理效能的提高，养护科技含量的增加，路基养护社会化的推广和施工机械的广泛应用，在一定程度上将一线职工从传统的重体力劳动中解放出来，生产力和工效均得到极大提高。

2. 职工收入明显提高

改革开放30年来，特别是党的十六大以来，局党委为进一步调动职工积极性和提高职工生活水平，始终把增加职工特别是一线养护职工的收入作为一项重点工作来抓。一是强化管理出效益的观念，研究和探索养护工程费制的落实方式，避免新的平均主义出现，把落实工程费制作为职工稳定收入的重要来源。二是扩大辅业生产的受益面，让辅业收益受益于每一个职工。三是抓好所站场周边的农副业生产，增加肉食和蔬菜的自给率，减少一线职工的生活费支出。四是在公路工作会上明确提出职工的增资目标。省局在2005年适时地提出了一线职工月增收百元的目标，2006年和2007年又提出在原来的基础上月增收50元的要求。从而保证了职工收入与经济和社会同步发展。1978年职工年人平均工资606元，到了2007年职工年人平均工资20304元，30年间职工工资增长33.5倍。

3. 基层组织建设和文明创建工作成果丰硕

通过加强养护基础设施建设和重视职工增收工作，为行业文明创建奠定了物质基础。制度化建设推进了公路管养正规化、程序化建设步伐，为行业文明创建奠定了制度基础，加之行业文化实施纲要的提出，有效地推进了行业文明创建工作。目前，省局被评为全国交通系统的文明行业、省级文明单位、省级文明行业，局属18个县处级单位中有4个总段被评为国家级文明单位，14个被评为州市级文明行业。在社会治安综合治理先进单位、创安全先进单位、省级青年文明号等创建方面，取得了较好成绩，还涌现出一大批“双文明”先进单位、文明先进集体、先进所（站）和先进生产（工作）者，使全局的文明创建工作在广度和深度方面有了整体提升，职工的文化生活更加丰富，使行业的良好形象得到进一步确立。

从上述成就来看，公路行业是善于总结经验，能够找出行业发展规律的；是能够坚持实事求是，开辟有云南特色公路发展道路的；是坚持以人为本，实现行业又好又快发展的。应当说，行业发展的成绩是巨大的，进步是明显的。但是，形势在不断地发展，行业发展的环境也发生了变化，面对新的起点，我们如何在过去发展取得的经验基础上，取得更好的发展，是我们当前思考的最为紧迫的问题。

二、形势逼人，改革势在必行

任何一个行业的管理机制必须与其自身发展阶段相适应，与所处的经济和社会发展阶段相适应，公路行业也不例外。云南的公路养护机制必须适应全国公路管理与养护的发展形势，必须适应云南经济和社会发展的需要，通过管养分离机制改革，解决行业面临的“效率低下，品质不高”的问题，才能确保行业的科学健康发展。这是在目前的体制机制框架下，云南公路管养行业实现快速发展的必由之路。

（一）党的十七大以来全国改革形势发生了新的发展

胡锦涛总书记在党的十七大报告中指出，要“加快行政管理体制改革，建设服务型政府”，并明确指出，要“加快推进事业单位分类改革”。党的十七届二中全会审议通过了《关于深化行政管理体制改革的意见》，确立了到2020年我国深化行政管理体制改革的总体目标和今后5年的重点任务，明确了事业单位分类改革的方向，提出：按照政事分开、事企分开和管办分离的原则，对现有事业单位分三类进行改革，主要承担行政职能的，逐步转为行政机构或将行政职能划归行政机构；主要从事生产经营活动的，逐步转为企业；主要从事公益服务的，强化公益属性，整合资源，完善法人治理结构，加强政府监管。推进事业单位养老保险制度和人事制度改革，完善相关财政政策。这意味着现在的事业单位要根据不同属性进行转变，今后不再有承担行政职能的事业单位，不再有从事生产经营活动的事业单位。从这一改革趋势来看，对于我们公路管养部门来讲，就是要将公路管理职能归口到行政机关，将养护生产职能归口到企业单位。

党的十七大以后，改革形势的另一个新的发展是大部制改革，以适应建立公共服务型政府“小政府、大社会”的基本要求，把政府定位为宏观管理角色，主要提供服务，不直接参与生产。大部制改革要求政治上要适当集中，把内容有联系的事务交由一个部门管辖。同时也要求经济上要向市场体制迈进，创新公共产品的提供机制，将大量的技术性、服务性和经办性职能交给企业和中介组织承担，采取购买服务的方式，为政府职能转变和机构改革提供良好的改革环境。

为适应以上改革在地方推进的前期工作，我们必须“未雨绸缪”，按照“要引水先挖渠”的思路，就公路管养单位的属性进行划分，思考公路管理和养护的内容与内涵，做好各项改革前的准备工作。

（二）费税改革将对公路管理和养护产生重大的影响

1999年《中华人民共和国公路法》修改后明确规定，国家采用征税的办法筹集公路养护资金，并授权国务院来制定费改税的实施方式和时间表。费改税博弈了多年，因时机不成熟，一直搁置，直到2008年才在全国推行。这必然对我们公路管养工作带来重大影响，在财税体制下的公路养护体制和公路养护资金的分配模式有很大不同。目前，公路管养部门的资金来源主要靠养路费的征收，费改税后，这部分资金进入财政系统以转移支付的方式进行分配，必然影响到养护资金的总量，也影响到养护资金的分配机制。财政资金的使用方式及支付渠道必然要求我们的养护工作要实行政府采购和招标投标，以政府购买劳动或服务的方式完成养护生产工作。

对应费改税后的变化，我们必须通过对目前的管理机制进行改革，提前做好准备，保持公路管理工作的延续性。

（三）市场经济体制的确立对公路养护提出了新要求

改革开放30年来，社会主义市场经济逐渐成熟，为公路行业进行管养分离改革提供了条件。这主要表现在两个方面：一方面是外部环境发生了变化。主要是我国市场经济体制日趋成熟，并进入规范化阶段，为公路养护进入市场奠定了体制上的基础。同时，政府与市场之间的界限越来越清晰，政府逐渐向服务型政府转变，企业逐渐回归市场经济规律。政府通过规范的招标采购程序从市场中获得所需的商品或服务，公路管理部门必须以规范的招标采购方式从市场中择优购买商品或服务，公路养护企业必须在养护市场中参与公开、平等的竞争。此外，外部劳务市场逐渐发育成熟。我省的农村存在大量的剩余劳动力，并且随着教育水平的逐步提高，这些劳动力的文化水平都不断提高，已经完全能够适应公路养护的文化需要。另一方面是行业内部发生了变化。主要体现在行业人员结构上。体力劳动力迅速减少，行业的结构发生了根本的改变。20世纪90年代初，干线公路的一线公路养护职工占职工总数的80%左右，目前随着管理职能的强化，辅业生产、路政治超、通行费征收等分流了大量的职工，一线公路养护职工只占职工总数的30%左右，有的甚至更少。同时，职工竞争的意识逐步提高。经过多年的各种形式的改革，随着社会主义市场经济的推行，行业内职工对于市场意识逐步由抵触到接受，由被迫到主动，参与市场竞争的意识得到了提高。此外，由于事业单位的相应制度要求，职工收入与社会劳动力还存在较大的劳动力成本价格差异，管理效益还存在较大空间。

这两方面的因素，在为行业进行管养分离创造条件的同时，也促使行业必须通过管养分离改革，为社会提供“通、平、美、绿、安”的公路交通条件。

（四）行业内部存在的矛盾必须用机制改革加以解决

在改革大势面前，经过对新中国成立以来公路管理养护实践的经验总结，归纳了当前公路管理养护中存在的主要问题即“养护价格与养护成本之间”、“内部市场垄断与外部市场缩小之间的矛盾”和“路基、路面养护用工与养护资金投入之间”的矛盾。这些矛盾的存在，必须通过激活管养机制加以解决。

1. 养护价格与养护成本之间的矛盾

公路作为一种交通基础设施，自诞生以来，就是一种具有公益事业性质的公共服务设施。虽在后来的发展过程中，随着市场的需要，兼顾了市场经济的关系，但社会公益事业的本质仍然存在，比如收费公路在全部还清了贷款之后要取消收费，向社会全面开放通行。不过至少在较长时期里，由于公路建设的成本不断高涨，维修成本不断加大，收费期限也会不断延长，市场经济的因素在短期内不会有多大改变。另一方面，新中国成立初期就建立的公路管养体系，是以社会公益事业服务要求设立而存在的。因此，在坚守社会公益事业服务的同时，要面对市场经济关系的挑战。从本质上说，公路管理养护部门是政府设立的社会公益事业服务单位，政府代表广大人民群众的公共利益，要求公路管理部门维护道路的畅通无阻，政府、公路管理养护部门和人民群众之间，既是服务与被服务的关系，在经过一系列改革之后，还有雇佣与被雇佣的关系。两重关系又不是对等或者说是平行的，尤其是雇佣关系，并不完全是市场化的。因为按照市场经济规律，雇佣关系是一个等价交换的关系，政府代表广大人民群众的根本利益雇佣公路管理养护部门，提供管理养护成本（包括砂、石、油料、机器磨损、人员报酬等），公路管理养护部门则提供相应的服务结果，即向广大人民群众提供“通、平、美、绿、安”的公路交通条件。但实际情况却是，非完全的雇佣关系条件下，服务的本质是社会公益型的，而公路养护的外部市场则是完全市场化的，以不完全的市场关系提供价格，要进入完全的市场经济环境，必然导致市场价格大于养护成本的窘态，提供的额定成本和实际养护成本倒挂，管理养护经费入不敷出；加之在公路上行驶的各种车辆普遍超载超限，原公路修建时标准偏低，养护单位离退休人员不断增加，在负担日趋严重的多方面夹击下，保证畅通的任务日趋艰巨。然而，养护成本的高涨，仅只是外部市场的成本，公路管理养护部门的职工，并没有获得高于或者是与市场同步的人工工资，反而低于同地区的平均工资水平，除了正常的账面工资收入，只有少得可怜的一点安慰性资金，因此，公路管理养护职工成为当地最贫穷的人群之一，对全社会正在推进的住房制度、医疗保险制度、劳动保障制度改革格格不入，大有被社会淡化的危险。为了生存，公路管理养护部门只能从内部管理改革入手，不断地进行机制性变革，以改革落后的管理方式，提高管理水平和养护技能，尽最大努力降低养护成本。公路管理养护从原来的计划模式向管养合一的模式过渡。管养合一的新模式虽然较从前前进了一大步，但其先天不足很快暴露出来。自己下达养护资金计划，自己去执行，这样的模式，实际上是“既当裁判员又当运动员”。因此，在下达养护计划时缺乏约束机制，不是以养护需求的市场单价为基础，而是以职工工资需要多少资金来反算工程量，即以人力成本综合其他成本为依据制订和下达计划。这样的计划自然不是以客观需求出发，而是由主观意愿决定，于是计划就缺少科学性和可行性，其结果是简易的项目偏多，复杂难干的项目偏少；一些项目实际需要的资金不足，一些项目则资金过剩。这样一来，养护的成本提高了，养护的总量却下降了，而养护的质量却难以得到保障，加剧了公路管理养护的难度。

2. 内部市场垄断与外部市场缩小之间的矛盾

云南省的公路管养机制和其他行业一样进行过多次改革，但没有触及问题的根本。先说管理机构，自上而下是两条线，一条是地方公路管理，由州、市级负责；一条是省公路局管理，这是全省公路管理养护的主体，是总部、总指挥和总调度。在每一个州、市设一个管理总段，在每一个县（市）区设一个管理段，管理段又在所属管理范围内设立若干个道班。公路管理养护的计划和经费层层下达，于是，在这个区域内，无论这个管理养护单位的养护质量和技能水平如何低，所属范围内的省管公路都只能由其来养护，除此之外别无选择。从本质上说，这是长期以来在画地为牢的管理养护体制下形成的行业垄断，而且是一个没有任何竞争对手的高度垄断。

这种垄断在计划经济条件下是必要的，也是可行的，但当外部环境已经高度市场化时，这样的垄断就难以和市场接轨，难以维系和生存下去。而且，由于垄断，在机制上和思想意识上都会形成壁垒，在很多人的思维中形成固执和偏见，以为这块天地就是自己的，由自己自由经营是天经地义的，别人不能染指，自己也无需走出去在市场竞争中同步发展。高度的垄断就是高度的固步自封，就不能清醒地看到目前全省公路养护市场的发展态势，看不到高速公路（高等级公路）和农村公路修建总量的急剧增长，管理养护的市场也在急剧膨胀，干线公路随着高速公路的修建、改造，管理养护权不断转移到新机制、新模式的管理公司名下，原来公路管理养护部门的市场份额在逐步减少，公路路线绝对数虽然减少不多，但市场份额（养护价格总量）只会越来越小。与此不同的是，高速公路的管理养护份额却在飞速增长，管理养护技术水平越来越高，市场也越来越大；农村公路修建和改造的总量也在高速发展，路面铺装标准也越来越高，已经从原来的单纯和砂石路面向弹石路面、水泥混凝土路面和沥青路面发展，养护技术水平也在向专业养护队伍的目标迈进，经过管理养护体制的改革，乡村公路的养护也实行了市场化。高速公路和农村公路养护的市场化，必然导致整个公路养护行业的市场化，公路养护市场全面放开只是一个时间问题，能否守住现有的市场份额就成为一个严峻的问题。即便是守住了，干线公路总量增长的可能性几乎为零，靠现有的“一亩三分地”是不可能发展壮大的。由于其他两个公路市场急剧扩大，干线公路比例缩小，由此养路费的投入比例也减少，但职工总量（含离退休职工）没有减少，如果不抢占市场，不增加市场份额，行业职工的收入增长幅度必然缓慢。随着公路路面等级的提高，沥青路面代替砂石路面，养护费用不断上涨，以及离退休人员不断增加，形成在职与离退休人员比例倒挂，加剧了公路养护费用投入不足与公路养护资金需求量增加的矛盾。公路管理养护部门想要实现更大的发展，就必须首先跳出公路养护的内部市场垄断，到更大的市场中竞争，不断扩大市场的占有率。因此，公路管理养护部门既要面临原有垄断被打破，最终失去长期赖以生存的据点和份额，又要实现自我突破，积极进入市场，去抢占市场份额，进而获得更大的发展空间。

3. 路基、路面养护用工与养护资金投入之间的矛盾

公路管理养护分为路基、路面养护两部分，连同养护用工费用共三大块。在20世纪70年代之前，我省公路路面全部为泥结碎石路面，养护的方式单一，路基和路面基本上难以区别。70年代后，沥青路面、弹石路面相继出现，并迅速发展，路基和路面开始分离，管理养护的方式从重视路基转向路面，而且越往后，随着机械的投入和养护材料投入的加大，路面养护的技术越来越高，费用也就越来越大。2001年至2005年，省公路局通过对小修保养工程费用投入情况调查发现：路面养护占小修保养投入的60%～70%，路基养护占总投入的30%～40%。与此对应，路基养护的用工费用却分别为路面养护用工费用的1.5倍（砂石）和2.3倍（沥青）。结论显而易见：养护用工的投入没有放到资金投入最多、科技含量最高、社会影响面最广的路面养护中，而是用到资金投入最少、科技含量最低、社会影响面相对狭小的路基养护。从综合效益来计算，这样的投入是一笔亏本买卖。一方面加剧了资金来源的不足；另一方面，长此以往，路面投入少，导致预防性养护严重不足，路况下降增速，产生了大量的坏路段，这些坏路段只有靠大修来解决，挤占了小修保养经费和人工工资，影响一线职工的收入；第三，养护队伍的技能也将逐步退化，人员结构会逐渐老化，青黄不接、后继无人的局面将不可避免地出现。到时候，公路养护队伍将退化为一支只能做简单、重复体力劳动的路基养护队伍，进入市场竞争只能是一厢情愿，没有必要再存在这样一支没有专业化、没有机械化的队伍。

基于以上三对矛盾，充分说明我们的管理养护体制和队伍已不能适应市场发展的需要，形势不容乐观，呈现的颓势急需扭转。要扭转这样的局面，最有效的方法就是使执行养护计划的主体与下达养护计划的主体分离，也就是管养分离。管养分离后，下达计划之前，下达计划的主体通过科学

测算，以市场单价为基础，按工程的实际需要量来安排资金使用，使计划能够和公路养护资金的实际需求保持较小差距，从源头上节流；一些不急需、不必要的项目计划可以推迟执行，把公路养护有限的资金尽可能多地用于提高道路养护质量，把好钢用在刀刃上，保证干线公路的畅通；从执行主体的角度来看，从自己下达计划自己执行的双重身份演变为单纯的执行者，计划的大权不再掌握在自己手中。角色的转换同时意味着意识和立场的转换，过去既不考虑入，也很少考虑出，突然之间必须量入为出、量出为入，计划资金和成本之间的环节会得到高度重视，在保证质量的前提下，节约每一分钱、每一滴油甚至每一粒砂石，都会成为一种自觉行为，精打细算，必然会想方设法以最低的成本去谋求最好的质量。因此，管养分离既是改革大趋势的需要，也是云南省公路管理养护求生存、求发展的需要。

根据目前公路管养体制的现状，我省公路管养体制改革既紧迫，又艰巨。不改革不行，旧的管养体制已严重滞后于日益深入的政治经济体制改革和社会主义市场经济发展的进程。改革不适当也不行，不恰当的剧烈变动会给社会政治经济环境带来诸多不稳定因素。因此，公路管养体制改革具有紧迫性和渐进性两方面的要求。紧迫性体现在不改革就无法克服行业发展面临的三对矛盾，就无法快速健康发展，改革晚一天就是发展晚一天，改革慢一步，就是发展慢一步，所以我们要坚定不移地进行改革。同时我们的改革又必须是渐进性的，这是由行业职工的承受力所决定的，行业职工技能单一，难以经受市场的冲击，行业经济基础薄弱，缺乏抗风险能力，所以我们的改革又要从历史条件和社会实际出发，循序渐进，逐步地加以发展和完善。

面对新形势和新要求，我们必须认识到，计划经济体制下形成的政企不分、事企不分、机构重叠、职能交叉、队伍庞大、效率低下、缺乏活力的公路管养机制，已不能适应市场经济新形势的要求。必须按照社会主义市场经济的要求，通过管养分离机制改革，建立公路管理科学化、执法规范化，养护专业化、路面机械化的公路管理和养护新机制，保持公路养护事业健康持续发展。

三、积极探索，改革循序渐进

我省公路行业改革，都是在我省公路管理体制不变的情况下进行的，是体制内的机制改革。尤其是从20世纪90年代开始，在行业内进行了一系列的改革。

（一）我省公路管理和养护体制及主体的形成与演变

我省的公路管理养护体制是“条块结合，以条为主”的垂直管理体制，主要包括两大块。一块是以条为主的干线公路管理。主要由国道、省道和部分重要的县道组成，为全省道路运输的骨干网络。由省公路局在地、州（市）一级设立公路管理总段，县一级设立公路管理段，沿线设立养护道班进行管理和养护。另一块是以块为主的农村公路管理。主要包括部分地方管理的县道、乡道和村道。由各地、州（市）设立地方公路管理处行使公路管理职能，省公路局分别按县道、乡道和乡村道路给予少量的养护补助。这种模式一直持续到20世纪80年代末，随着云南省第一条收费经营性公路——石安公路的建成，公路管理的方式有所变化，由新成立的公司负责经营和养护，但在行政关系上还隶属于所在地区的公路管理总段。到了90年代末期，随着昆玉高速公路引入企业合资修建和曲陆高速公路完全按照股份制的模式修建，公路管理和养护主体又发生了变化。

进入21世纪，为推进云南省的高等级公路建设，省交通厅成立了东部、昆瑞、昆磨三大高速公路建设开发公司，分别负责滇东北、滇南、滇西方向的高速公路建设，竣工通车后新成立管理处负责管理经营。2006年，云南省公路开发投资有限公司成立，原东部、昆瑞、昆磨三大公司并入该公司，成为独立的经济实体，独自承担全省高速公路（高等级公路）的建设、管理和经营，基本上自成一个系统。这样，全省的公路管理养护发生了较大的变化。一是高速公路（含高等级公路），无论是部、省合作的项目，还是以股份制修建的公路，均按照“贷款修路，收费还贷”的方式，一条路一个管理机构，道路的养护以招投标的方式选择有实力的公路养护队伍，签订养护责任制合同，管理与养护完全分离。二是普通干线公路，仍然由省公路局及所属的总段、段、道班负责管理养护；三是农村公路，由地、州（市）、县交通主管部门和地方公路管理处、所负责管理养护。由此基本上形成“三分天下”的公路管养局面。

（二）积极探索基于解决行业中各种难题的改革举措

在公路管理和养护体制的演变过程中，作为负责云南干线公路管理和养护的云南省公路局，根据不同时期、不同难点，推行了一系列的基于解决行业中各种难点问题的改革措施，我将其定义为“单点式”非系统性改革措施。

从 20 世纪 90 年代开始，经济发达地区兴起了大规模的高速公路建设，建设投资体制多种多样，给公路的管理养护提出了新课题，即公路管理养护体制和运行机构如何与纷繁复杂的市场经济体制相适应。于是，许多省、市、自治区的交通主管部门从借鉴国企改革的经验，对公路管理养护体制进行改革，有的把公路管理养护单位从事业单位变成企业，一步到位推向市场；也有的在原有体制上进行管理、经营方式的改革，于是在全国形成了事业、企业、股份制等多种形式并存的公路管理养护体制。

我省公路管理养护改革并不晚。从 1995 年交通部提出公路管理养护改革的初步意见（当时的提法是“管养分开”）后，1997 年，云南省公路局从实际出发，在大理总段进行了公路养护公司化试点，对公路养护运行机制的传统模式进行改革，按照市场化要求，在内部实行公司化管理，在竞争、激励和风险、制约机制的前提下，组建了公路管理总公司，养护生产首次实施工程招投标制，重新配置人力资源，通过优化组合和竞争上岗，发挥了人力的最佳结合。

大理经验很快在全省复制。1998 年，省公路局在所属总段按照全面推广公路养护公司化改革。1999 年，各总段养护公司全部成立，启动了养护投资方式的改革，对养护工程实行工程费制，但由于一些政策性的障碍不是由公路局一家所能逾越和解决的，改革的成本由谁来承担没有落到实处，所成立的养护公司和原来的行政体制并没有实质上的区别，指挥系统还是原来的那一套，因此公司等同于虚设，改革没有实质性的进展。2000 年，交通部将原来的“管养分开”改为“管养分离”，一字之差，却有较为深刻的区别。一是改革的基点重新定位，不是要完全打破原来的隶属关系另起炉灶，而是要在原有的基础上“推陈出新”，即原有的职工是改革的主体，改革的目的是为了发展生产，创造更大的经济价值，不是让一部分人没有饭吃，而是要绝大多数职工有工作机会和岗位；二是明确了改革的尺度，所推进的改革不是体制上的改革，而是机制上的改革；三是划清改革之后责、权的属性。“分离”是责、权明确，“分开”是责、权独立，用一句通俗易懂的话说，“分离”是分而不离，藕断丝连，“分开”则是断绝关系。这个界定，不仅使改革的思路更加清晰，而且避免了在改革推进中产生的恐慌，是整个改革最坚实的基础。

重新回到分离式改革的轨道，目标就更明确了。分离式改革是在保障职工利益的前提下进行的改革，是职工希望的改革，因而得到了职工的拥护。2002 年，云南省公路局又选择楚雄、曲靖总段为试点，2002 年在全省铺开，但由于政策性和管理方面的问题解决不了，改革流于形式，成效不明显。

2003 年，云南省公路局确定了“12435”的发展思路，虽然不是直接的“管养分开”或“管养分离”，但和管养工作有密切的联系。即坚持“一个方向”（公路管养的改革方向），进行“两个调整”（养护生产结构和计划结构调整），加大“四个投入”（加大沥青路面大中修、水毁修复工程、养护基础设施和机械设备的投入），实现“三个转变”（从劳动密集型向管理效益型的转变，从手工操作向机械化、规范化养护型的转变，由粗放生产型向节约科学型转变），处理好“五个关系”（改革发展与稳定的关系、条块关系、主辅关系、内实外扩关系、统筹兼顾与整体发展的关系)。“四个投入”中主要以实施“321”工程为突破口(建立300个管理所、200个石料场、100个机化站),经过五年的改革实践,先后合并了1400多个道班,改建272个管理所、105个机化站和156个石料场,新改建职工住房8530套,一改多年“线长、点小、力量弱”的公路养护模式,将分散的道班有计划地向中心城镇集中,既解决了职工的住房,也解决了职工长期以来子女就学、就医、就业等后顾之忧,特别是解决了公路养护中至关重要的石料场、机化站等基础设施和生产资料问题,使公路养护的基本方式发生了质的改变,表现为从手工劳动向机械化生产转变,从“阵地战”向“运动战”转变,从力量型向技能型转变。这种转变是观念转变的前期准备,也是物质准备,是养护生产力壮大、积累和发展的基础,没有这个基础,就没有大转型的基本条件。

(三)“单点式”非系统改革措施取得的成果及反思

从20世纪90年代开始,省公路局根据不同时期、不同难点,推行的一系列基于解决行业中各种难点问题的“单点式”非系统性改革措施,取得了许多的成果。比如职工的观念得到进一步转变,市场竞争意识得到进一步增强,潜力得到发掘,积极性得到激发,克服了养路经费紧张、公路“三超”严重、自然灾害频繁等诸多困难;总段一级机构设置减少了15%,管理段级减少了10%,全局共精简行政、后勤人员2074人,精简面达39.8%,分流人员达4312人,分流面达20%。通过减员增效,增加了养路费的投入,提高了养护资金的使用效益,小修保养的人工费从原来的56%下降到45%,材料费投入从32%上升到39%,行管人员压缩了12%,等等。这种非系统性的改革对于解决单个点的问题具有一定的效果,但公路管养行业已经不能仅靠个别突破就能实现科学发展,必须进行系统性的改革,才能激活管养机制,促进公路管养事业科学发展。

尤其是2006年,全省的公路建设、管理、养护大格局发生了重大变化,云南省公路投资开发有限公司成立,农村公路管理养护改革率先启动,并很快取得实质性的进展。主要干线公路因为改、扩建为高速公路（高等级公路），变为收益性公路，管理养护任务转交投资公司，省公路局所属的各总段只保留普通干线公路，也即公益性公路。随着我省公路建设的快速推进，还将有一批普通干线公路在改造后纳入收益性公路，省管公益性公路份额还会缩小，形势非常严峻。省公路局必须在三年内完成改革，否则就将丧失最后的一次发展机会。

面临如此严峻的形势，云南省公路养护体制怎么改？纵观 1995 年来公路养护的改革历程，吉林省“国路民养”的改革模式一时在全国引起相当大的轰动效应，也成为许多省公路管养改革模仿的基本模式。吉林模式的改革是以改变职工的事业单位身份为前提进行的，而公路行业的职工，文化素质不高，劳动技能单一，经济意识薄弱，离开了这个行业基本上没有出路和前途，因此改革是以牺牲职工的根本劳动权力为代价的，自然不会得到广大职工的广泛支持，职工普遍对改革持观望态度，甚至希望改革以失败告终。最终，改革没有达到预期效果。一些模仿吉林模式的省份，在改革无法持续进行下去的情况下，唯一的选择只能是中止，中止之后是退步；还有的省份因为这种改革，放弃了对公路管理养护单位养护机械化装备的支持，回过头来才发现结果是“人、机”两空（有技术的人才流失，机械设备老化）。

发达地区的改革结果尚如此，作为边疆落后的云南，除了显性的矛盾，如公路里程长，道路等级低等情况，隐性的矛盾更为突出。不说同一个总段内，就是一个段内，甚至是一个道班范围内，经济发展的严重不平衡比比皆是。还由于特殊的历史原因和特殊的环境条件，基层管理养护人员在招工时选择的余地较小，有的甚至别无选择需要照顾安排，因此，人员素质只能应付常规的手工劳动，如果按照发达地区的改革模式，人力、物力（机械）、财力结构的调整，将是难以承担的巨大压力。要改革，必须得面对这些现实问题。

因此，云南省干线公路的改革必须正视省内外改革的实践经验和教训，从实际情况出发，寻找一条适合云南省公路行业改革发展的道路，在改革中找到一个切入点或结合点，在实现“管”和“养”分离时，既能保证职工的利益，又能让职工看到改革的希望，让职工从内心拥护改革，改革才有可能成功。

四、探索途径，改革稳妥推进

如何解决发达地区和其他省市改革中出现的难题，使云南的改革健康发展？云南省公路管理养护改革的切入点和结合点在哪里？也就是改革目标实现的载体在哪里？这是摆在公路局面前的最紧迫的问题。我们经过充分研究其他地区改革的经验与教训，结合云南公路实际，以实现“管养分离”为目标，创新实现目标的途径，平稳地推进改革。

（一）构筑平台，找准实现管养分离改革目标的载体

我国改革开放以来经验表明，改革目标的实现，选择实施改革的平台非常关键，没有恰当的平台，改革就失去了载体，改革目标也就成为空中楼阁。因此，我们按照有利于提高路况质量、有利于行业发展、有利于职工利益保障的标准，经过充分论证，认为目前各公路管理总段的路桥公司，恰好可以作为改革的平台。以路桥公司为平台，这是由现实条件决定的。

一是各路桥公司是云南省公路管理养护机制改革的产物，也是仅有的一点成果，成立时的初衷就是要以之进入市场，走市场经济的道路。因此，各路桥公司集中了各总段人力、物力的精华，在进入市场的过程中尝尽了甜酸苦辣，既有成功的喜悦，也有失败的辛酸和痛苦，有的发展壮大了，有的略有小胜，有的原地踏步，但至少没有关门歇业的。虽然后来各总段成立了养护公司，虚拟的公司没有对各路桥公司的经营管理产生负面影响，也没有多大帮助，公司仍然按照自己的方式经营。有过实际经营的锻炼和考验，只有路桥公司有资格、有实力承担起这副重担。

二是以路桥公司为载体，是经过反复考察、调研和分析后，并吸取了

以往的经验教训而决定的。现有的实体不去运用，凭空去搭建其他的平台，只能是无源之水、无本之木。路桥公司至少经过市场的考验，也积累了一定的市场管理和经营的经验，一端和市场紧密联系，一端和各总段血肉相连，是任何其他市场关系无法比拟的。有了这一个实实在在的平台，可以将另外的养护职工队伍平安带入市场。

三是路桥公司在经营和发展中添置了比较先进的技术和机械装备，将各总段的机械设备和试验设备以委托的方式交由路桥公司管理和使用，路桥公司再进行整合和优化，可以保证今后各总段的路面维修完全使用机械化养护，确保路面养护的质量、进度和效率。而且，路桥公司为国有企业，省公路局和总段可随时根据生产需要添置机械设备，实现国有资产的保值和增值。原各段、站现有的养护机械实行统一管理、统一调配后，避免各自为政带来的功能单一，配置重复，综合利用的能力可以大幅度提高，养护机械在养护生产中忙一阵停一阵、忙时少停时多效率低下的问题可迎刃而解。各段、站的养护机械设备并入公司后，公司采用的是企业化管理模式，只有分工的不同，没有分层的不同，管理层级少，指挥调度机动灵活，调配空间大，既可以是养护工地，也可以是其他建设工地，机械设备使用的频率高，效率就高。机械设备和人才的相对集中，扩大了建养公司的实力，可以促使其更积极地进入市场，拓展和扩大生存发展空间。

四是管养分离后，养护工程费制落到实处，管理者和职工的收入完全取决于工程量的完成情况和养护效率的高低，一方面有利于提高管理者和职工的生产劳动积极性，另一方面可以降低养护成本，增加职工收益。在生产经营中有利于专业化养护队伍的建设和培养，提高养护职工的技能，从一面手变为多面手，以适应未来市场的发展变化。最重要的一点是，全省公路管理养护系统的人员素质参差不齐，分流压力较大，以路桥公司为载体，改革中只需在内部进行人员调整，不伤筋动骨，现有人员的安置和分流可以采取比较温和的改革手段（如“适度养人”的政策），不激化矛盾，人尽其力，在平稳中完成改革任务。还有一点就是有利于合理避税，对刚进入市场参与竞争的养护公司起到一定的缓冲作用。

五是增强路桥总公司的竞争实力，有利于开拓三个市场。建养公司经参与市场竞争积累的宝贵经验，用以指导公路养护生产，利于推进公路养护生产的管理创新和技术创新。公司按照现代企业制度管理，有利于减少管理层级，优化管理体系，有利于专业化养护队伍的培养。按照市场运行机制做强做大建养公司，更好的适应未来发展。机械设备和人才的相对集中，拓展和扩大了生存发展的空间。为了进一步开拓高速公路、农村公路、城市道路的建设和养护市场，我们就要组建一支强大的机械化队伍，把路桥总公司改建为建养总公司，极大地增强路桥总公司的经济实力，以利路桥总公司开拓三个市场，壮大行业经济实力。

六是有利于公路交通应急保障作用的发挥。方案中规定了建养公司承担抢险救灾的公路交通保障任务，也就成为部、省、厅、局交通保障投入的载体，其应急保障能力也就有了保证。并且由于建养公司是国有企业，直属于各级公路管理部门，当有自然灾害或突发事件需要保障公路交通时，能够无条件地、快速地实施交通保障工作，不会因追逐利益而影响交通保障。

（二）制订方案，积极推进管养分离改革的试点工作

在选择恰当的平台后，使普通干线公路管养分离改革具有了可操作性，在此基础上，制定了管养分离改革四项原则，即人路比例达到1∶4以上、所管养公路三年来保持相对稳定的路况质量、路桥公司具备了相应等级的公路施工资质和养护资质等四个条件。依据此条件，选择了德宏、丽江、思茅三个总段作为试点单位，于2007年2月10日，召开了干线公路管养分离试点动员大会，开启了云南普通干线公路“管养分离”改革的大幕。

在动员大会上，提出了改革思路，分析了利弊得失，尤其是不利的方面，首先是人员结构调整压力大，在不可能得到新政策支持的前提下，只能发挥各单位的自我调控能力，一方面要“适度养人”，不能让一个人下

岗，另一方面，又要通过改革增加广大职工的危机意识，忧患意识，提高工作积极性；二是以路桥公司为改革的载体可能存在财务风险，有的总段担心路桥公司会把并入的养护机化站和石料场等生产资料用于偿还原来的债务，因此各总段应按照改革方案，明确养护机化站和料场等设施只是委托管理和使用，路桥公司没有处置权，并严格履行财务管理；三是各级职能的转变较为困难，省公路局要在财务、计划、考核等方面进行调整，总段在管理和养护的监管方面面临着新的问题，生产组织的职能被分离之后，会产生“大权”旁落的失落感，最困难的是过去是“教练员和运动员”一肩挑，说好说歹自己说了算，转为“裁判员”之后，既要坚持原则，又要协调好各方面的关系，责任尤其重大。

2007 年 4 月 12 日至 13 日，距“管养分离”动员会刚两个月，省公路局即在昆明召开试点单位专题汇报会，总结了三个试点单位前一阶段的总体情况，认真分析了试点单位的实施细则，修改调整统一了原则性的意见，并确定要把握“一个准点”，即“管养分离”是事业单位管理机制改革，不是体制改革，分清“两个职责”，即公路管理局和分局、管理所在主业上要履行好管理的职责，建养公司在主业上要履行好养护生产的职责，二者的职责不能相互交叉和重叠。要做好“四个统一”：一是机构设置要统一，明确管理任务由公路管理局承担，养护生产的任务由建养公司和项目部承担；二是财务设置要统一，公路管理主业方面的财会业务，向省公路局实行报账制；三是离退休人员的管理要统一，由公路管理局具体负责，分局可设兼职人员协助管理。四是路政管理要统一，由公路管理局统一管理，可根据路线情况，战线结合进行执法（香格里拉总段的做法）。要做到“四个允许”：一是允许公路管理局的内设机构灵活设置，不强求与省公路局对应，但职能必须对口，事情要有人办；二是允许公路管理分局经营管理非养护生产性质的权属资产，即对原有的房屋、商铺、招待所、食堂等不动产进行经营管理，动产部分必须委托移交建养公司管理经营；三是允许公路管理分局保留财务人员，负责非养护生产性质权属的资产进行会计核算及临时性的财务支付；四是允许公路管理分局从事管理型的辅业，如利用与地方政府建立的良好合作关系，加强联络，为建养公司参与地方经济建设牵线搭桥，按照市场规则提取管理效益。公路管理局要协调好分局与建养公司的关系，做到和谐共赢。改革最终要达到的目标是：强化管理、注重养护、单位发展、路况良好、人心稳定、职工增收。

省公路局在综合了省内外以往改革的理论和实践经验，经过多次调整、补充、完善后，制订了云南省普通干线公路“管养分离”改革试点方案，主要框架和内容具有较强的指导意义。

1. 改革试点的组织机构

管养分离改革试点的组织结构，跳出了原来反反复复的机构纷争，将公路管理总段改为“公路管理局”，段改为“公路管理分局”，路桥公司改为“公路管理局公路桥梁建设养护工程公司”，既明确了职责定位，也明确了权限，在省公路局和公路管理局、分局（管理所）三个垂直管理的层级之间，搭建了专业的公路桥梁建养公司和平行的社会养护承包集体，各方之间既有隶属关系，也有合同管理关系，更有监管、考核关系，最基层的公路管理所，也有权向隶属于公路管理局的公路桥梁建养公司实施监管、考核。组织结构图见图1。

2. 改革试点的人员安排

改革中保证职工的基本权利，职工不用下岗，采取“退、转、流”的方式进行分流，一是管理人员通过竞争上岗，聘用到新组建的管理机构中，一部分充实到路政部门，一部分进入路桥建养公司；二是未聘用人员进入内部劳务市场，转岗的职工，转到什么岗位按相关制度管理，享受相应的经济待遇；三是有能力的职工鼓励其合理流动，自主择业、自我创业和自愿选择离开本单位的，则给予一次性经济补贴。这样，既保证了改革进程中人员的稳定，又使生产、生活不受影响。对于试点单位，管理和养护的投入只增不减，公路绿化宜绿化路段，国道每公里增加1000元，省道每公里增加500元。

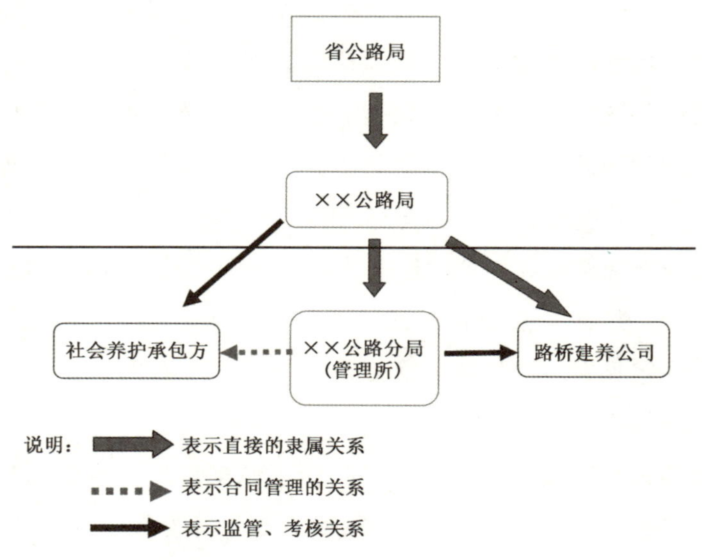

图 1　管养分离后全局干线公路管养系统组织结构图

3. 改革试点开展情况

“管养分离”的三个试点单位，以稳步推进为基点。一是做好各种实施办法和实施细则的制定。在 2007 年 6 月之前，三个总段集中力量制定了各种实施办法和实施细则，并广泛征求职工的意见；二是做到程序合法。6 月之后，三个总段相继召开职工代表大会，按程序通过了“管养分离”实施办法和实施细则，试点工作进入了实质性实施阶段。三是在实施中，各自根据实际情况，既遵循省公路局制订的试点方案，但又不拘泥于某些条款，并有所创新。

思茅总段的做法是：建养公司经理由总段党委任命，人员编制由建养公司自行调整，分公司经理和人员通过推荐确定，各项管理办法及规定由建养公司拟定后报总段党委批准执行。建养公司组织专人对辅业工程项目遗留问题进行彻底清理。比较有特色的是，建养公司对各分公司的管理，不是直属关系的垂直管理，而是在不改变隶属关系的前提下实行合同制管理，即各分公司的生产任务是按照工程费制原则，通过招标方式获取沥青路面专业化养护工程任务，中标后由分公司组织实施，管理段计量支付。

管理段参照总段确定的机械台班单价出租给分公司使用，并在协商一致的基础上签订租用协议。这样做的好处是把分公司提前推入市场预警，预先按市场规则操作。

德宏总段的做法是：以潞西段为试点初运行，通过详细调查和反复论证，寻找“管”“养”之间的最佳平衡点。然后依照既订方案完成建养公司的组建，管理段划归人员就位和资产移交后，即全面铺开。稳步推进中全员参与，走完公开岗位、递交申请、上岗演讲、民主测评等程序，综合德、能、勤、绩各方面的表现，对总段科室、管理段、建养公司和路政管理工作人员进行优化组合，达到聘用条件的层层签订聘用合同。由于德宏总段地处中缅交界，是旅游和边贸的重点地区，在改革中，既坚持养好路，也不放弃区位优势的发挥，专门制定了辅业生产管理实施细则，设立了辅业生产管理领导小组，开展辅业生产。

丽江总段的做法是：在做好干部职工的宣传教育工作的同时，根据省公路局审核批复的编制数，按照“强管理，重养护”的原则，确定了总段、管理段、建养公司、路政管理和治超工作的组织结构设置和人员编制。通过对管理段养护情况的认真考核查验，摸清整体情况，按照工程费制相关规定计拨资金。考虑合理避税的因素，建养公司委托总段财务科将工程款拨到管理段，再由管理段财务代为支付。

综合三个试点总段的情况，都坚持了平稳过渡的工作方式，采取了比较积极稳妥的改革手段。总段和路桥建养公司也都建立起了一系列适应改革的制度和管理办法，包括结构设置和人员编制，以及相应的财务管理方式。新成立的建养公司参与招投标竞争，原来的总段和管理段由生产型向管理型的逐步转化，表明“管养分离”机制雏形已经建立，并取得了明显的成效。一是机构设置、人员配置进一步优化。以普洱公路管理局为例，局机关设 13 个部门 52 个岗位，领导班子成员 8 人，共计 60 人，两名副局长一名兼任路政支队长，一名兼任建养公司经理。连同管理所，共定编 344 人，只占编制数 471 人的 73%。与改革之前相比，减少 127 人，是原来编制人员的27%；二是主业进一步增强，在完成内部公路养护任务的同时，走市场承包工程；三是辅业也有了稳步增长。

但是，试点中还有一些不足和有待改进的地方。首先是职工观念的转变还不到位。由于改革初期面临多重组合方式，职工的思想、情绪不同程度地受到影响，一定程度上影响了生产工作。其次是路基社会化养护技能低下。由于公路养护工程点多、线长的特殊性，社会劳动力对养护工作内容和特点暂时还不能把握，给管理段及管理所的工作带来困难。三是路面专业化养护水平还有待提高。由于受路况质量和养护经费的影响，路桥建养公司的路面病害修复工程量难于满足施工要求。加之路面病害的发生所具有的随意性和偶然性，与修复所需要的时效性相比，路桥建养公司对路面病害的处治施工安排有一定难度。此外，原来路基路面施工可以随时调配，现在要求建养公司对路面养护实行专业化，二者之间还不能完全协调，造成建养公司职工的收入难以得到保障。主业和辅业的关系还需要进一步调整。第四是管理所的管理能力还有待增强。管养分离后，管理所的职责由原来的生产型转变为管理型，主要从事工程监理、工程计量和工程计划管理等，监管压力加大，职工的文化水平、理论知识和综合素质还不适应新形势的管理要求。

我们在积极实行"管养分离"改革试点的同时，针对全省管养公路实现70%以上沥青路面，给公路管养工作带来困难，面临严峻考验的实际，省公路局于2003～2007年在全局开展沥青路面规范化养护竞赛，促进了技术创新和管理的进一步创新，取得了很大成绩。

（三）正视问题，以"六化"促进公路管养行业科学发展

云南省干线公路管养分离改革试点工作，既有成绩，也有不足，但成绩是主流，不足是支流。强调主流，是肯定改革试点的工作。从理性层面的分析可以看出，进行管养分离机制改革，实现行业转型是社会经济发展的必然趋势，也是我们无法悖逆的潮流，无论有多艰难，改革一定要进行下去。但也要认识到，试点中出现的难题，如不加以重视和解决，就会阻

碍改革，并有可能演化成反对改革的借口。

经过对试点中出现问题的分析和对行业规律的理解和把握，要以“六化”来破解试点问题，推进系统性改革，促进公路管养行业科学发展。“六化”即行业管理科学化、路政执法规范化、行业发展专业化、路面养护机械化、路基养护社会化、辅业生产效益化，这是公路管养工作的六个重点，是对公路管养行业科学发展的细化和具体化。通过实施“六化”工程，走科技含量高、经济社会效益好、成本消耗低、养护资源优势得到充分发挥的新型发展道路，努力实现由劳动密集型向管理效益型转变，由手工操作型向机械化、规范化养护型转变，由粗放生产型向节约科学型转变，不断降低养护成本，提升管理水平，提高路况质量，使公路管理养护工作更好地服务国民经济和社会发展全局，服务社会主义新农村建设，服务人民群众安全便捷出行。

1. 管理科学化是公路管养事业科学发展的核心

管理科学化，是利用现代一切先进科技和借鉴一切先进管理经验实施管理。进入新世纪新阶段，日新月异的科技进步、突飞猛进的经济发展、不断深化的社会变革，要求交通行业必须由传统的基础产业向现代服务业转型。公路管理养护行业要适应和促进产业转型，就必须进一步更新管理，完善管理机制，创新管理方式，努力实现管理由传统的经验管理向科学管理转变。这是管养分离的核心内容。只有强化管理，规范管理，科学管理才能真正实现行业的转型，才能实行管理与养护的分离。目前，我们的管理存在管理观念陈旧、管理手段落后、管理粗放等弊端。

首先要更新管理知识，牢固树立科学管理理念。我省公路管理养护行业普遍存在管理知识老化、管理理念陈旧、管理手段落后、管理成本较高、管理效率低下等问题，经验管理、粗放管理的现象还比较突出，与时代进步和形势发展的要求不相适应。为此，我们必须坚持解放思想、实事求是、与时俱进，建立健全学习考核激励机制，强化教育培训工作，积极引导行业干部职工努力学习和掌握现代管理理论知识和信息技术，不断更新管理知识，进一步提升管理素质，努力改变行业干部职工陈旧的管理理念和落后的管理手段，变经验管理、粗放管理为科学管理，为实现管理科学化奠定良好的观念和素质基础。

其次要完善管理机制，严格决策程序。当前我们正在推行的“管养分离”改革是公路管养行业进一步完善管理机制的一次积极有效的探索。按照管理科学化的要求，我们要围绕有利于提高公路管养质量，有利于增强公路管理效能，有利于发挥养护资金使用效益的原则，科学设置机构，合理设岗定员，正确划分职能职责，制定和完善科学的管理制度和办法，构建运转协调、灵活高效的管理机制。要按照科学发展观的要求，重视信息调研、可行性论证和专家咨询，坚持科学决策、民主决策、依法决策，使决策真正建立在科学合理的基础之上，以更好地体现职工的智慧、创造、愿望、要求和利益，更好地体现行业依法办事的能力和水平，增强决策的预见性、主动性和时效性，努力实现决策效益的最大化，促进公路管理养护行业又好又快发展。

三是要创新管理方式，加快推进公路养护行业信息化。要充分利用现代信息技术手段，结合行业特点和实际，加快公路养护行业信息化进程，以信息化带动行业管理科学化。努力开发和实施公路信息化管理系统，建立公路管养数据库，在完善和运用现有的沥青路面管理系统、桥梁管理系统、公路水毁动态信息管理系统、公路调查统计系统、养护资金（会计电算化）管理系统的基础上，积极建设人力资源管理系统、工程项目管理系统、路政管理系统、机械设备管理系统、地理信息系统等管理系统，全面构建整个行业办公、业务一体化信息化平台，实现管理科学化和养护业务规范化、专业化，提高养护管理水平和工作效率，提升竞争力和公众服务水平。

2. 路政执法规范化是公路管养事业科学发展的前提

随着国家经济和社会的发展，人们对出行的要求越来越高，特别是超限超载车的剧增，使公路路政管理工作越来越重要，路政管理工作对公路的影响力正在增强。加强路政管理，加强路政执法的规范化是公路管养事业科学发展的前提。主要体现在：一是超限超载已经成为损坏公路的最大杀手，这种损害已经超过了自然灾害和正常使用损害。特别在一些干线公路，超限超载造成的公路损害已经超过了小修保养的修复能力，只能采用大修、中修等方式改善路况条件，这消耗了大量的养护资金。按三级公路的养护费用测算，每公里小修保养经费只是2万～3万元左右，但每公里大修约为60万元，一公里大修就要消耗20～30公里公路的小修保养资金，一个沥青路面管养里程为150公里的中等段一年的小修保养资金只够5～8公里的大修。而大修路段路况下降的主要原因是车辆的超限超载。二是治超已经成为延缓公路路况下滑的主要手段。路政治超工作，加大了超限运输的风险和成本，特别是省政府颁布车货总重超过55吨的车辆禁止上路之后，较好地遏制了大吨位超限车的上路。三是超限超载赔（补）偿款成为公路养护不可或缺的养路资金。如曲靖、昆明、红河、楚雄等总段的路政治超费都处于5000多万元，已经接近全年的小修保养投资。当前养路费投入增长缓慢，仅靠省公路局的养路费投入，已经无法弥补养路费缺口，超限超载赔（补）偿款已经成为公路大修的主要经费。同时，按照局党委确定的人员构成三三制原则，以及行业转型的需要，只有加大路政治超，才能吸收公路养护分流人员，如开远公路管理总段目前治超人员突破了500人，已经超过了一线养路职工，如果这部分不分流，继续用养护经费开支人工费的话，我们的全部一线职工人工费将下降一半，甚至更多，这也是有些路政治超工作力度不够的单位，一线职工工资偏低的一个原因。四是路政管理是公路管理的重要组成部分，是公路管养分离的重要内容，离开路政管理而谈公路管理是不现实的。

在管养分离中，要做好路政管理和治超工作，就要从行政执法的规范化入手。

首先要加强队伍建设。做好思想政治教育，树立正确的金钱观和价值观，从源头上杜绝违法乱纪行为；加强执法监督，定期不定期进行检查抽查，随访大货车驾驶员，严厉打击营私舞弊，弄虚作假、贪污受贿等行为，树好窗口形象，取得各级党委政府和广大驾乘人员的信任；加强队伍训练，强化队容风纪，实现准军事化管理，使路政治超队伍成为一支广大人民群众信得过、看得上、靠得住的专业行政执法队伍。

其次要加强源头治理。做好路政管理的宣传，使爱路护路成为广大人民群众的自觉行动；深入沿线的厂矿企业宣传治超工作的重要性，取得企业主的支持，协调好治超工作。

第三要加强硬件设施的投入。治超队伍处于起步阶段，生活和工作条件都很差，还面临着一些不法驾驶员的人身威胁，各单位要努力改善他们的工作生活环境，使治超岗位成为他们呆得住，干得好，能实现人生理想的工作岗位。

第四要坚持以路养路的原则。除了人员经费以外，一定要减少治超经费的截留，专款专用，全部用于公路的修复，并对这些修复路段进行社会公示，接受监督，取得广大人民群众的信任。

3. 行业专业化是公路管养事业科学发展的基础

公路管养行业的人、财、物资源是有限的。我们只有集中优势资源，缩小进击范围，才能做到专心一事、专攻一点，达到有专长、成专家，才能将产业做精做细、做强做大，才能保证阵地坚固。否则，四面出击，面面俱到，平均用力，我们将疲于奔命、陷于平淡。因此，专业化是公路养护行业保持自身优势的内在要求。

一要深刻理解专业的涵义，切实做到术有专攻。公路养护行业是公路管养的专业部门，其职责是通过实施有效的管理养护措施，使公路经常保持良好的技术状态，为经济社会发展和人民群众安全便捷出行提供良好的公路交通服务。公路养护行业具有较强的专业性和较高的科技含量，伴随着现代科技和经济的发展，以及新知识、新技术、新工艺、新材料的推广应用，其专业性越来越强，科技含量也越来越高。公路养护行业的专业性和科技含量主要体现在路面（沥青路面、水泥路面）和桥梁的养护上。当前，在管养分离改革中，积极推行公路管理职能和养护生产职能相分离，积极推行路面养护机械化、路基养护社会化，把科技含量高、资金投入高、能规模化组织生产的路面养护工程交由专业队伍进行机械化养护，把科技含量不高、资金投入低且低水平重复劳动的路基养护工程交由社会劳动力去完成，其目的就是要使公路管养专业工作更加专业，使各方面人才各有侧重，术有专攻，集中有限的时间和精力实现重点突破和创新；就是要使养护生产更加适应社会化大生产的要求，在日益细化的社会分工中占据主动。我们只有推进专业化，才能有效促进公路养护事业科学发展。

二要增强专业实力，发挥领航旗舰的作用。推进公路养护行业专业化，目的是不断提高行业的市场竞争力。公路养护行业的市场竞争力是指行业能够应对市场竞争的综合实力，这种综合实力总体上可分为硬实力和软实力两个部分。硬实力是行业发展的物质与经济基础，包括行业的机械设备、车辆、生产用房、料场、资本、人力等要素；而软实力则指行业发展的精神与制度，是由行业文化、行业形象、战略远见、创新精神、高效管理、质量信誉等要素综合作用形成的无形的影响力。行业硬实力是行业软实力发挥作用的基础，而行业软实力的提升又能维持、增强、延续行业的硬实力，二者相辅相成、缺一不可。近年来，我们通过贯彻行业“12435”的发展思路，实施“321”工程建设，加大了养护基础设施、养护机械设备的投入，建成了300个管理所、200个石料场、100个机化站，大大增强了行业的硬实力，为行业发展奠定了良好的物质基础。同时，我们要着力加强行业的软实力建设，积极发展行业文化，培育创新精神，塑造行业形象，提高行业的质量信誉，努力增强行业的市场竞争力。只有这样，我们才能充分发挥行业专业化的优势，才能在全省公路行业中起好中流砥柱和领航旗舰的作用，才能在市场经济的浪潮中立于不败之地。

三要培养造就一支高素质的人才队伍，全面提升行业核心竞争力。人才问题是关系行业发展的关键问题。要针对公路养护行业专业性强、科技含量高的特点，立足现实，着眼未来，努力培养造就一支高素质的人才队伍。要坚持“科技兴路，人才为本”的发展战略，坚持学以致用、学用结合的原则，以提高素质为根本，以培养创新精神和实践能力为核心，大力开展干部学历教育、继续教育和职工岗位技能培训，鼓励自学提高、自学成才。积极采取有效措施，通过各种途径组织干部职工学习政治理论、政策法规、科学文化、市场经济、实用技术、经营管理等知识。根据各种岗位的特点要求和形势任务的发展变化，针对现有人员的素质状况，对症下药，加强岗位技能培训，学习掌握新知识、新技术、新工艺，不断提高思想政治素质和专业技能，使干部职工真正成为所从事行业和岗位的行家里手，努力造就一支素质优良、业务高超、技能精湛、门类齐全、结构合理的人才队伍，充分发挥各类人才的积极性、主动性和创造性，开创人才辈出、人尽其才的新局面，全面提升行业的核心竞争力，推进行业专业化和持续发展。

4. 路面养护机械化是公路管养事业科学发展的关键

路面是公路的重要组成部分，路面养护科技含量高、资金投入多、社会影响大，是公路养护的重中之重。路面养护机械化是适应当前公路养护工作的迫切需要。首先随着路面结构的变化，全公路局沥青路面由三年前的16226公里发展到目前的17443公里，沥青路面已占到省管公路养护里程的74%，随着2007年21亿元固定资产投资的完成，沥青路面的比例还将加大，沥青路面养护预防性、规范性作业的要求越来越高，为了达到科学管理，集约生产，就必须在路面养护作业中推行机械化养护。其次干线公路行车量增加，要求我们必须在最短的时间内处治好路面病害，减少影响行车时间，只有机械化养护才能保证在最短时间，以最安全的方式做好路面养护。第三，随着生活水平的提高，路面等级的提高，人们对路面修补质量也不断提高，只有机械化才能做到快速高效、高质量地完成路面病害修补。第四，机械化养护改变了传统的以烧柴为主的加热方式，现场施工不需要加温。采用各种再生设备，对原有路面材料和废旧材料进行再生利用，减少了废旧材料的堆积、处理，有利于适应公路养护的环保要求。

推进路面养护机械化，就是对涉及油路大中修和病害路面修复的切割、开挖、铣削，养护材料的采备、加工、拌和、运输、摊铺、碾压夯实等环节都要实现机械化施工；对乳化沥青稀浆封层、旧沥青路面材料的再生利用、道路和桥梁技术检测、道路标线施画等方面都要实行机械或仪器操作。只有这样，我们才能有效提高养护生产力和养护质量，有利于提高养护投资效益，降低养护成本，有利于改善职工生产条件、减轻劳动强度，有利于养护生产实现“三个转变”，因而是提升行业竞争力、行业公共服务能力和行业科学发展的关键。

首先要从思想上重视推进路面养护机械化。路面养护规范要求严、质量要求高、施工难度大、安全压力重、时间要求紧。公路养护行业几十年来固守的手段落后、效率低下的手工操作养护方式，早已不适应形势发展的要求，必须彻底改变传统的养护手段和方式，加快推进路面养护机械化进程，做到机械施工、规模养护、集约生产、科学管理，才能适应经济社会发展的要求。近年来，由于县际、通县、通乡油路的不断实施，路面类型结构发生了很大的变化，沥青路面已占省管公路养护里程的74%。加之连续几年来的养护计划和生产结构调整，以及“321”工程的实施，为我们推进路面养护机械化创造了良好的条件。因此，我们要充分认识路面养护机械化是行业科学发展的必然要求，不断转变观念，减少路径依赖，重视主观努力，大胆探索新路，从思想上重视发挥养护机械的作用，让养护机械充分显现威力。

二要科学配置和管理使用养护机械设备。首先要科学合理地配置公路养护机械设备。目前全局拥有各类型养护机械设备4806台，其中，养护大中型设备占设备总量的20%，小型设备占50%，其他设备占30%，为推进路面养护机械化奠定了较好的基础。但从所拥有的设备情况看，各单位发展不平衡，而且设备数量、新旧程度、配套状况、类型结构等方面不够合理，还不能完全适应和满足路面养护机械化的要求。因此，我们积极探索和制订一套科学合理的养护机械设备配置方案，根据路面养护的特点和实际，对现有机械设备进行科学重组、合理调配、挖掘潜力、盘活资产，充分发挥现有设备的优势和效能；积极稳妥地引进科技含量高、适用性强的先进设备，提高机化站的机械装备率，优化设备类型结构，建立健全配套、运转高效、科学合理的机械化施工体系，努力推进路面养护机械化进程。其次要管好用好机械设备，充分发挥机械设备的效能。路面机械化养护要求从坏路面的切割、开挖、铣削、清除到养护材料的生产拌和、运输、摊铺、碾压夯实都要依靠机械来完成，每道生产工序和环节之间相互关联，形成一条环环相扣、连续运转的机械化生产链。这就要求我们必须建立科学严密的生产组织管理和指挥调度系统，做到精心组织、科学管理、正确指挥、合理调度，使整个机械化生产链持续、协调、高效运转。因此，要加强机化站的软件建设，结合实际，建立健全科学完善的机械化施工管理办法、设备管理使用和保养维修制度，并采取有效措施，加大落实力度，切实加强机械设备使用管理，做到合理使用、定期保养、及时维修，使机械设备经常保持良好的状态，提高设备的使用效率，充分发挥设备的使用效能，真正提高路面机械化养护的生产效率。

三要提高职工的专业素质和路面养护机械化操作技能。要实现路面养护机械化，没有一支高素质的机械化施工管理人员和机械设备操作人员队伍是根本不行的。目前，就一线养护工人队伍而言，表面上看，拥有中级工、高级工技术等级证的为数不少，但实际上文化素质偏低、技能单一、年龄老化、观念陈旧，真正意义上拥有高技能的中、高级工并不多，显然不适应机械化养护的要求；而且随着高新技术的不断发展，公路养护新技术、新材料、新工艺、新设备正在不断推广应用，公路养护的科技含量越来越高，这种趋势要求一线养护工人不能停留于过去的手工操作、简单劳动和粗放生产，必须提高专业素质和操作技能，以适应机械化、科学化、规范化养护的要求。为此，要加大科技教育培训力度，采取多种形式，组织职工学习现代科学文化知识、市场经济基础知识、现代生产经营管理知识，学习公路养护新技术、新规范、新工艺，学习公路养护机械操作维修技术和管理知识，全面提高职工的公路养护专业技术素质和机械操作维修技能，努力建设一支文化高、技术精、管理强的机械化施工管理人才队伍，培养造就一支技能高超、操作熟练、一专多能的机械设备操作能手队伍，为路面养护机械化提供坚强的人才保障。

5. 路基养护社会化是公路管养事业科学发展的保障

推进路基养护社会化，是实现行业专业化的必然要求，是审时度势、主动作为的战略决策，是降低养护成本和服务社会主义新农村建设的必然选择，是借助社会力量，实现优势互补、合作共赢、和谐发展的有益尝试。

一是推进路基养护社会化，要明确路基养护的内容和要求。路基养护是公路养护的重要组成部分，其内容包括路肩、边坡、排水设施、构造物和行道树的养护以及桥涵的一般养护。路基养护工程的特点是项目内容多，零星分散，科技含量低，投入消耗少，低水平重复劳动，难以推行机械化养护。路基养护社会化，就是通过市场化运作，将路基养护工程发包给公路沿线的农民工等社会劳动力去养护，通过管理部门加强管理考核，达到养好公路、降低成本的目的。路基养护的基本要求是：路肩平整坚实、顺适整洁；边坡稳定；排水设施无淤塞、无损坏、无高草、排水畅通；构造物完好无损坏；桥涵结构完好、外观整洁、桥头顺适、排水顺畅；公路行道树管护良好、宜林路段无缺株，适时修剪、粉刷行道树，不影响行车安全。按照规范化养护和生态养护的要求，通过路基养护，在保持边坡稳定、桥涵构造物完好的同时，要做到“四个一条线”，即路肩整洁一条线、水沟畅通一条线、边坡草修剪一条线、行道树粉刷一条线。努力改善路容路貌，提高公路养护质量。

二是推进路基养护社会化，关键要加强监管和考核。首先要选择好养护队伍。通过市场化运作，采取向公路沿线村民招标的方式选择好承包人。要在严格控制养护成本的前提下，选择那些思想品德好、责任心强、诚实守信、有实力能胜任的村民来承包养护。其次要落实好养护责任。每段路的养护承包人选定后，管理部门要及时与承包人签订承包合同或协议。合同或协议要对承包养护里程范围、养护项目内容、养护责任、养护质量标准要求、安全生产责任、承包费、检查考核和奖惩兑现措施等作出具体明确的规定，并根据季节特点明确各个季节的养护重点内容、职责任务、质量标准和要求等。合同或协议要做到内容齐全、责任明确、规范完备、不留后患。第三要加强计划指导。管理部门要根据路基养护的特点和季节特点以及上级的要求，超前制订各个季节或阶段的养护生产计划，统筹兼顾，突出重点，合理安排，加强督促指导，抓好落实。第四要强化安全教育和管理。要按照国家有关法律法规和政策以及行业的有关规定，结合实际制定农民工安全管理办法，明确农民工的安全责任，加强对农民工的安全教育和安全管理，落实安全措施，确保安全生产。第五要加强检查考核。路基养护承包责任能否落到实处，关键取决于检查考核。要按照承包责任书规定的内容和生产计划安排，加强对路基养护工作的检查考核。要坚持保养督查考核、日常巡查、定期巡查、雨季“三查”、安全生产专项检查等行之有效的检查考核制度，并结合农民工承包养护的特点和实际，完善检查考核办法，注重质量、坚持标准，严格检查考核，严格按考核结果兑现奖惩，充分发挥路基养护社会化的投资效益。

三是推进路基养护社会化，有利于提高养护投资效益，实现养好公路、降低成本的目的。第一是可以降低养护成本。路基养护主要靠手工操作，属于简单的低水平的重复劳动，社会劳动力可以很容易就掌握路基养护工作，养护的效果是一样的，而养护使用社会劳动力的工资却大大低于使用正式职工的工资，人工成本可以得到大幅降低。第二是可以减少路政管理工作的难度。路政干扰突出，路政管理难度大，是公路养护行业长期以来面临的一个难题。公路沿线一些村民爱路护路意识淡薄，只顾自己省事方便，不顾国家公路法律法规，因而，侵占、污染、破坏公路路产路权的现象时有发生。每逢耕种季节，有的在公路上打场晒粮，有的甚至在公路上焚烧秸秆，烧坏油路面、烧死行道树，严重影响了公路的养护质量，影响公路的畅通和行车安全。实行路基社会化养护，由公路沿线村民承包养护路基，承包人就会通过各种关系做村民的工作，村民的爱路护路意识和自觉性就会得到提高，即使发生侵犯路产路权的案件，也容易协调和处理。第三是有利于保障雨季公路的安全畅通。通过落实雨前查隐患、雨中查排水、雨后查损失的雨季“三查”制度，公路一旦发生水毁灾情，沿线承包养护的村民能够及时发现灾情，及时消除隐患，及时排除险情，避免公路因隐患和险情排除不及时而造成重大的水毁损失。这样可以减少自然灾害对公路的损坏，从而降低公路的灾害损失，节约养护资金，收到更好的保通效果。第四是有利于公路绿化的良性循环。把公路绿化承包给沿线村民，一方面，要求承包人按照合同要求管护好现有的行道树；另一方面，结合实际，积极制订一些优惠政策和激励措施，鼓励承包人在宜林路段种植各种经济林木，并按成活率或保存率给予适当的奖励。林木成材后，承包人通过办理相关审批手续后可以进行砍伐，收益归其所有，砍伐后再由承包人补种上相应的林木。这样做，能够充分调动承包人的积极性，使现有公路行道树得到更好的管护，行道树经常被盗伐的问题也会得到解决。同时，能够增加新的绿化里程，使公路绿化得到良性发展、循环发展。第五是有利于增加农民收入。公路沿线村民承包路基养护可以获取报酬，种植行道树可以得到奖励，同时还能从种植的经济林木中获得收益。

四是路基养护社会化要采取多种模式，做到因地制宜，节约高效。路基养护社会化主要有三种模式。一是家庭承包模式：由单位职工承包，每年核定养护经费，在经费包干的情况下，由职工自由组织劳动力，段上按月组织收方验收和路况查评；二是职工领工承包模式：由职工带领部分农民工，或者沿线村民进行养护，忙时多进人，闲时少进人，自由灵活地组织养护，段上按月组织收方验收和路况查评；三是沿线承包模式：由沿线村民或者村委会组织承包，段上按月组织收方验收和路况查评。这三种模式各有优缺点，家庭承包的优点是责任明确，劳动力稳定，但由于是本单位职工，费用较大。职工领工承包的优点是养护的劳动力容易支配，责任明确，但当养护劳动力和农村生产冲突时，劳动力难以保证。沿线承包分个人承包和村组织承包，第一种方式责任明确，但影响力不强，对路政等作用不大，因为愿意承包公路养护的一般不可能是在当地有影响的村民，而是经济条件较为薄弱的村民，他们在村民中的影响不大，对爱路护路的宣传没有影响力。第二种方式有利于开发和保护沿线行道树，但责任不明确，特别当发生劳动力紧张时，公路养护容易被忽视。

6. 辅业生产效益化是公路管养事业科学发展的动力

面向高速公路、农村公路、城市道路为主的三个市场进行突破，不断开拓横向市场，以效益为辅业生产的出发点和归宿点，增强单位的经济实力，是公路管养科学发展的动力。辅业生产的突破，可以为公路管养事业科学发展奠定较好的经济支撑，为职工解决更多的实际问题，也可以为单位的公路养护作短时期的垫资；可以分流大量的职工，为公路管养减轻负担，提高公路管养职工的经济收入；可以为公路管养科学发展储备人才，避免因为目前公路养护行业工资收入较低而形成的人才流失。

但也要注意在辅业工程中的效益问题，不能见项目就上，造成“赢了是个人得利，亏了由单位承担”，不仅没有起到弥补公路养护的作用，反而形成新的欠债。特别是对于资金不到位、效益较差的工程，决不为养活几个人而盲目参与施工。在辅业工程中，我们要做到：

一是计划利润不到10％的绝不施工。当前，水泥、钢材等建材价格起伏不定，如果没有10％的计划利润，就将加大我们的施工风险。

二是要以分配为核心做好项目管理。在项目管理上一定要避免以前只看施工利润的做法，有的工程，施工时是有利润的，但工程完工没有多久，并出现质量问题，造成大量的返工，给单位造成返工损失。有的工程施工期间没有处理好进度与资金到位的关系，工程按期完工，但工程款却一直拖欠，垫资的银行利息已经成为施工利润的几倍。要避免这些情况，就要推行三次分配制度，在施工期间，在保证质量并有效益的情况下，发给施工人员档案工资。施工结束后，经过验收，质量合格，在相关资金到位的情况下发给施工补贴。工程结算后，按资金到位情况按四三三的比例进行分配，兑现施工人员的奖金。通过三次分配，将施工人员的经济收入与施工项目完成的好坏直接挂钩，增强了他们的危机意识，提高了他们的工作积极性，同时也保证了单位的利益不受损失，避免了以往施工人员在施工期间将利润以各种方式分配了，把包袱留给单位的情况。

对公路管理养护行业来说，进行管养分离机制改革，将成为我们提高行业服务能力，实现“三个转变”的重要途径，最终达到“路况良好、人心稳定、职工富裕”的目标。

云南省高速公路建设有关问题的思考

“十二五”以来，我省公路水路交通在“十一五”取得重大突破的基础上，深入贯彻落实省九次党代会精神，紧紧抓住“科学发展、和谐发展、跨越发展”这一主题，贯彻科学发展观，围绕加快转变经济发展方式的主线，努力推进“骨架路网高速化、国省干线高等化、农村公路通畅化、水路运输现代化、交通服务均等化、系统管理一体化”建设，努力构建适应云南经济社会发展和“桥头堡”战略部署需要的综合运输体系。今年以来，我通过认真学习党的十八大精神和省九次党代会精神，对我省公路交通发展的形势和任务又有了新的认识，对困扰云南省高速公路发展的基本问题和如何解决这些问题进行了思考。

一、高速公路是经济社会发展的重要基础设施

交通运输是国民经济的基础性、服务性产业，是合理配置资源提高经济运输质量和效益的重要基础。早在18世纪，亚当·斯密在《国富论》中，就深刻指出“在一切改良中，以交通运输改良最为有效”。人类社会发展的历史证明，交通运输对于一个国家或地区的经济与社会发展至关重要。

高速公路在现代文明中占有重要地位，高速公路是20世纪30年代在西方国家开始出现的、为汽车运输提供特别服务的交通基础设施，是20世纪新技术成果在交通运输基础领域的重大突破和具体运用。国内外的经验表明，高速公路具有行车速度快、通行能力大、运输成本低、行车安全舒适等经济技术特点，有利于集约利用土地资源，降低能源消耗，减少环境污染、提高交通安全性，对实现社会经济可持续发展具有积极作用。

经过70多年的探索和发展，目前全世界已有80多个国家和地区拥有

高速公路，通车里程超过了30万公里，其中，美国、日本、德国等发达国家已经构筑起与本国经济社会发展相适应的高速公路网。审视世纪高速公路发展史，我们不难发现，以“快速、安全、舒适、大容量”为特征的高速公路如同汽车一样，从诞生的那一刻起，就深刻影响着它所服务的每一个人和触及的每一寸土地。高速公路是重要的国家资源，对于促进国家经济增长、提高人民生活质量、维护国家安全等，都具有重要价值。高速公路的发展不仅是经济的需要，也是人类文明和现代生活的组成部分。发达的高速公路网不仅是交通现代化的主要标志，也是一个国家现代化的重要标志。高速公路网是建成小康社会必需的重要基础设施。

近二十多年来，伴随着综合国力的全面提升，我国陆路、航空、水路交通建设实现了历史性跨越，高速公路建设成就尤其令世人瞩目。从1988年我国大陆第一条高速公路——沪嘉高速公路通车开始，经过24年的发展，截至2011年底，全国高速公路通车里程超过84946公里，位居世界第二位，高速公路密度达0.88公里/百平方公里。高速公路的快速发展，大大提高了我国公路网的整体技术水平，优化了交通运输结构，对缓解交通运输的瓶颈制约发挥了重要作用，有力地促进了我国经济发展和社会进步。

21世纪前20年是我国全面建成小康社会的重要战略机遇期。实现全面小康社会发展目标，加快现代化建设，需要一个与之相适应的安全、高效、可持续的交通运输系统。高速公路占有极其重要的地位，发挥着不可替代的作用。我国现有的高速公路不论是数量，还是服务水平，都还不能完全适应全面建设小康社会和现代化建设的需要，总体上仍处于发展的初级阶段。坚定不移地继续加快发展高速公路，是今后公路建设的一项长期、艰巨的任务。

二、云南省高速公路建设的历史

新中国成立60多年，特别是改革开放30多年来，在国家有关部委的帮助支持下，在省委、省政府的正确领导下，在各级政府的重视和广大交通建设者的不断努力下，云南交通发生了翻天覆地的变化，高等级公路建设突飞猛进，实现了从零的突破到质量和数量的飞跃，全省高等级公路达到14216.5公里。其中，高速公路通车里程达2943.4公里，4条出境通道国内段全部实现高等级化，7条出省通道除滇藏线外基本实现了高等级化，全省16个州（市）中有9个通了高速公路，129个县市区中有123个通了高等级公路。目前，我省已初步形成了高等级公路连点成线、连线成面、结构合理、全省覆盖的网络。

（一）云南省高速公路建设的回顾

回顾云南省高速公路建设的历程，总结起来就是三句话“起得晚，追得急、赶得缓”，建设主要分为如下三个阶段。

1.1996年到2002年，高速公路建设从零开始，在白纸上描绘蓝图

我省第一条高速公路昆（明）嵩（明）段于1994年9月开工，起于昆明小庄立交桥，止于嵩明县，全长45公里，于1996年10月25日通车，晚于全国8年。昆嵩高速公路的通车，实现了云南高速公路零的突破。党的十五大以来的1998年到2002年五年间，是云南高速公路起步发展期，随着昆（明）玉（溪）、楚（雄）大（理）、玉（溪）元（江）等高速公路先后开工建设，掀起了云南高速公路建设的第一次小高潮。截至2002年底云南高速公路通车里程达746公里，居全国第十四位，西部第三位。

2.2003年到2007年，高速公路厚积薄发，创先引领，进入快速发展期

党的十六大以来的五年，是云南高速公路的快速发展期，2003～2007年五年间，全省高速公路交通建设开工项目之多，建设规模之大，投资额之巨，通车里程之长，都创下云南高速公路建设的历史纪录。先后开工建设了20多条高速公路，新增高速公路1762公里。截至2007年底，全省公路通车里程近20万公里；高等级公路达到7477公里，其中，高速公路达到2508公里，跃居全国第七位，西部地区第一位。全省“四出境、七入省”的公路大通道高等级化格局已初步形成。

3.2008年到2012年，高速公路负重前行，艰苦创业，发展进入调整期

党的十七大以来，省公路投资公司成立后，受负债率高以及国家宏观政策变化的影响，筹融资遇到了全所未有的困难，出现了项目前期难、实施进度慢、竣工项目少，甚至出现“施工不完工、开工不竣工”的现象，全省高速公路建设进入调整期。2008 年以来，先后开工建设 13 条高速公路，四年新增通车高速公路里程 239 公里，截至 2011 年底，全省高速公路通车里程达 2746 公里，高速公路里程居全国第十七、西部第五，在建高速公路里程 1115 公里。

2008 年以来新增通车的 239 公里高速公路中，采用 BOT 及合作建设模式的是：磨思 65 公里、石锁 108 公里，昆明机场 15 公里，省公路局建成的西南绕城 39 公里，省投资公司建设的丽江机场 8.5 公里。

（二）我省高速公路建设的主要模式和特点

我省高速公路建设模式长期实行的是以省级为主的政府管理性质的建设管理体制。建设伊始，省厅成立了省重点公路建设指挥部负责高速公路建设，后由省厅成立了相应项目建设指挥部负责项目建设。随着建设项目的增加，省厅又将相关项目建设指挥部组建为东部、昆瑞、昆磨三大公司，2006 年省政府在三公司的基础上组建成立了省公路投资公司来负责二级以上高等级公路的建设、管理、养护工作。2005 年后，省公路局也承担了昆明西南绕城、西北绕城、麻昭高速等项目的组织建设。

同时，省厅积极引导支持我省经济较发达的昆明、玉溪、曲靖、红河等州市自筹资金，建成了高（峣）海（口）、鸡（街）石（屏）、通（海）建（水）、玉（溪）江（川）、曲（靖）嵩（明）等高速公路项目，目前昆明市在建的还有黄（土坡）马（金铺）、昆明南连接线等项目。

回顾我省高速公路建设历程，我省高速公路经历了从无到有高速发展的时期，为全省交通运输事业带来翻天覆地的历史巨变，为全省国民经济和社会发展提供了良好的服务。这一前所未有的成就，是省委省政府正确领导的结果，也是交通运输系统，特别是高速公路从业人员努力工作的结果，也是全省人民群众支持帮助的结果。

从我省的高速公路发展来看，以省级直接建设的为主的建设模式在高速公路的阶段性发展中发挥了重要作用，这种模式具有如下特点。

一是能够统筹规划，重点推进，项目实施中的全局性较强。从国道主干线、西部开发通道到国家高速公路建设，多年来高速公路建设都是围绕国家确定的重点开展工作。在交通运输部支持下，2004 年我省一次开工 8 条高速公路，为 2003 年至 2007 年我省高速公路大发展打下基础。

二是国家政策结合好，做到突出重点。围绕规划实施，有利于争取交通运输部等国家部委的支持，仅近五年来部就共补助我省公路建设资金 536 亿元，有力推动了我省公路发展。

三是以省厅为平台，统贷统还的筹融资模式。统筹用好从 1992 年开始省财政每年投入公路建设的 5 亿元资金及贷款贴息等政策，并通过发行公路债券、银行贷款、引进外资、股份制建设、经营权转让等政策，采取统贷统还模式筹措资金，工作力度大，资金有保障。

四是技术力量强，项目管理规范，能够调动和使用全省技术力量和管理人才，建设项目管理到位。

当然，以省为主的模式也存在债务集中，征拆矛盾突出等问题。

经认真分析，由各州市自行组织建设的项目也有不少特点，具体如下：

一是由地方负责项目的建设，可以分散贷款总量，可以发挥各级地方政府在土地、征迁赔偿、砂石材料等方面的优势。从管理学的角度，只有当地方政府成为项目的建设主体时，才有在征迁等工作上树立主人翁的意识，来有效降低工程建设成本；如：2000 年至 2002 年由地方组织建设的鸡石、通建、曲嵩高速公路平均每公里造价为 2100 万元左右，同期建设的安（宁）楚（雄）、砚（山）平（远街）高速公路平均每公里造价达 2900 万元；2003 年至 2006 年由地方实施的高海公路 30 公里主线和 29 公里二级公路辅线，工程沿线拆迁量与同期建设的 24 公里昆（明）安（宁）高速公路比较相似，但征地拆迁费用仅为昆安高速公路的 77％。2003 年至 2006 年建设的曲嵩高速公路（六车道或八车道）征迁费只有同期建设的新（街）河（口）、罗（村口）富（宁）、水（富）麻（柳湾）高速公路（四车道）的70%；目前在建的武（定）昆（明）高速公路（四车道）64公里，概算征地拆迁费为2.8亿元，实际征地拆迁费约为12.8亿元，为批复概算的4.6倍，同期建设昆明黄马高速公路（六车道）30公里，概算征地拆迁费为3.9亿元，实际征地拆迁费约为6亿元，为批复概算的1.5倍。

在项目管理成本方面，曲嵩高速公路均公里管理费只有同期建设的新河高速的67.3%。高海高速均公里管理费只有同期建设的昆安高速的63.8%。

二是各州市政府主导作用得到全面发挥，容易抓住机遇，能够有效集中力量，分散项目贷款，能够实现多种建设管理和筹资方式，建设速度较快。目前省公投司债务压力沉重，每年收支出现亏损，公司运转已经举步维艰。因此，只有调动起州市的积极性，才能破解了债务负担。

三是由地方组织建设，管理机构人员少，工程完工后富余人员少，无长期养人的包袱，管理成本较低，还可以为地方培养更多水平更高的管理人才。

三、云南省高速公路面临主要困难和问题

近年来云南省高速公路发展减速，发展遇到了前所未有的困难和问题，其主要表现如下。

（一）全省交通建设尤其是大通道建设取得了极其显著的成就，但与全省经济社会发展巨大需求仍有差距

一是公路大通道的等级结构尚不合理。“七出省、四出境”大通道中，仅有沪昆高速公路（G60）全线贯通，其余6条出省公路通道和4条出境公路通道都没有实现全线高速化，滇藏通道还没有实现高等级化，个别路段甚至还处于断头路状态，难以适应桥头堡战略区域合作的需要。

二是高速公路网络布局不均衡，总体规模不足。国家规划的“七出省、

四出境、两环高速公路”总里程为6000多公里，目前仅建成2746公里，在建1115公里，全省还有7个州市未全线通高速公路。高速公路密度低于全国平均水平，以面积计为0.7公里/百平方公里，居全国第25位，以人口计为0.6公里/万人，居全国第21位。

三是高等级公路网络尚未形成、区域快速通达水平低。在建的59条二级公路的建成通车后，全省仍有6个县不通高等级公路。沿边主干线高等级公路尚未贯通，各经济区之间、相邻市（州）间、相邻县市（区）间以及城市群内部城际间高等级公路断头现象突出，尚未形成快速交通网络，路网结构仍需进一步优化和提升。

（二）国家持续实施的宏观调控政策对全省交通基础设施建设影响明显

由于我省交通基础设施金融机构债务性融资占比较大，近年来国家宏观政策多次变化，对融资平台的清理规范，全省交通基础设施建设明显受到影响，项目筹资难问题极为突出，在建项目贷款难以落实，全省公路建设偿债压力也在不断加大。全省交通建设可持续发展难度大。

一是省公路投资公司债务沉重，融资艰难。我省高速公路建设长期以来以省为主，项目建设业主单一，2006年5月28日经省政府批复成立省公路投资公司，主要由公司负责高速公路的项目建设和管理，在已建成的2746公里高速公路中，由省公路投资公司管理的共有1894公里，占69%。目前，在建的1115公里中，由省公投司负责建设的共有804公里，占72%。

按照省政府76号文的有关精神，公司具有双重定位，一是作为独立的法人实体和市场主体，按照现代企业制度的要求规范运作，自主经营、自负盈亏；二是作为省政府在公路方面的投融资平台，政策性资金资本化运作的实体和收费公路建设、管理、运营的主体。但由于省公路投资公司成立时先天不足，运作艰难。高负债率一方面降低公司融资的信誉，加大了融资难度；另一方面也增加了融资成本，产生了恶性循环。

二是高速公路项目受融资制约，推进难度大。近几年来，受融资制约，公路建设资金缺乏，大（理）丽（江）、锁（龙寺）蒙（自）、普（立）宣（威）、龙（陵）瑞（丽）高速公路等一批在建重大项目处于停工或半停工状态；2012年内开工建设南北高速公路大通道3个项目，仅昭通至麻柳湾一个项目今年就需要资金20亿元，而国家补助资金要2013年才能分批拨付，对项目按期开工建设构成巨大压力，新开工项目难以正常推进。由于信誉危机，银行严格贷款承诺函的出具，加之调概等影响，昆明东南绕城、昆嵩高速公路等拟建重点项目历经四年才获得国家立项批复。

三是项目的进度造价没有得到有效控制，项目投资大。由于资金筹措困难，工程项目经常处于半停工状态，工期增长，客观上增加了建设投资。随着近年来物价上涨，高速公路项目投资逐年增加，从2002年2400万元左右，增至2005年的5000万左右，到目前的9000万元至1亿元，甚至有的项目超过1亿元。因此，在项目管理上，成本控制的要求还有提高的空间，要从源头开始，从工程设计抓起，加强考核约束奖惩机制，强化估算、概算、预算和决算各层级的刚性约束。

近年来相关政策性费用的增加，也是导致项目征迁费用大幅增加的主要空间。如武昆高速公路征地拆迁补偿费由概算的2.79亿元增至12.8亿元；昆明绕城公路西北段征地拆迁补偿费由概算的5.6亿元增至23亿元。同时，征地拆迁的资金由项目业主筹措，征地拆迁的工作由地方政府负责的方式，导致地方政府与项目业主的利益不一致，客观上没有形成主动控制征迁费用的机制。

四是项目储备有限。公路建设项目前期工作面临“土地审批难、筹集资金难、环评审批难”，而使很多公路项目的前期工作周期长，导致项目立项难度加大。

四、云南省周边地区高速公路建设情况

从了解的情况看，目前全国特别是中西部地区的高速公路建设仍处于快速发展的时期。具体数据如表1所示。

全国部分地区高速公路建设情况表（单位：公里） 表1

省区	已建成高速公路	在建高速公路	已建和在建总里程
云南	2746	1115	3861
陕西	3803	700	4503
贵州	2022	2680	4702
内蒙古	2874	1685	4559
广西	2754	2504	5258
四川	3009	3530	6539
甘肃	2343	979	3322
新疆	1459	2474	3933
山西	4005	1492	5495
湖南	2649	3907	6556

注：截止时间为2012年11月。

（一）贵州省高速公路建设情况

贵州省是与我省省情、经济社会发展水平较为接近的省区。2011年底，贵州省高速公路通车里程达2023公里，通高速公路的县达47个，在建里程2680公里，贵州省已通车和在建的高速公路里程超过4700公里。贵州高速公路建设模式主要有：

一是政府还贷高速公路。对于有国家政策支持的国家高速公路项目的资本金和银行贷款，全由省级负责筹措；对于没有国家政策支持的省高项目，占总投资约25％的资本金，由省级筹集15％，项目所在州市筹集10％，省级和地市筹集比例为60∶40，其他资金由项目建设单位通过银行贷款解决。

二是经营性高速公路的建设。目前采取了BOT＋EPC（投资＋设计施工总承包）方式招商引资来建设，具体为将项目的投资人、设计、施工总承包一并在投资人招标时公开招标，投资人负责项目的投资、设计、施工、运营、管理养护等工作；特许经营期满后，无偿移交给政府。同时为了吸引投资人，对部分投资效益较差的省高项目给予估算投资额15％～35％的资金补贴，项目的征地拆迁工作由当地政府负责包干协调。

2007年以来，贵州省先后采用BOT＋EPC方式招商引资模式建设高速公路650公里；采用BOT＋EPC＋政府补贴方式招商引资模式建设高速公路423公里；采用EPC（工程总承包）＋协调外省银行贷款方式建设高速公路近300公里，拓宽了贵州高速公路融资渠道，弥补了省级商业银行贷款总额不足的问题。

在支持政策方面：

一是共建融资平台解决地方政府融资问题，针对2009年以来国家清理地方融资平台、取消搭桥贷款政策，贵州由省高开司、省公路局与地方政府共同组建高速公路融资平台，把地方政府的融资平台变为省级经营性融资平台，解决了地方融资平台不能贷款的问题，实现了业主项目的融资合法化。

二是省政府增加对高速公路建设的资金支持，省级财政从2008年起，以10亿元为基数，每年按10％递增专项用于高速公路建设，目前已安排了67.4亿元。

（二）广西壮族自治区高速公路建设情况

广西于1997年建成第一条高速公路，截至2011年底，全区高速公路通车里程已达2754公里，目前在建的高速公路里程达2504公里，预计到2015年全区高速公路将超过6000公里。

广西高速公路建设的主要模式有：

一是政府还贷型，主要是由先后成立的广西交投资公司和广西北部湾投资公司来组织建设。

二是引入民间资本，采取灵活的招商模式，采用合资入股，BOT、BT、代建制、总承包等模式，以及化大为小，分段招商等办法，由企业投资或与企业合资进行建设。

（三）山西省高速公路建设情况

在起于2008年的新一轮高速公路建设高潮中，山西省主动打破省交级一家投资建设的格局，注重发挥地方政府和社会各界的积极性，因地制宜实行了省投省建、省投市建、市投市建、省市共建、BOT、BT 等多种建设模式，形成了一个由政府、行业和社会共同建设、发展交通的新格局，加快高速公路建设步伐。

目前在建的 43 个高速公路项目中，12 个项目采用了省投市建的模式，1 个项目采用了市投市建的模式，1 个项目采用了省市共建模式，4 个项目采用了 BOT 模式，2 个项目采用了 BT 模式，其余 23 个项目采用了省投省建的模式。

43 个高速公路项目概算投资约 2000 多亿元，其中资本金 500 多亿元，交通运输部补助的资本金不足 50 亿元。面对巨大的资金缺口，山西省交通运输厅坚持用改革开放的思路，用市场化的办法盘活路产，拓宽融资的渠道。三步走解决了 2000 多亿元投资：实施金融创新，省交通运输厅与开发、工商、农业、中国、交通五大银行签署了总额 1750 亿元的战略合作框架协议，利用金融新产品，对已运营高速公路的未来收益集中变现；加大招商引资力度，运用 BOT、BT 等国际通用的融资方式引导社会资本投资建设高速公路；开辟利用资本市场。2009 年 8 月 5 日，省交通运输厅所属省交通建设开发投资总公司成功发行了总额为 20 亿元人民币的企业债券。通过以上方式，2010 年已通车的 3000 公里高速公路所需的 2000 亿元投资已全部落实，兑现了省交通运输厅向省政府作出的高速公路建设不靠政府投资的承诺。

（四）四川省高速公路建设情况

2011 年 1 月，四川省人民政府批准《四川省高速公路网规划（2011 年调整方案）》，总规模约 12000 公里，总投资约 9000 亿元。经过努力，截至 2011 年底，四川省高速公路通车里程达 3009 公里。2012 年 1～9 月，广南等 8 个高速公路项目相继建成通车，新增高速公路通车里程 753 公里，全省高速公路通车总里程已达 3762 公里。目前在建里程为 2777 公里，建成和在建高速公路总里程达到 6539 公里，占规划总规模的 54.5%。

四川省高速公路坚持扩大开放，以“多个积极性、多元主体、多种方式”的建设原则。充分发挥市州政府的主体作用，鼓励市州通过多种方式建设高速公路。加大对外开放力度，通过BOT等市场运作方式，大规模吸纳境内外社会资本。鼓励股份合作，实行省、市、县共建，将政府资金和社会资本有机结合。搭建交通融资平台，增强资本金筹措能力，发挥政府性资金的引导作用和乘数效应。

一是坚持走扩大开放、发挥市州主体作用的路子。具备条件的拟开工项目，由省政府授权项目所经地市州政府作为投资主体，优先面向社会投资者，运用BOT等方式开展招商引资，引进实力雄厚、筹融资能力强、具有高速公路投资建设经验的社会投资者建设，按经营性收费公路项目进行建设和管理。目前，四川省高速公路BOT项目已累计达到24个、里程达2510公里，引进资金1882亿元。

二是对于通过招投标方式，引入社会投资人不成功、但市州政府积极性高的项目，由市州政府与省级交通融资平台公司（主要有四川交通投资集团公司、四川铁路投资集团公司以及四川高速公路建设开发总公司等）协商，采用省市共建、市企共建、股份合作等方式，共同创造条件推进项目建设，按政府还贷收费公路项目进行建设管理。市州政府全面承担并负责工程建设用地的全部征地拆迁工作及其所实际发生的全部费用，并折资计入股权，项目其余资本金由省级交通融资平台公司以现金形式出资，并计入其股权。截至目前，已有达万、巴达、巴南、巴陕等多条高速公路按照省市共建方式实现开工建设。

三是对于暂时不能按市场机制运作，但对全省经济社会发展作用重大的项目，由省政府指定由省级交通融资平台公司与有关市州政府共同研究，组建项目业主并负责组织建设，按照政府还贷收费公路项目进行建设和管理。雅安至康定、汶川至马尔康等藏区高速公路项目正在按照该建设模式进行建设。

相关优惠政策：一是针对省市共建项目，双方共同积极争取中央和省级政府根据相关政策给予项目投资补助，统筹用于项目工程建设。二是严格执行国家西部大开发以四川省和地方政府有关招商引资的优惠政策。项目建设、营运期间所发生的各项税金及附加，由项目公司代扣并直接向省地税局直属征收分局集中缴纳，所涉及的地方税费（即市、县两级地方留成部分）由所属财政部门列入专项预算安排给项目公司统筹使用。三是由市州政府负责交通重点项目的建设用地、建材、炸材、施工用电、建设环境等要素保障。在建设用地保障方面，严格执行国家和省制定的征地拆迁补偿政策标准，按项目进度要求及时提供建设用地。

此外，有的地区从 2012 年开始，将一定比例的土地出让金用于公路交通建设。如青岛市提取土地出让金合同额度的 6%作为交通建设基金。

从纵向看，经过近 20 年来的发展，云南省高速公路建设取得了举世瞩目的成就，实现了历史性的飞跃。但从横向比，我省目前通车的高速公路里程和在建的规模相对较小，在西部省区中，除去面积小或人口少的重庆、宁夏、青海、西藏外的 8 个省区中，已通车加上在建里程比我省少的只有甘肃省，比我省略多的有新疆，其他省区的规模都比我省多 800～2900 公里。再以这样的速度发展下去，到“十二五”末，还会有更多的省区超越到我们前面。我们必须承认，在云南省高速公路建设方面“发展魄力的确偏小，投资规模的确偏小，前进的步子的确偏慢”。

从兄弟省区的建设经验来看，在高速公路的建设上必须发挥行业和地方政府两个积极性，必须加大政府投入扩大开放广开筹资渠道，必须建立公平市场让有实力有信誉的企业进得来稳得住。“不承认慢，就不会有加快的局面”。我们一定要以开放的思路，坚定的信心，把改革作为破解我省高速公路发展困境的唯一出路，改革现有体制，坚持改革创新，开拓进取，负重前行，一定能开创我省高速公路建设的新局面。

五、进一步明确今后一段时期的建设任务

党的十八大提出到 2020 年全面建成小康社会的总体目标，各项工作，

必须紧紧围绕实现社会主义现代化和中华民族伟大复兴这个总任务开展工作，省九次党代会也提出了未来五年“两个倍增、四个翻番”的奋斗目标。因此，不论世界政治、经济形势如何风雨变幻，国内宏观调控政策如何发展，云南省“科学发展、和谐发展、跨越发展”这一主题不会改变，我省以高速公路为代表的现代交通运输业仍处于发展的战略机遇期。

（一）当前面临的形势

在公路交通发展上，过去我们曾经辉煌：1978 年至 2008 年，平均每年新建公路 5284 公里；2007 年，高速公路新增近千公里（959 公里），曾经排在全国第 7、西部第 1；2008 年、2009 年开工建设了 59 项近 5400 公里二级公路。当前我们形势紧迫：从高速公路情况看，里程上，排名全国第 17、西部第 5。密度上，以面积计排第 25 位、西部第 6 位，以人口计排第 21 位、西部并列第 8；从发展制约上看，融资模式单一，导致建设模式单一，债务压力沉重。省交通运输厅压力很大，省政府压力很大，陷入了“不建设则社会经济难发展，建设了则债务难偿还”的困境；从通道情况看，目前尚没有一条高速公路贯通全境，“高速公路成段不成线”现象突出，高速通道尚未形成，公路交通对转变发展方式、承接产业转移、引导产业布局、引领城镇化发展的基础性、先导性和服务性支撑作用不足。所以，形势很紧迫。

我省的公路交通发展，一言以蔽之：纵向比有成就，横向比有压力。尤其是当前与周边、与西部省份比，差距很大。过去曾经辉煌，当前困难很大，未来怎么办？必须实行跨越发展。

必须凝聚一个共识——今天不发展交通，明天社会经济就不发展。在全省形成理解交通、重视交通、支持交通、发展交通的局面。纵观历史，社会经济发展史就是一部交通史，交通的发展必须立足于未来需求，推进现在的建设。否则当社会经济发展需要时再发展，交通就会成为最基本的制约因素。从“十二五”转变发展方式这条主线来看，我国经济将从外向型模式向内生型模式转变，交通运输方式也将由远洋运输向陆路运输转变；

从“桥头堡”战略发展需求来看，陆路交通运输通道是最基本的支撑，在铁路尚不能形成网络服务能力的情况下，高速公路运输通道只要再推进6～8个项目即可形成网络服务能力，而且这些项目均属于国家重点支持的项目。有了中央的支持，再加上自己的努力，我们就具有了跨越的条件，我们就可以跨越。

必须明确一个目标——“26126”公路水路交通均衡发展规划。根据省交通运输厅研究的路网均衡性理论，云南省的公路网总规模达到26万公里，高速公路达到1万公里，高等级公路达到2万公里，水运航道达到6000公里，即实现“26126”交通均衡发展规划，云南公路水路交通可基本实现均衡发展。我们要做的，就是根据我省经济和社会发展的水平，确立不同时期、不同阶段的发展思路，向着发展目标不断迈进。在当前阶段，必须坚持“十二五”期公路水路交通发展目标不动摇，只要把规划项目在“十二五”期间开工建设，我们就可以跨越。

必须谋划一场战役——超越常规、集中资源，掀起全省骨架路网高速化大会战。要围绕规划引领，项目引导，突出实现目标，抓住当前有利时机（环境、征地、劳动力成本等制约因素尚不多，要求还不是最严格等），超常规布局项目，超常规开展前期工作，集中资源，超常规推进项目实施，使全省骨架路网高速化项目在“十二五”期间全面开工建设，用三年时间，在全省形成高速公路大会战局面，为云南经济腾飞、美丽云南奠定基础。“三年会战”结束之时，就是云南交通实现大发展、助推经济社会大跨越之日。

（二）坚定信心，加强高速公路建设，加快建设和完善出省出境及通州市高速公路通道项目

应对当前形势，我省交通发展要紧紧围绕扩大项目投资来展开。要坚持以规划为龙头，以项目和投资为总抓手，确立更加积极的奋斗目标，加快高速公路建设，为建设面向西南开放桥头堡提供支撑，当好先行。要紧紧围绕“七出省、四出境”通道建设目标，重点实施大通道高速公路“断

头路”和省际及省州市间高速公路，加快拥挤路段扩能改造。争取到2015年，全省高速公路通车里程达到4500公里，“七入省、四出境”的运输主动脉基本建成，初步形成“背靠国内，面向‘两洋’，通达国内，沟通毗邻”的公路交通网络，实现全部州市通达或在建高速公路，通达广西、贵州、四川不少于两条高速公路出省通道，沟通毗邻国家不少于一条高速公路通道。

再用3年左右的时间，到2017年全省公路总里程达到24万公里，高等级公路达到2万公里以上，其中，高速公路达到6000公里，实现高速公路与邻近省份——四川、广西、贵州、重庆和所有州市政府所在地以及20万人口以上城市的连接。实现“四化，三通”的目标，即：通边达海快捷化、干线公路网络化、州市公路高速化、客运站点普及化，县县通高，乡乡通油，村村通畅的目标，为完成全面建设小康社会的总体要求，为本世纪中叶实现现代化的发展目标打下坚实基础。

（三）创新机制，攻坚克难，不断强化加快云南高速公路发展的活力

我省高速级公路建设要进一步解放思想，创新思维，深化改革，扩大开放，立足改革创新，坚持完善政府主导、统一规划、分级负责、部门联动、多元主体、市场运作的高速公路建设新体制。明确发挥地方和行业主管部门两个积极性，进一步发挥各级政府和各类市场主体建设高速公路的积极性和创造性，有效破解制约交通加快发展的难题，增强交通发展活力。

1. 坚持政府主导原则，是加快高速公路建设的基础

以科学理念和规划引领建设、引领资本、引领发展，坚持省级政府指路，交通行业谋划，州市政府当家，有效调动各方积极性、集聚各类资源、实现加快建设。按南北大通道工作模式，进一步强化省级部门和州市政府在前期工作、投资人招商和建设推进上的工作责任，强化项目业主的主体责任，强化省级有关部门的协调联动和工作合力，形成各履其责、各计其功的良好工作氛围。

2. 突出省交通运输主管部门行业监管职能，是加快高速公路建设的

前提

省级交通运输主管部门作为全省高速公路建设管理的核心，其主要职责是“科学规划、行业指导、督促检查”，重点抓好四个方面工作，一是要把主要精力放在省级规划研究，形成了科学完善的交通运输发展规划体系；二是加大项目前期工作的力度、深度，认真做好项目储备，争取落实好国家补助资金；三是加强指导和监督，重点规范好建设市场，要创新项目管理制度，通过强化业主意识，落实业主责任，规范业主行为，加强考核检查，严格执行“四项制度”；四是工作重点前移，进一步开放设计市场，优化整合设计力量，强化竞争和制衡机制，深化精细化设计，提高项目设计的技术经济水平，实现工程造价合理控制。

3. 确立省州市联动、以州市为主、企业主体、市场运作的高速公路建设新体制，是加快高速公路建设的关键

必须全面发挥调动地方政府的积极性，全面开放高速公路投资市场，鼓励支持州市政府通过多种方式发展高速公路，通过调动行业和地方政府“两个积极性”达到“四个有利于”。通过推动以地方为主建设的模式，实现高速公路规划与地方发展规划更加协调统一，以有利于地方统筹城镇发展、园区建设、旅游开发，实现统筹发展；有利于地方政府统筹土地开发，实现土地开发与公路建设互相促进，公路建设带动土地增值，土地增值的部分收益回馈用于公路建设，实现良好循环；有利于地方政府通过项目建设体现发展实力、发展水平和政绩，增强地方政府积极性；有利于发挥好调动地方政府责任主体，破解筹融资困境，多方筹资，并可合理有效控制征迁成本，提高征迁进度。

4. 创新思路加大融资，是加快高速公路建设的保障

创新交通融资平台，增强资本金筹措能力。一方面，利用好积极财政政策，发挥好财政资金的引导作用。省级财政在目前每年 6 亿元的基础上，继续加大对高速公路建设的投入力度，集中使用省级资金，通过省级资金补贴引导作用，实现谁积极支持谁，发挥政府性资金的乘数效应，调动地

方政府的积极性。另一方面，创新交通建设投融资机制。按照“法无禁止皆可行”的原则，加大对外开放力度，通过 BOT、BT、股份制等多种市场运作方式，更大规模和卓有成效地吸纳境内外社会资本。加强银政、银企合作，多渠道、多方式扩大运用各类金融机构的信贷资金，要重点引入使用外省金融机构的信贷资金。创新融资方式，积极运用债券、中期票据和并购贷款，盘活存量资产，优化融资结构，着力构建多样化的融资渠道和融资方式。

关于云南省县县通高等级公路的思考

2009年4月8日，在全省交通局长座谈会上，厅长就“抢抓机遇，认真谋划我省二级路的建设”明确提出了“县县通高”的任务要求。本人就此谈点学习体会与思考。

近年来，全省交通工作紧紧围绕促进全省经济社会发展，特别是八届八次全会提出了把云南建设成民族文化强省、绿色经济强省和中国面向西南开放的“桥头堡”这一目标，按照“三个服务”的要求，不断创新工作思路，着力转变发展方式，切实加强行业管理，实现了全省交通的快速发展。

一是公路通车里程迅速增加，总量不断扩大。全省公路通车里程由2002年的16.5万公里增至目前的20万公里，继续保持全国前列。二是路网结构明显优化，等级逐步提高。我省在建的12个国主和西开通道公路建设项目主体工程均已完成，全省高速公路里程由2002年的746公里增至目前的2512公里，高等级公路里程达8005公里。三是出省通边的国际大通道初具雏形，中越、中老泰、中缅公路通道以及缅甸至南亚公路通道等四条连接周边的干线国内段基本实现了高等化。四是农村公路建设取得历史性突破。截至2008年底，全省农村公路里程已达181088公里，水泥及沥青路面达到21886公里，弹石路面15372公里，农村公路硬化率达20.5%。全省129个县中有38个县实现了乡乡通沥青水泥路，有46个县乡乡通沥青水泥弹石路。全省1342个乡镇中，共有1145个乡镇实现路面硬化，乡镇路面硬化率达85.3%。四是水运建设稳步推进，以发展澜沧江—湄公河国际航运和开发金沙江—长江水运，右江—珠江水运为重点，不断加强航道整治，逐步完善水运设施。

在全省交通运输业取得了巨大的发展的同时，也存在路网结构不合理，特别是高等级公路仅占全省通车总里程的3.92%，公路铺装率仅达19.4%，公路技术等级低，路面铺装率低的情况仍较为突出，公路现状与全省全面建设小康社会的需要，与人民群众日益增长对公路快捷、舒畅、便利的更高要求，还有较大差距，公路建设还需要跨越式超常规的发展。因此，在全省交通运输发展进入新的阶段的关键时刻，厅党组提出“县县通高”的目标，是符合云南构建现代化交通运输业的实际，具有前瞻性、科学性、合理性，并具有可操作性。下面结合自己多年来从事公路建管养工作的体会，对县县通高等级公路建设谈一些思考。

一、云南省县县通高等级公路的现状

2008年底，全省129个县（市、区），有95个已通高等级公路，占全省的73.6%，其中，昆明、玉溪、曲靖、保山、版纳5个州市已实现县县通高等级公路；有12个县的高等级公路正在建设或明确纳入计划即将开工，占全省的9.3%，可实现楚雄、德宏两个州县县通高等级公路；尚有9个州市共22个县未通高等级公路，占全省的17.1%，加上到州市所在地不直接通高等公路的16个县，共有38个县需实施通高工程建设。需要建设的二级公路47条，约4465公里，估算投资约658.5亿元，其中，属“兴边富民工程”21条，里程共计2234公里。在47条二级公路中，有34条二级公路项目完成了项目审批立项工作，其中，22条里程共计1881公里的项目得到国家支持，已列入交通运输部国省道改造计划或其他建设计划。未落实国家补助的有25条里程约2584公里，按现行国省道改造补助标准，需落实车购税补助资金约38.8亿元，配套资金除已落实的100亿元贷款外，47条二级公路项目还需落实贷款约330亿元，筹措资金问题是我省县县通高级公路建设的核心问题。

二、推进县县通高等级公路建设，是落实科学发展观，促进县域经济发展、改善“少边穷”地区基础设施条件的重要举措

（一）推进“县县通高”，是发展县域经济，实现共同发展的重要基础

加强县域经济发展，加快城乡经济社会发展一体化进程，是省委从贯彻科学发展观、构建和谐社会的全局出发作出的重大战略决策，是解决“三农”问题的有效途径。县域经济是县级行政区内，以县城为中心，集镇为纽带，以面向“三农”、服务“三农”为直接目的一种区域经济，是介于城市经济和农村经济之间的一种区域经济，是城市经济和农村经济的连接点。通过县域经济的发展，为新农村建设提供一个物质前提，实现以工促农、以城带乡的重要支点和载体。发展县域经济能够为新农村建设提供物质基础，也理所当然的会成为推动社会主义新农村建设的主要途径。

对经济和社会发展相对滞后的云南来讲，要实现县域经济快速发展，交通等基础设施必须先行，特别是要通过发展县县通高等级公路建设，提高公路服务水平，改善县城这一在县域经济中占重要枢纽的发展瓶颈和发展后劲问题，通过县县通高等级公路建设，公路通车速度可以从现在的20公里/小时，提高至40～60公里/小时，物流速度加快2～3倍，经济圈时空半径明显缩短，其重要作用是：一是可以改善县乡的投资环境，促进农业资源开发和利用，推动企业发展，加强云南工业化进程；二是可以优化资源配置，增强农民的市场经济意识，调整农业产业结构，推动高效农业发展；三是可以加快县域人流、物流、信息流，促进农村商贸、旅游、运输，饮食、娱乐等第三产业发展；四是可以加快地区开发，促进贫困地区脱贫致富，带动国民经济发展。

因此，作为向社会提供交通公共产品和公共服务的部门，要通过县县通高等级公路建设，为群众提供良好的出行条件，带动以县为重点的相关

产业发展，为加快我省城乡经济社会发展一体化奠定基础。

（二）推进“县县通高”，是实现科学发展，推动和谐发展、推进民族地区发展，保障边防稳固的重要条件

公路交通是扶贫开发和建立农村现代流通体系的基础，也是推进农村工作的重要保障。从我省目前经济发展情况看，已实现“县县通高”的州市都是我省经济发展条件较好的地方，38个未通高等级公路的县主要集中在昭通市、普洱市、临沧市、文山州、怒江州、迪庆州等经济社会发展相对欠发达的州市，其中，有国家扶持开发重点县（贫困县）34个，占全省73个国家重点扶持县的46.6%；有31个是民族自治州所属县或民族自治县，占全省78个民族自治地区县的39.7%，还有12个沿边境县，占全部25个沿边境县的近48%，同时具有民族、贫困、沿边三类特点的县共10个。公路交通基础设施长期滞后，也是这些地区长期发展相对滞后的重要原因，交通的制约，既影响民族边境地区社会发展，同时还影响了边防稳固，民族团结。要实现全省共建小康社会，必须实现各地区一起共同富裕的发展目标，必须加快贫困地区的发展，交通要先行，没有交通的便利，就没有快速发展的重要基础设施条件。因此，推进高等级公路尤其是沿边境县的高等级公路建设，将改善民族边境地区的交通运输条件，增加经济社会发展动力，增强国家的凝聚力和向心力。

（三）推进“县县通高”，是改善路网结构的重要发展方式

交通运输业是国民经济的基础产业，国内外交通运输业的发展历史表明，交通运输与整个社会经济之间客观地存在着“互为条件、互为基础、相互依存、相互促进”的辩证关系。公路网络现代化是实现社会现代化的前提和基础，社会经济现代化是实现公路网络现代化的物质基础和内存动力。现行的经济活动和社会活动是一个需要不断集中又不断扩散的复杂运行系统，必然产生大量的、需要通过交通运输这一中间环节才能实现的人流、物流、资金流和信息流。

实现发达的现代化公路系统的过程，具体讲包含两个方面的内容：一

是公路网发展水平达到或接近发达地区水平，公路网建设总体达到适度的规模，合理的结构，完善的布局，创造舒适高效的行车条件；二是公路交通适应经济现代化对公路交通的客观需要，并适当超前，能够为国民经济现代化建设提供更大的弹性。云南现代化公路网建设，应当与云南社会经济现代化发展的过程目标要求相一致。

一是适当的公路网规模。从四个因素分析：人口密度与分布，国土面积，地形特征，资源分布；云南省公路密度应 60～70 公里/百平方公里，公路规模 23 万～27 万公里。二是适当的高速公路密度。高速公路密度应达 1.5～2.0公里/百平方公里，高速公路里程达 6000～8000 公里。三是二级以上公路比重。从公路网的功能来分析，云南属于西部地区，按全国平均水平二级公路规模比重在 15%～23%的测算，现代化公路网络结构中二级公路规模为 3.5 万～5 万公里。

目前，云南省公路通车里程已达 203753 公里，公路密度已达到了 51.7 公里/百平方公里和 45.3 公里/万人，按面积计公路通车里程已接近公路网络现代化要求，但全省高速公路 2512 公里，一级公路 633 公里，二级公路 4859 公里。高速公路密度仅达 0.63 公里/百平方公里，待国家高速公路网全部建设成后，高速公路里程将达 3900 公里，但高速公路密度仅达 1 公里/百平方公里，特别是一、二级公路规模仅有 5492 公里，密度仅为 1.39 公里/百平方公里，离现代化公路网的要求较远。县县通高项目实施后将可新增 4465 公里，基本与现有二级公路相等，可以进一步改善路网结构，提高公路服务水平，较好地为全省社会经济服务。

（四）推进“县县通高”，是促进行业发展的重要措施

公路交通作为在综合运输体系中承担着毛细血管和大动脉的双重作用，具有覆盖面广、可达性高、机动灵活、方便直达的运输特点，是唯一可以实现“门到门”运输的运输方式。与其他运输方式不同，公路交通可以独立自成体系，具有综合运输体系所必需的、其他运输方式不可替代的联络功能，能实现各种运输方式的衔接。在云南，由于特殊的地形地质，决定

了公路交通在综合交通体系中占主导地位。随着全面建设小康社会不断深入，我省航空、铁路特别是高速铁路在综合运输体系中的作用将不断加强，但公路交通在全省国民经济和社会发展中的主导地位不会改变，必须不断提高公路水平，满足社会发展对安全、快速、便捷、舒适交通运输的要求。

三、加强改革创新，抓住发展机遇，努力实现县县通高等级公路

“十一五”以来，我省农村交通发展进入了最好的发展时期，成为全省交通运输工作的亮点，势头很好，有力地促进了全省农村经济社会发展。归纳起来，农村交通运输工作所取得的这些成绩，都是理念创新、体制创新、机制创新、管理创新和技术创新成果的体现。因此，在县县通高等级公路建设上，必须坚持创新的工作理念、创新的工作思路和创新的工作方法，推进“县县通高”，力争目标早日完成，更好地服务于全省经济社会发展和人民群众出行。

（一）加强理念创新，是实现“县县通高”的前提和基础

理念是行动的先导，要完成好工作目标，必须要有创新的工作思路，要抓住国家宏观政策变化的机遇。2009 年 1 月 1 日，国家启动了成品油价税体制改革，在取消公路养路费等六费的同时，将逐步有序地取消政府还贷二级公路收费。这是新时期我国收费公路政策的一次重大调整，也是调整我国收费公路结构的重大举措。这一重大政策的出台，是我省高级公路发展的挑战同时也是加快发展的重大机遇。我们必须清醒认识到，二级公路原有的“贷款修路，收费还贷”筹资模式不复存在，二级公路建设资金筹措将面临极大困难。但同时也要清醒认识到，取消政府还贷二级公路收费，将集中中央和地方财力偿还债务余额，也有利于公路投资盘活资产，增强融资能力，是各项目业主面临的极大机遇。

因此，认真加强理念创新，透过挑战看到机遇，紧紧抓住国家取消政

府还贷二级路收费的发展机遇，尽可能延长取消收费时限，在政策允许的西部地区范围内，继续实施二级公路收费，同时通过努力工作，在较短时间内完成项目建设，形成工程债务，用发展形成的债务来争取国家资金的投入。这是我们多少年来高等级公路建设中，都难以争取到的发展政策，必须争取好、利用好、最大限度地利用可能的条件把这一好事办好。同时要充分发挥各方特别是各级地方政府的优势和积极性，整合资金资源，构建新的融资平台，创新融资方式，拓宽融资渠道，共同努力，筹措好建设资金，为完成好县县通高等级公路建设打下基础。

（二）加强管理创新，是实现“县县通高”的动力

在县县通高等级公路建设上，坚持管理创新，不求所有但求所在。干线公路建设长期以来都是以省交通厅为主，省公路投资公司成立后，以公司为主，投资主体较为单一，各种矛盾容易加剧，不易化解。在县县通高公路上，应调动地方和行业主管部门的积极性，加强管理创新，推动工作。从近年来高等级公路建设情况分析，一是由地方负责项目的建设任务，可以分散贷款总量，可以发挥各级地方政府在土地、征迁赔偿、砂石材料等方面的优势，降低工程成本。二是由地方组织建设，管理成本较低、管理机构人员少，工程完工后富余人员少，无长期养人的包袱，还可以为地方培养更多高水平的管理人才。三是各州市动员起来，建设速度快、容易抓住机遇，提前完成节约建设成本。2007 年前已建成收费的二级公路中，由厅级组建指挥部修建的，平均每公里造价约 695 万元，由州市自行修建的平均每公里造价 510 万元，降低造价节约投资的优势较为明显。因此，要发挥好两个积极性（地方政府和行业部门），实现两个满意（各级政府和人民群众），更好地完成县县通高建设任务，必须充分发挥州市政府建设主体责任，形成省级帮助指导、州市组织实施的模式。

（三）加强技术创新，是实现“县县通高”的可靠保证

任何国家和地区进行工程建设，标准规范都是工作的基本准则。由于

我省地域广阔，地形、地质条件复杂，经济社会发展水平差异，不可能同一而足，必须正确理解和执行，切忌照抄照搬。要加强总体设计工作，充分考虑地区之间、不同地理条件之间的发展差别和不同情况，坚持针对工程项目所处的自然、地理、地质条件的特点和经济社会发展水平，尊重每一个区域的特殊性和差异性，在满足安全性、功能性条件下，科学确定技术标准，合理运用技术指标。

实现技术创新，关键还是观念和思路的改变，省交通厅党组在全省农村公路建设上，提出了“等级多标准、路面多形式、筹资多渠道、安保多样化”的四多原则，有力地推进了全省农村公路发展，取得了良好效果，“少花钱，多修路”的建设原则得到有力贯彻落实。要科学合理地借鉴“四多”的原则，推进“县县通高”项目建设，在二级公路建设技术标准上，我们必须继续坚持等级多标准的发展方式。对于坝区或交通量较大路段，可执行 60 公里时速和 12 米路基宽度；对于山区和交通量较小路段，实现 40 公里设计时速和 8.5 米路基宽；对工程艰巨路段平曲线半径和纵坡，可采用降低标准执行。在路面结构的选择上，应考虑不同荷载情况下分段设计或不对称设计，考虑当地材料供应的实际情况，综合确定，不拘泥于规范的个别词句，通过一系列技术创新来降低造价，减少筹资压力，促进工程顺利进展。

关于高等级公路管理养护的几点思考

2000年至2008年，云南省共完成交通固定资产投资1862.2亿元，其中，公路建设完成投资1840.1亿元。“十五”期间完成投资790.8亿元，“十一五”头三年完成投资967.1亿元，预计“十五”、“十一五”两个五年计划期间，全省将完成交通固定资产投资3000亿元。至2008年末，全省公路总里程达203753公里，其中，高速公路2512公里，一级公路633公里，二级公路4859公里。自2000年以来，全省新增高速公路通车里程2107公里，增长520.2%，全省新增二级及以上公路通车里程6032公里，增长318.6%。在公路建设特别是高等级公路建设突飞猛进，取得可喜成绩的同时，如何更好地保护好公路建设期间创造的财富，加强公路管理，不断提高公路的行车条件、通行能力和服务质量，保证公路财产的保值、增值，实现我省公路事业的可持续发展，是我省现阶段公路管理的一个亟待解决的问题。

一、云南省高等级公路管养的情况

（一）高等级公路管理的主要方式

目前，我国高等级公路管理的方式主要有三种，即非经营性收费公路（政府还贷的公路）、经营性收费公路（国内外经济组织投资建设或依照《公路法》的规定受让政府还贷公路收费权的公路）和转让部分经营权的收费公路。这三种公路管理方式在我省高等级公路管理中都存在，其中以非经营性收费公路即事业性收费公路居多。如2006年成立的省公路开发投资公司所辖的高等级公路和部分地方交通局筹资建设的收费公路，均为非经营性收费公路，曲陆高速公路是转让部分经营权的收费公路，昆玉、富砚高速公路是经营性的收费公路。

（二）高等级公路管理的机构设置情况

我省高等级公路管理实行“条块结合、以块为主”的管理体制。2006年成立公路投资公司以前，我省高等级公路运营管理机构的设置除了省公路局外，基本上是在“一路一公司”模式的基础上组建而成的，如厅属的昆瑞、昆磨和东部高速公路公司，均由建设时期的指挥部转换而成，2006年5月，三家高速公路公司合并成立了省公路开发投资公司。玉溪、红河、曲靖等地的高等级公路管理机构也是如此。高等级公路路政管理机构的设置与上述模式类似，分别成立了路政支队和路政大队，2008年成立了路政管理总队统一管理。

（三）云南高等级公路养护管理工作推进情况

公路建设创造了巨大的财富，交通行业主管部门如何正确处理好高等级公路建设与养护的关系，保护好建设期间创造的财富，是值得认真思考的问题。我省在近年来高等级公路特别是高速公路建成通车里程增长较快，截至2008年底，全省高速公路通车里程2512公里，高速公路通车里程由2000年全国排名第十，上升至全国第七、西部第一；二级及二级以上公路通车里程8005公里。如何才能保持建成公路良好的公路技术状况，在充分发挥公路交通的重要作用，为社会发展提供强有力的支撑的同时，实现公路使用寿命周期养护成本最低，延长公路使用寿命，是我们当前和以后的一项重要的任务和工作。为切实加强高等公路养护管理工作，认真贯彻落实部“建设是发展，养护管理也是发展”的新发展观和“以人为本、以车为本”的新服务观，实现我省交通运输事业又快又好发展，厅党组及厅领导高瞻远瞩，于2005年5月成立了高等级公路管理处，对全省高等级公路养护管理工作进行行业管理和指导。

客观地讲，前几年我们国家很多省份对公路养护管理工作都很不重视，干线公路，特别是高速公路的路况在一段时间内不尽如人意，社会反响较大。通过这几年的探索和工作总结，各级公路交通部门对公路养护工作的管理力度正在逐步增强。2003 年以来，我省大力推进公路交通建设，在逐步缓解公路总量严重不足、路网布局不适应经济社会发展的同时，大力加强公路养护管理，较好地解决了巩固建设成果、提高路网服务功能的问题，公路事业初步实现了建养并重、管养同步发展的新局面。高等级公路管理经营单位，开始正确处理经济效益与社会效益的关系，不断加大对养护工作的投入力度。应该说，现在我省绝大部分高等级公路管理经营单位，通过行业管理部门的引导与帮助，通过对自身养护工作的反思与总结，通过对兄弟单位成功经验的学习与借鉴，养护工作也开始走上正轨，路况水平逐渐趋向好转。

二、高等级公路养护管理的一些做法

（一）建章立制工作开展情况

出台规章制度、制定政策标准是行业管理的重要手段。只有全力推进依法治路进程，规范养护、管理等各项工作，才能为公路养护管理工作有效开展奠定良好的基础。从 2005 年开始，我们省开始重视这方面的工作，做了一些积极的探索与有益的尝试。以《公路法》、《收费公路管理条例》等法律、法规和规范为依据，2006 年以来在调查研究和广泛听取各方意见的基础上，省交通运输厅按有关法律、法规规定及交通部有关要求，结合我省公路营运、管理、养护的实际情况，制定了一系列公路养护管理的规范性管理办法、制度，如《云南高等级公路养护、维护管理检查考核办法》、《云南高等级公路桥梁、隧道、主要构造物结构检查》、《云南高速公路沿线附属设施经营管理办法》、《云南省公路桥梁养护管理工作规定》等规范性文件，对高速公路养护作业、经营管理、监督检查等作出了具体的规定，使高速公路养护管理工作开始有章可循，也规范了行业管理和经营业主的经营活动。与此同时，为让全省各公路养护管理单位工作人员能全面地掌握和熟练应用这些管理办法，促进我省高等级公路养护管理的规范化、制度化，保障公路畅通、安全，充分发挥高等级公路的经济和社会效益，省交通运输厅及时组织了各管养单位的有关人员进行了培训。

（二）加强政府监督、检查，不断提升高等级公路养护管理水平

行业管理部门加强行业监管，是法律赋予的义不容辞的责任，特别是要加强对收费公路的行业监管。不论是收费公路还是普通公路，其基本属性都是社会公共产品，必须负有对社会的责任。经营管理单位必须保证路况良好，路况不好，通行费照收，是不行的。对此，行业主管部门也要有正确认识。收费公路如果路况不好，社会和政府首先不是找业主，而是找交通主管部门。因此，我们行业主管部门要切实担负起收费公路的行业监管职责。

（三）高等级公路养护管理开展情况

这几年在厅党组的正确领导和支持下，我省加大了对高等级公路特别是高速公路的行业监管工作，我省公路养护管理工作上了一个台阶，主要体现在以下几方面。

(1) 相关管理经营单位逐步认识到了公路养护管理工作的重要性。大部分单位的养护与管理工作得到了重视和加强，切实贯彻落实了“建设是发展，养护管理也是发展”的指导思想，强化意识，加强管理，完善机构，不断加大公路养护投入力度，努力提高路网技术状况，所辖公路技术状况逐步提高，不断满足人民群众日益增长的出行需求。

(2) 公路养护管理规范化、制度化、痕迹化水平不断提升。规范化、制度化是公路养护管理工作的基础，省交通运输厅一直比较重视此项工作的开展，并要求各级交通运输主管部门和管理单位要结合实际认真贯彻落实。从近几年省厅年度养护管理检查情况来看，大部分高等级公路管养单位均较好地按照国家、省厅的有关标准规范和管理办法的要求，认真开展本单位的规范化管理工作，有的还结合自身的实际，逐步建立和健全了公路养护管理的规章制度、管理办法及各项应急预案，并及时落实到实际的

工作当中，规范化管理工作已逐见成效。

（3）大部分高等级公路管养单位能及时进行公路日常养护工作，保持路况良好。大部分路段均能按部及省厅的要求，认真进行了公路日常养护工作，及时处治路面病害，基本达到了路面平整、横坡适度、路容整洁、排水畅通、标志标线齐全、路面无明显影响行车的病害，保证了行车舒适。

（4）重视高等级公路桥梁隧道等重要构造物的养护管理工作。我省现已建成了一大批跨度大、技术复杂、结构多样的大型桥隧设施，保障桥梁、隧道安全运营，是公路养护管理工作中最紧迫、最重要的任务，特别是2007年湖南凤凰县“8·13”堤溪沱江大桥垮塌特大事故、2009年黑龙江省铁力市西大桥“6·29”桥体垮塌事故、“7·15”津晋高速匝道桥坍塌事故等桥梁垮塌事故的发生，给我们桥梁管养工作敲响了警钟。高等级公路桥梁隧道等重要构造物的安全运行，是我们养护管理工作的重中之重，是我厅平时养护管理工作和每次公路养护管理检查的重点工作。从实际情况看，大部分单位认真贯彻部、厅有关桥梁隧道管理养护的要求，重视高等级公路桥隧的管养工作，桥梁基本状况卡片建立基本完整，桥梁、隧道经常（日常）检查、定期检查能够按照有关规范和制度进行，检查频率、内容符合要求，迹化管理工作到位，归档管理规范；建立了桥梁、隧道、高边坡等重要构造物的变形观测网，设置了观测点，采用仪器定期进行变形观测、数据对比分析和归档工作。

（5）公路养护投入力度逐年加大，预防性养护逐步推行。2007年高速公路平均每公里年养护费用近7.5441万元，二级公路平均每公里年养护费用为2.9458万元，相对上一年度养护投入均有增加。预防性养护是成本效益最佳的养护手段，预防性养护对于延长公路使用寿命，降低公路全寿命周期养护成本，提高公路服务水平和资源利用效率，具有重要意义，被普遍认为是能够达到路面性能目标的、成本效益最好的养护手段。2005年省交通厅以昆玉高速公路为依托完成了沥再生科研课题，2006年完成了沥青路面微表处应用科研课题，在试验路段取得预期效果的基础上，昆玉公司投入资金对25公里（单幅）路面做了微表处铺筑，与铺筑前比较，经过微表处处治路段的路面摩擦系数提高25%，纹理构造深度提高1.2mm，基本不渗水，极大地改善了路面使用性能；2007年又继续铺筑了30多公里（单幅）微表处。昆玉高速公路预防性养护2006年每公里投入5.8万元，2007年每公里投入2.39万元，2008年每公里投入近8.7万元。在昆玉高速公路上开始尝试性的进行预防性养护取得了良好的效果的基础上，结合我省实际，省交通厅及时制订出台了《云南省公路路面预防性养护技术指南》，对我省公路预防性养护工作进行技术指导。2007年省公路投资公司也开始在一些路段上有针对性地实施预防性养护，均取得较好的经济效益和社会效益。目前，高等级公路管理单位公路预防性养护意识逐步得到提高，各项预防性养护措施逐步在我省大部分高速公路上推行应用。

（6）高等级公路通行能力明显加强。考虑到恶劣气象条件等自然灾害因素可能造成道路运行不畅或公路设施损坏，省交通厅及各公路管养单位均按职责要求，制订了保障高等级公路安全畅通的水毁抢险保通应急处置预案，建立各部门之间的协作联动机制，提高公路管理部门在突发性灾害中管理水平、反应速度以及自然灾害应急预防处置的能力，保证了紧急突发事件的快速反应和应急处置措施顺利实施，最大限度地减少人员伤亡和财产损失，树立了良好的交通形象。

三、现阶段云南省高等级公路养护管理存在的主要问题

近十年，是我省公路交通事业发展的黄金时期，公路通车里程快速增长，高速公路骨干作用日益突出，公路养护投入大幅增加，路网技术状况显著改善。公路建设的向前推进，养护管理工作的不断加强，为社会经济快速发展提供了有力支撑，为群众的出行提供了良好服务。在看到公路养护管理工作取得长足发展的同时，我们也要清醒地认识到，当前工作中还存在不少矛盾和问题，主要体现在：

（一）公路技术标准偏低，通行保障能力不足

截至2008年底，云南公路总里程为203753公里，其中，高速公路2512公里，二级及以上公路8005公里，占3.93%；等级公路为124516公里，占61.11%；有铺装和简易铺装的公路39557公里，占19.42%；未铺装路面的公路164196公里，占80.58%。路网质量总体水平不高，通行保障能力不足，抵抗灾害能力较弱，再加上云南山高水深，是灾害多发区，地震、水毁、滑坡、泥石流每年造成的损失很大，通行保障压力较大。

（二）养护运行机制落后，“重建轻养”思想客观存在

对养护管理强制性要求缺乏足够的认识及有效的约束，主要表现为对养护责任事故追究不力，监管不严，没有制定相应的责任追究制度和措施；对科技进步重视不够，周期性、预防性、全面性养护开展不足，养护工作仅限于矫正性、被动性、应急性和单纯以路面为中心的粗放型养护。

（三）养护管理水平参差不齐，总体水平不高

各州市交通运输主管部门公路养护规范化、制度化及痕迹化管理水平较低，与高速公路管理单位相比，差距较大。各州市交通运输主管部门对部规范、标准及厅管理办法的贯彻落实力度不够，规范化管理水平亟待提高。随着高等级公路通车里程的不断增长，养护管理内容日益丰富，现在的养护管理水平已不能适应快速增长的交通需求，总体管养水平不高，主要表现在：科技主导作用不足，现代通信、信息、环保、节能技术的集成应用较为薄弱；养护机械装备水平不高，养护机械配套率不足，对国外较成熟的新技术、新工艺、新材料只处在试验阶段，还没有大规模推广使用；缺乏足够的专业技术人才。

（四）养护资金投入不能满足需求

部分路段由于公路通车年限长，并且长期以来均属超负荷运行，现已进入病害高发期和大中修高峰期，整体公路技术状况下降，亟需投入大量资金用于公路的养护、维护工作。但由于我省公路规费收入不高，大部分

收费公路每年通行费收入还不够偿还建设期间银行的贷款利息，资金缺口较大。虽然近两年高等级公路养护投入逐年增加，但是养护投入力度与现有公路已进入病害高发期和大中修高峰期的实际相比仍显不足，导致部分公路存在着技术状况较差，不利于行车安全、社会反响强烈等不容忽视的问题，形势严峻。

（五）管养单位公路技术状况评定工作不规范，流于形式

公路技术状况是衡量公路养护水平的重要指标，公路技术状况水平直接影响社会公众的满意程度，也是做好“三个服务”、加强行业监管的重要内容。只有客观地评定公路技术状况，才能科学、合理地编制公路养护计划，及时实施预防性养护，有效推进我省公路养护科学化、规范化进程。从我厅养护管理检查和2008年公路技术状况复核抽检情况看，部分单位在进行所辖公路技术状况评定时，相关技术指标没有进行认真检测和现场调查，评定过程流于形式，评定结果与路段实际路况不相符，真实可信度低的问题较为突出。比如，2008年在对楚大高速公路K0＋000～K60＋000段、玉元高速公路K91＋000～K150＋000段、昆禄二级公路K42＋000～K71＋000段公路技术状况进行复核检测中发现：①公路技术状况指数（MQI）复核检测结果与管理单位评定结果存在差异。MQI复测评定值均小于管理单位的评定值，其中，楚大高速公路上、下行线MQI平均值分差15.4、8.7分，玉元高速上下线行MQI平均值分差7.7、3.9分，昆禄公路右幅MQI平均值分差12.2分。②各项指标的均方差差异较大，如楚大高速公路上、下行线MQI的均方差为6.4和6.5。③次差路段情况差异较大。管理评定的基本检测单元中没有公路技术状况为次、差等级的路段。但从复核检测的数据来看，该三个路段中均有不少公路技术状况为次差等级的检测单元路段，其中，楚大高速公路MQI次差的有21段，占总评价路段的17.5％；玉元高速公路MQI次差的有11段，占总评价路段的9.2％；昆禄二级公路MQI次差的有15段，占总评价路段的25％。④路面行驶质量（RQI）差异明显。

（六）高速公路沿线服务设施服务功能不齐，管理力度不足

高速公路服务区是高速公路的重要组成部分，为全封闭、高速行车提供了保障，是高速公路提供增值服务的重要设施，也是体现高速公路服务质量的一个重要窗口。随着我省高速公路路网的逐渐形成和车流量的迅猛增长，现有一部分高速公路服务区的规模、条件、设施功能已不能满足车流量和广大驾乘人员日益增长的安全、便利等服务需求。针对这一问题，从 2008 年开始，省公路投资公司开始逐步对所辖高速公路服务区进行改扩建工作，截至 2009 年 8 月，已经完成了腻落江服务区、恐龙山服务区、跃进服务区、木喳箐加水站等改扩建工程项目，达连坝服务区和小自营服务区等在项目实施当中。但由于原服务区规划布局不当、规模功能不全，加上管理单位重视不够，管理力度不足，管理模式落后等原因，导致高速公路服务区服务质量水平低，脏、乱、差现象普遍存在，驾乘人员及社会反响比较强烈，引起了各级领导的高度重视。

四、新形势下云南省公路养护管理还需加强的工作

为构建更安全、更畅通、更环保、更高效的公路交通网络，更好地满足我省经济发展和人民群众多样化、多层次的出行需求，公路养护管理工作要着重抓好以下工作。

（一）加强公路正常养护，加大养护资金投入

养护是建设的延续，良好的养护可以有效延长公路使用寿命，提高好路率，充分发挥公路的最大效益，促进整个路网结构的优化。稳定可靠的资金投入是做好养护工作的前提和基础，只有养护资金有了保证，才能及时进行公路大中修和日常养护各项工作。高等级公路管养单位要对照实际路况和养护需求，合理安排养护经费，科学制订养护计划，抓好组织实施和工程质量；要从提高养护规范化、机械化和专业化水平，改进管理方式，完善规章制度，提高养护质量等方面，切实加强公路养护管理工作；对于

公路技术状况较差，存在通行安全隐患，社会反响强烈的路段，要有针对性地加大养护投入；同时，还要建立养护资金保障机制，确保养护资金来源稳定可靠，当公路建设与养护管理发生矛盾时，公路建设不能挤占养护资金。

（二）全面推行预防性养护

国内外大量的实践研究证明，预防性养护具有施工方便、施工期短、社会效益和经济效益良好等优点，是解决或缓解路面养护压力的有效途径。管养单位要加强路面状况评价、桥隧技术状况评价等基础性工作，及时、准确地掌握路面、桥隧的工作状况，加强动态管理和病害监测，建立公路路况评价机制和桥隧技术状况预警机制；研究公路、桥梁技术状况衰减规律，合理确定公路、桥梁的最佳养护时机和周期。科学制订预防性养护计划，加大投入，保证预防性养护的时效性，避免由于资金不到位，审批不及时等原因而错过了养护最佳时机。

（三）着力提高桥梁、隧道、高边坡等重要结构物的管养水平

按有关规范和管理办法的要求，认真进行桥梁、隧道、高边坡等结构物的养护管理工作，层层落实养护管理责任人，明确职责，建立养护管理责任追究制度，养护管理的规章制度，完善桥隧检查、评定和养护管理的考评体系。建立桥隧技术状况动态监控系统，详细掌握桥隧基本情况和技术状况数据，加强定期的监控与监测，加大改造危桥力度，杜绝“突发破坏”现象的发生。建立和完善桥梁养护管理从业资格制度，加大对桥隧养护管理人员的培训力度。加强行业管理，认真履行监管职责，定期监督检查，加大对桥梁、隧道、高路堤、高边坡、地质复杂路段等控制性工程的检查、监测和养护力度。

（四）加强创新，注重科技

新技术、新材料、新方法和新工艺是提高路面质量的重要保证。各级公路管理部门和高等级公路管理经营单位要积极开展新技术、新材料、新

方法和新工艺的试验与应用工作，设计科研单位和养护施工企业要结合工程实际，进行研究和攻关，提出改善路面的措施和方法，要积极借鉴和吸收兄弟省市和国外的先进技术经验，全面提升我省公路路面质量。结合云南高等级公路气候、地质、地貌等实际，在理论研究和取得实践经验的基础上，因地制宜采用适合本地路面养护的方法和措施，以延长沥青路面使用寿命，促进循环养护和环境保护工作。

建立科学的养护质量评价体系，要充分利用具有平整度检测、路面病害识别、图像数字采集等多功能的路况质量智能检测车、桥梁检测车等先进设备，进行公路路况和桥梁技术状况的检测评定工作，并配套开发路面管理系统和桥梁养护管理信息系统等，初步构建养护检测评价体系和养护辅助决策体系，逐步实现检测自动化、分析数字化、管理信息化、决策科学化。

（五）不断提升我省公路的公共服务能力

公路养护管理工作要适应交通发展的大趋势，管理者要转变服务理念，拓宽服务内涵，以群众满意为目标，确定公路服务的标准和项目，更好地为人民群众出行服务。首先，要提升公路沿线设施的服务水平，对规划不科学、规模小、功能单一等不适应现代交通客物流的服务区，要加大改扩建和改造的力度，并加强管理和监督。近两年，在省厅及相关部门的重视下，服务区的管理水平和服务质量虽然在一定程度上有所提升，但也还存在不少问题亟待解决，如车流、人流高峰期，服务区厕所拥挤、卫生条件差、秩序混乱等问题还比较突出。特别是 2009 年省厅对全省高速公路服务区的暗访检查考核中，竟有约半数的服务区不合格。高速公路服务区作为交通行业的一个重要窗口单位，其服务质量的好坏，直接影响到高速公路甚至云南交通的整体形象，因此，尽快改变服务区的面貌，是当前的一项重要工作。公路管理经营单位要高度重视所辖服务区的管理、改扩建等工作，要力争在 2～3 年内使我省大部分服务区面貌焕然一新，达到功能适应、环境整洁、设施完好、服务周到、安全卫生、秩序井然的良好状态。

其次，要提升公路出行信息服务水平，加快信息化建设步伐，建成全省公路数据库和电子政务网，规范标志标牌设置，充分发挥可变信息板的作用，通过多种媒体为公众提供及时、准确的出行信息服务。第三，加强养护施工路段的管理，要按有关要求做好标志标牌和提示标志设置等工作，确保通行车辆和养护作业人员安全，文明施工，尽可能的减少养护施工对公路交通的影响。

通过交通广大系统干部职工的不懈努力，我省的公路养护和管理工作已经站在了一个新的历史起点上，我们要进一步统一思想，提高认识，扎实工作，开创公路养护管理工作的新局面，构建更安全、更畅通、更和谐、更高效的公路交通网络，不断促进我省交通事业又好又快地发展。

发展云南农村交通的几点思考

农村交通是建设社会主义新农村的基础，党的十七大和2009年中央1号文件都明确提出了加快农村交通建设的任务。云南农村大多处于高山深谷，农村公路是绝大部分农民群众唯一的出行通道。只有加快农村公路建设，才能为社会主义新农村建设提供强有力的基础保障。

过去五年，在省委、省政府的正确领导和厅党组的直接指导下，全省农村交通建设取得了前所未有的成就，公路基础设施建设得到进一步加强，新建农村公路33115公里，农村公路通车里程至2007年底达到了173782.337公里，新建成农村等级客运站314个，推进了城乡交通一体化和区域交通一体化进程；五年来，全省共改建农村公路3.48万公里，其中有沥青水泥路面15024.195公里，比2002年底增加了8727公里，全省乡镇通班车率达到了92.8％，行政村通班车率达到60％。

在看到五年来农村公路交通工作取得巨大成就的同时，我们也要看到存在的问题和不足：一是建设任务重，前期工作滞后；二是地质复杂，工程量大，施工难度大；三是配套资金不落实，技术标准和工程质量难以保证；四是“路、站、运、管、安”一体化管理工作不到位。

为解决这些困难和不足，个人认为应抓好以下几个方面的工作。

一、领导重视、发挥政府主体作用，是推进农村交通事业发展的关键

政府要认真落实主体责任，把农村公路管理纳入政府工作职责，合理划分各级政府、交通部门及地方公路管理段、乡镇政府、村委会的职责权限，交通部门要全面履行行业管理职责。

从我省农村交通建设较好的部分州市县的情况看，其主要做法就是领导重视，充分发挥政府的主体作用。如昆明市和曲靖市的通乡油路工程，文山州丘北县的“路、站、运、管、安”一体化工作成效，都是在政府的主导下，把农村交通建设与社会主义新农村建设规划紧密结合，统筹考虑山水林田综合治理、小城镇建设、扶贫开发等因素，确定分阶段建设重点，量力而行，农村交通建设抓出了实效。这说明，农村交通建设必须坚持以地方政府为主，中央和省级政府扶持，社会各界共同参与的发展方针。这既是实践的结果，也是农村交通事业所具有的扶贫性和公益性的要求，更是由农村交通建设在建设社会主义新农村战略任务中的地位决定的。因此，在中央不断加大投入和政策支持力度的同时，各级地方政府要明确责任和义务，加强领导和投入，分级负责，联合建设，研究措施、办法，真抓实干，集中精力，整合资源，确保年度任务完成。

农村交通建设中，政府在发挥主体作用的同时，还要发挥主导作用，引导社会一切力量为农村交通建设服务。政府的主导作用主要应该表现在以下三个方面：一是主导投入的增长。在社会主义新农村建设中，农村公路交通正随着人们出行需要的快速增长而变得日趋紧迫。不断增加农村公路交通的投入，是适应形势发展的需要。各级政府要通过不断加大对农村公路交通的投入，给下一级政府或社会各界传递一种要不断增加农村公路交通投入的信息，形成全社会对交通投入的不断增加。二是主导路网规划。在农村公路交通建设融资日趋多元化的形势下，政府要根据建设和谐社会的需要不断调整路网规划，协调各种关系，使路网规划得到协调发展。三是主导农村交通市场的发育与完善。通过市场化手段与计划经济手段，培养农村公路建设市场、农村交通运输市场，并不断完善管理手段，使农村公路交通市场健康有序发展。

二、科学规划、抓实项目前期工作、上下沟通协调是推进农村交通事业发展的前提

农村交通建设要按照立足近期实际，兼顾远期发展要求，坚持先易后难的原则。对基础条件好，投资小，见效快，当地积极性高、能落实配套资金的项目，进行优先安排，使一大批建设项目早建成，早受益。面对当前的实际，各级政府，尤其是交通部门要重视农村交通建设项目的前期工作。一是在规划阶段要完善储备项目的指标，增加人口、贫困程度、地质和自然状况及财政收入等影响项目决策的权重，增强规划工作的科学性；二是在勘测设计阶段要选定有相应资质的单位进行，坚持设计质量，杜绝因为农村公路等级低而忽视设计质量的想法，努力做到规划设计一次到位，分步实施，避免造成重复建设，浪费资金；三是在实施阶段要统筹规划，协调财政、土地、林业、水利、税务等有关政府部门，统一行动，统筹建设资金使用，充分发挥资金投入效益，共同推进农村交通加快发展。

在建设过程中，要克服“等靠”思想，要变“对上‘等’政策”为“对上‘争’政策”。好的政策是争来的，我省弹石路面创新技术获得交通部的认可，就是“争”政策的成功经验。因此，应当运用我省特殊的区位、社会状况，研究政策支持。同时，积极争取交通部的扶贫定点和参与交通部的各种项目的试点，提前享受优惠政策。要变“对下‘靠’配套”为对下的政策引导，引导地方政府合理配套资金、拓宽融资渠道，因地制宜开发新技术，运用新材料。

三、创新机制，增加地方配套资金，是推进农村交通事业发展的基础

近几年来，中央投资力度不断加大，增速之快，增量之大，是历史上前所未有的，中央的支持是实现我省农村公路大发展的基础。但是同样的投入由于地质和自然状况不同，我省每公里建设成本高出东部、中部地区

很多。资金缺口是我省农村交通建设的主要制约因素。现阶段，修一公里四级沥青公路需要投入80万元左右，交通部的补助只有40万元，资金缺口约一半；通达工程的攻坚难度大，每公里投入需30万～50万元，因此资金缺口更大。要实现年度工作目标，不进行资金配套显然不行。因此，应当重点研究在我省各地财力较弱、需要扶持的行业较多的情况下，如何解决农村交通建设资金缺口问题。我认为，要在坚持“筹资多渠道”、“多个一点”（上级补助一点、州市县区两级财政安排一点，乡镇财政挤出一点、受益单位付出一点、民工建勤投入一点）筹资的情况下，借鉴省外经验和省内成功做法，对资金投入机制进行创新，开源与统筹并重，增加配套资金。

“开源”主要从三个方面入手：一是继续加大向中央争取支持的力度。广西曾经利用国家对外宣传的需要，向中央争取了与越南相邻的100个乡镇加大基础设施投入的政策。因此，我们也要从巩固民族团结和稳定边疆大局及扩大社会制度国际影响的角度，多部门联合研究相关政策，取得国家的支持。二是增加省级财政投入力度。例如，陕西省财政今年专项安排4亿元的资金用于农村公路建设，并要求市、县两级财政专项安排4亿元的资金用于农村公路建设。因此，我省级财政要有专项资金直接投入或作为贷款贴息，用于农村交通建设。三是通过减少不必要的支出来增加投入。比如在项目前期的规划、设计评审阶段，充分发挥各交通主管部门的专业技术职能，减少或取消经营性机构介入，从而达到减少支出增加投入的目的。

“统筹”主要从三个方面入手：一是统筹省级交通规费的投入。例如，广西要求各地方政府的养路费切块部分要用于农村公路建设。因此，要加大省级交通规费的投入力度，或直接用于建设，或向省政府申请作为政府的贷款贴息，最大限度地发挥交通规费的杠杆作用。二是统筹干线公路缴纳的重点公路营业税及高速公路建设期间的交通保障资金。除了利用这部分资金修复重点公路建设期间被毁坏的农村公路外，将剩余资金统筹起来用于发展农村公路。三是对中央补助资金的再统筹使用。例如，贵州将中央对通达工程的补助资金统筹出 3 万元/公里。加上省级交通规费共 1 亿元，用于通村油路工程的补助。因此，我省也可以借鉴此做法，通过具体分析每一个项目的工程难易、地方财力等情况，调整补助资金的标准，实现统筹目的。通过省级统筹，利用省级投入对工程艰巨、条件艰苦、贫困程度大的项目进行倾斜，在资金补助方面更合理，体现出“因地制宜、分类指导”的原则，推进农村交通协同发展。

此外，省厅也可以通过省政府制定政策、法律法规，引导各州、县采取一些优惠政策。如：项目前期工作费、建设单位管理费、公路沿线发生的征地拆迁费等由项目所在地政府承担，建设用砂石料场由公路沿线政府无偿提供，等等。通过目标管理建立激励机制，激发各级政府对农村交通的关注度和参与热情，加大对农村公路交通建设的投入，加快农村公路交通的建设速度。这些有效措施要继续坚持，各地还要进一步积极研究和制订有利于农村公路发展的政策措施，逐步建立一套长效稳定的建养机制，实现农村公路的可持续发展。

四、强化服务，打造云南农村交通品牌，是推进农村交通事业发展的动力

交通部于 2007 年提出了“三个服务”的要求，作为我省交通主管部门，实现全省“公路通达、通畅，人流、物资流通”，是时代和形势赋予交通人的光荣而艰巨的任务，既是省交通运输厅职能所在，也是贯彻落实交通部“三个服务”要求的具体行动。因此，我们要进一步强化服务职能，提升管理水平，打造云南交通品牌，促进我省农村交通事业又好又快发展。

交通既有综合性，主要表现为基础性、网络性和公益性；也有专业性，而且其专业性很强，主要表现为项目规划、设计、实施和管理等方面。因此，在农村交通工作的各个阶段，交通部门都要明确表明专业立场，尤其是在规划阶段，强化行业的专业化、权威化和服务化地位，充分体现政府

职能部门的职责。为此，要做好以下几方面的工作。

1. 在总体要求方面

要进一步强化“路、站、运、管、安”五位一体的农村交通发展工作思路，在农村公路的建设上，要走资源节约型农村交通发展之路；要科学确定技术标准，合理运用技术指标；要坚持“等级多标准、路面多样化、筹资多渠道”的原则，继续遵循“1223”的指导意见。在农村公路的管理上，加快养护体制改革步伐，按照省制订的方案，成熟一家，推广一家。在站场等设施的建设和管理过程中，要按照“四个同步”的原则，向地方各级政府提出明确的征地和建设标准要求，扶持和引导农村运输发展。

2. 在建设方面

要以建设资源节约、环境友好的农村交通为目标，充分发挥典型引导作用，加强对各地的指导。要综合考虑，按照“路、站、运、管、安”五位一体整体推进的模式，加强探索，提高农村交通的服务能力，努力实现交通部“三个服务”的要求。

（1）在农村公路建设方面，要强化“弹石路面是现阶段云南农村公路建设最佳选择”的意识；要充分利用我省向交通部争取到的用弹石路面替代沥青路面的政策，大力推广运用“弹石路”这一云南品牌的路面结构，发挥其具有的建设期间“施工简便，基本不受施工机械设备的制约，降低工程造价”和管养期间“养护工艺简单，耗用材料少，无需专用设备，养护费用低”的优势，克服我省路用沥青全靠从省外和国外进口，运距远、价格高的缺点，既解决了配套资金难的问题，又能达到改善、提高路面等级和服务质量的目的。

在当前形势下，我们要坚持以科学发展观为指导，因地制宜，走资源节约型农村交通发展之路，科学确定技术标准，合理运用技术指标，修“实用之路、节约之路、安全之路”。具体说来，就是必须坚持实事求是的思想路线，一切从实际出发，加强总体设计工作，充分考虑地区之间差别，尊重每一个区域的特殊性，针对工程项目所处的自然地理环境、地质结构特点和经济社会发展水平，在满足安全性、功能性条件下，科学确定技术标准，合理运用技术指标。

在目前农村公路建设中存在一个共性问题，即通乡油路工程建设进度相对滞后。其主要原因就是脱离实际，片面追求技术和路面标准，导致了投资水平高，地方筹资压力大，资金不到位，严重影响工程进度和质量。在我省农村公路建设中，坚持解放思想，更新观念，坚持科学发展显得更为必要。

根据多年的工作实践和经验积累，我认为：要突出“一个原则、两个重点、两个结合和重视三小”。一个原则：路不在于宽而在于畅，不在于等级高而在于实用的原则。两个重点：提高农村公路的桥涵等构造物配套率和提高路面硬化率。两个结合：①在经济条件好的地区水泥路和弹石路相结合，地形条件好则以水泥路为主，地形受限制路段铺筑弹石路面；②在经济条件差的地区弹石路和水泥路结合并以弹石路为主，在过村镇路段铺筑水泥路面。重视三小工程：注重农村公路路面的有效使用，进行小水泥路、小油路和小弹石路工程建设。

在通乡公路的技术标准选取上，应结合各地区各条路的实际，分类确定建设标准。对于重要通乡镇公路，按部颁山岭重丘区四级公路标准改建；对于交通量较小，连接两个以上乡镇的通乡公路，按“等级适当提高，线形基本不变，老路充分利用，路基适当加宽，防护工程加固，排水设施完善，抗灾能力增强”的原则进行改造；对于交通量很小，只连接一个乡镇且改造工程投资巨大的通乡公路，按“适当提高标准，适度调整线形，完善相应的防护和排水工程”的原则进行改造。

在通村的公路通达工程技术标准的确定上，一般采用四级公路标准建设。对于人口多，经济发展好的坝区，或连接多个建制村的公路路基路面宽度，一般应采用 6 米，铺筑砂石路面；对于人口少，工程量大，任务艰巨的山区，路基宽不小于 4.5 米，砂石路面宽不小于 3.5 米。依据以上原则对通村公路分类分标准进行建设，以达到既能满足群众需求，又能节约投资的目的。

在路面标准的选择上，应坚持“水泥路和弹石路面为主，沥青路为辅”的原则。综合考虑“沥青路面、水泥路面、弹石路面、砂石路面”的合理使用，统筹工程全过程，实现项目建设管理养护工作的综合统筹，合理分配资源。在通乡通村路面硬化中，坚持水泥路和弹石路相结合，坝区以水泥路为主，山区以弹石路为主，对于过集镇路段铺筑水泥路面，对于交通量小山区路段可铺筑砂石路，少铺或不铺沥青路面。

（2）在发展农村客运方面，要坚持“路、站、运”协调发展，把农村客运场站建设与农村公路建设有机结合起来，做到同步规划、同步设计、同步建设、同步验收。加快农村运输发展，改善农民出行条件，是一项“兴农村、助农业、富农民”的民心工程和德政工程，是实现交通又好又快发展的基础。我们要把加快农村客运发展作为一项长期任务抓紧抓好，全力建设“一乡一路一站”和“一村一路一牌”的农村客运网络体系。县域农村客运站点建设规划要按照交通部“乡镇有等级客运站，行政村及道路交叉口有候车亭，自然村有招呼站，适度超前、合理规划”客运班线的原则，合理规划每一个乡镇、每一个行政村的客运线路发展和运力投放数量、运力型号和拟开通客运班车日期，采用“区域制、线路制、包干制、搭配制”等方式优化运力。

（3）在“站、运、管、安”方面，要下工夫总结、提升我省探索的“丘北经验”，要认识到“丘北经验”是推进一体化管理工作的最佳选择；要将其用于全面指导全省今后一个时期农村交通运输基础设施建设，使之成为继“弹石路面”之后云南农村交通又一品牌。

此外，要充分运用省委、省政府对实施加快农村客运发展所采取的扶持政策，保障客运发展建设资金，简化农村客运线路的审批，确定合理的农村客运票价，规范管理、提高服务，让广大农民群众得到实惠。

3. 在管理方面

要从交通部门入手，强化“建设是发展，管理也是发展，并且是可持续发展”的意识，明确抓好管理工作，是实现行业由“速度型”向“质量型”转变的关键。

一是要加强对农村运输工作的指导和政策引导，确保农村客、货运输有序发展。尤其是要深化农村客运运力结构调整，进一步提高农村客运车辆档次，充分利用农村公路网等基础设施，改善车型结构，努力减少农用车辆载客现象，从而减少农村客运安全事故。要积极鼓励和引导客运企业开拓客运市场，让企业把进入农村客运市场作为新的效益增长点和履行普遍服务义务的重要内容。要遏制农村公路的超限运输，特别是涉及厂矿路段的超限运输（农村公路因为资金的原因基础较差，公路承载能力较弱，有的公路辛辛苦苦通过多年的筹资修建以后，受到超限运输的破坏，仅二三年公路就基本崩溃了，建设成本远远大于超限运输所产生的效益，加大超限运输治理是农村公路管理中的重要工作）。

二是要规范农村客运经营行为，加强道路客运班线经营权的管理。各级运管机构要根据县域农村客运线路和运力投放的规划，认真组织好农村客运线路许可审批和运力投放，在坚持安全第一的前提下，简化许可审批手续，进行规范化管理和集约化经营，达到增加效益，规范管理，提高服务，保障安全，方便广大农民群众出行的目的。要加强道路客运班线经营权的管理，严禁道路运输经营者非法倒卖、转让、出租道路客运经营权及道路运输经营许可证件。要加大对违法经营行为的打击力度，禁止货运机动车、拖拉机等非客运车辆从事客运及无牌、无证、无照非法营运等违规行为，为农村客运时常创造良好的市场环境。

三是要贯彻安全发展方针，强化农村运输安全监管。要从维护农村稳定和保证农民群众生命财产安全的高度出发，建立健全各项安全管理制度，把农村运输的安全管理作为重中之重，逐步改善农村公路安全状况，切实加强监管，落实安全管理责任，逐步建立和完善乡镇道路运输安全责任制。

四是要继续推进农村公路管理养护体制改革。农村公路管理养护体制改革工作是一项得民心、顺民意的伟大事业，各级政府和部门高度重视这项工作。为确保我省农村公路养护体制改革取得成功，按照2006年准备，2007年试点，2008年全面推开的步骤，2007年省厅决定在全省农村公路养护工作方面具有代表性的21个县开展了试点工作，取得了明显成效。为进一步推开农村公路体制改革提供了四个方面的经验：第一是建立机制，落实责任。各级政府都把农村公路管理纳入政府工作职责，认真落实主体责任，合理划分县级政府、县级交通部门及地方公路管路段、乡镇政府及村委会的职责职权，交通部门履行行业管理职责，形成统一管理，分级负责的农村公路管理工作机制。第二是制订方案，落实工作。认真做到方案的全面性和可操作性，按照方案确定的内容全面实施。第三是建立稳定的资金来源渠道。根据农村公路养护工作资金需求量大的实情，坚持多渠道融资，努力夯实农村公路养护事业发展的物质基础。按照“省级补助、地方自筹、多方筹资”的方法积极筹措资金。第四是因地制宜，分类指导，积极探索农村公路养护形式，达到提高公路管养质量和服务水平的效果。

就目前来看，一方面，省厅应充分运用省补资金的龙头作用，积极协调各级地方政府，解决好农村公路管养人员经费纳入同级财政预算问题，为顺利推进改革奠定基础；另一方面，要继续协调发改委、财政、土地、林业、税务等有关政府部门，在农村交通建设上，协调行动，统筹建设资金，充分发挥资金投入效益，共同推进农村公路加快发展；再一方面，要发挥交通系统技术人才众多的特点，要把人才调动起来综合使用，加强对农村交通工程的技术指导，搞好技术服务。此外，针对部分过村镇路段难养、难管的实际，可考虑将这些路段责任到村委会，由村委会代养，并发动群众将自己门前的路管好养好，并承担突击性抢险保通的责任，发动群众投工投劳养护，充分调动和发挥广大人民群众的积极性、创造性。

此外，要加强成效监管。当前农村交通工作成效监管的重点是：农村公路方面是桥涵构造物等控制性工程的质量和施工安全；运输方面是站场设施建设安全和行车安全。因此，我们要根据交通部的统一部署，按照质量年的要求，建立符合我省实际和适合农村交通工程特点的质量保证体系；要建立农村交通建设的奖惩督察制度，制定《云南省农村公路建设奖惩办法》，对中央和省下达项目及地方自筹的项目实行分类处理，以充分调动地方积极性；要充分发挥各类新闻媒体的舆论导向和舆论监督作用，积极宣传正面典型，营造积极向上的良好氛围。

水泥混凝土块体及弹石路面在云南农村公路建设中的应用

建设社会主义新农村赋予了公路建设新的历史使命，党的十六大第一次提出要“统筹城乡经济社会发展，建设现代农业，发展农村经济，增加农民收入”。从中我们看到了农村公路发展势在必行。本文将用实践和数据来介绍近几年来云南省交通人为加快建设农村公路所采取的有力措施；如何大力推进农村公路建设，满足广大人民群众走好路、用好路，为农村经济服务的举措；在建设过程中，通过不断总结与提炼，摸索出的一整套适合我省农村公路的路面材料施工经验。

一、全国的农村公路建设形势

2003年，交通部党组提出“修好农村路，服务城镇化，让农民兄弟走上沥青路和水泥路”，启动了新中国成立以来规模最大的农村公路建设工程。2006年，交通部党组提出做好“三个服务”，即服务国民经济和社会发展全局、服务社会主义新农村建设、服务人民群众安全便捷出行。2008年2月20日，交通部全国农村公路工作电视电话会议和《2008年农村公路工作若干意见》提出，按照统筹城乡发展、区域发展和经济社会发展的要求，量力而行，突出重点，全面提升农村公路建设质量，大力发展农村公路交通，努力实现农村公路又好又快发展。

经国务院批准，2006年，农村公路建设“‘十一五’五年千亿元工程”开始启动。交通部要求，到“十五”末，全国乡镇通公路率达到99.8%，高级、次高级路面铺装率达到80%以上；行政村通公路率达到96%，高级、次高级路面铺装率达到50%以上，并要求在今后3年内，计划建设县际和农村公路17.6万公里，在全国实施“通达工程”和“通畅工程”，分别解决东中西部地区乡到村、县到乡以及县际通沥青路或水泥路问题。这些政策和措施，受到了全社会的关注和农民群众的热烈响应。

二、云南省农村公路建设目标

根据交通部的规划要求，云南省确立了到“十一五”末农村公路建设目标，即总体目标为，力争经过3～5年的努力，使全省农村公路在路面等级和技术标准上有一个历史性的飞跃，在路网整体水平上有较大提高，路面硬化率上有较大突破；基本达到全省多数乡镇公路硬路化、养护管理规范化，为全省各族人民向全面建设小康社会目标前进提供良好的公路交通条件。具体目标如下：

1. 在“通达工程”方面

主要是在经济条件差的山区仍以增建桥涵等构造物、提高晴雨通车率为主，尽量维护乡村公路的通行。到“十一五”末，我省要实现98%的建制村通公路，新改建农村公路里程7.9万公里，进一步提高通达深度，实现通村公路晴雨通行，解决农民兄弟出行有路可走的问题，基本实现交通部提出的行政村通公路的要求。

2. 在“通畅工程”方面

“十一五”末，要实现具备条件的乡镇通硬化路面，新改建通乡公路2.4万公里，其中90%的乡镇通油路、水泥路，农村公路的服务水平进一步提高；逐步改造等外路为等级公路，首先解决县道特别是县到乡镇政府所在地的等外路，在提高技术等级的同时，适当地增加防护和排水工程，提高抗灾能力，逐步加强桥梁建设和维修，加固或重修因水毁或年久失修的大中桥，增建通村公路中缺乏的桥梁；同时继续加强乡镇到行政村的公路建设，在实现县到乡的公路路面硬化的地方，对经济条件好的进行乡村公路路面硬化。

三、块体路面及混凝土块体材料

（一）块体路面分类及历史

块体路面是指在基层上摊铺砂垫层后，再铺砌经人工或机械加工形成的不整齐、半整齐或整齐块体，通过嵌缝填隙压实形成的一种路面结构（图1）。从世界道路发展史可以看出，块体路面是最早的一种路面形式。人类采用块体材料铺筑路面有着悠久的历史，只是在历史不断演变的过程中，不同时期用于制作块体的材料和工艺都不相同，块体路面中最为普遍的是弹石路面。弹石路面是指在基层或砂石路面上摊铺砂垫层后，再铺砌经人工或机械加工形成的不整齐、半整齐或整齐块石，通过嵌缝填隙压实形成的一种路面结构。弹石路面按弹石的尺寸规格和铺筑工艺标准的不同，可分为非整齐块石路面和整齐块体路面。非整齐块石路面按所用石块加工修琢程度不同，可分为不整齐块石弹石路面和半整齐块石弹石路面。整齐块体路面按块体所用材料不同，可分为机械加工天然块石弹石路面（以下简称机制弹石）和混凝土预制块体弹石路面。历史上块体路面按照材料类型分主要有砖块、石块、木块和混凝土块四种。

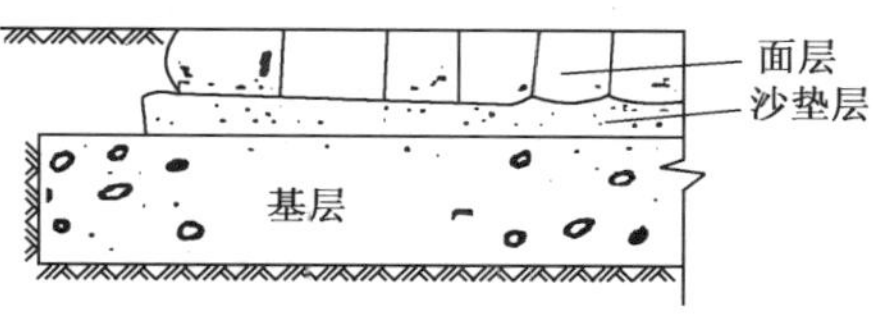

图1　弹石路面结构示意图

典型的块体弹石路面结构为：14cm弹石路面＋21cm天然砂砾石＋压实土基。

1. 砖块路面

砖块路面是使用历史最悠久的一种路面（图2），据考证已经有5000多年的历史。砌筑中甚至使用过天然沥青作为黏结剂，这也是沥青材料在道路工程中的首次应用。

砖块路面的主要缺点是容易损坏和磨损，例如因开裂以及砖块边角破裂或磨损造成的砖块顶部磨圆。

2. 石块路面

石块路面的使用历史也很长（图 3、图 4）。实际上，早期的城市道路路面都是用鹅卵石或蛮石铺成的。由于这类路面很不平整，所以到 19 世纪，开始使用花岗岩、玄武岩或石灰岩铺筑路面。

图 2　故宫博物院的砖块路面

图 3　楚雄使用多年的农村公路弹石路面

到了 20 世纪，人们已开始采用一些方法来填封石块之间的缝隙。最初使用的填封料是水泥或水泥砂浆，但采用这种方法不得不关闭交通，且会增加行车噪声。为了克服这一缺点，曾在砂浆中加入了大约 15%的沥青。不过，更普遍的方法是用细砂填封路面缝隙的底部，而用沥青含量为 30%～40%的沥青石灰石屑填封缝隙的顶部。云南省的整齐块体弹石路试验中使用沥青砂或沥青混合料填隙缝隙的顶部正是这种方法的进一步发展和应用（图 5）。

图 4　石块路面（德国法兰克福轻轨道路）

图 5　临沧地区农村公路

3. 木块路面

从 19 世纪初叶开始，为了减少石块路面与车辆、马蹄铁的碰撞而产生的噪声，木块就经常被作为石块的代用物而被用于路面铺筑。在欧美等国家，木块一般用松木或冷杉制成，并经过煤焦油高压处理；在澳大利亚，通常使用未处治的当地硬木。

木块铺筑时可不设砂垫层，而是直接铺筑在 30mm 厚的沥青玛蹄脂垫层上。木块路面虽可降低噪声，但因其吸收水分，易潮湿，并且潮湿后容易滑溜，故这种路面现在已几乎不用了，在公园等休闲场所偶尔可见。

4. 混凝土块路面

目前，在实际工程中，采用的混凝土路面主要包括两种类型：一是沥青混凝土路面；二是水泥混凝土路面。由于沥青混凝土路面有很多难以解决的问题：一是沥青的成本太高；二是沥青路面建成后的后期养护成本大，制约了农村公路中沥青路面的发展等。而水泥混凝土路面一次建设投入较大，后期养护需要专用设备和专门人员，在农村公路中大量建设，也有较大的难度。所以云南省在总结传统弹石路建设的经验基础上，提出用新型块体的弹石路的思路和方法，试验探索水泥混凝土块体路面（图 6、图 7）。

图 6　红河州蒙自县整齐块石路

图 7　玉溪水泥混凝土块体试验路

（二）云南省“弹石路”的来源

在云南，将块体路面称为“弹石路”，所以本文中的块体路面与弹石路面是一个称谓。“弹石路”这个名称来源于云南历史上对用拳石或“弹街石”来铺筑的块体路面的传统称谓。随着弹石路面材料的发展，现在不仅仅有人工打制石块、机械加工石块，还有混凝土预制块体，但我们云南还是沿用传统的称谓，将块体路面统称为弹石路。

有很多朋友、专家来参观云南省的弹石路时，经常会问：“弹石路”的“弹”字怎么解释，到底是读 tán 还是读 dàn，“弹”字最初是表示这种块石的外形还是施工工艺，“弹”字的本意是什么，有什么特殊的历史意义？

要弄清楚这个问题，首先要弄清云南省弹石路的起源。虽然云南省的块体（主要是石块）路面可以追溯到很早的时期，但正规的弹石路最早还是在 1939 年，抗日战争时期修筑滇缅公路西线路段时，为了有效地解决急弯陡坡路面旱季松散、跳渣和雨季泥泞、滑车的问题，云南向上海招雇弹街（石）工师傅 30 余人［云南人亲热的称他们为“弹（tán）石师傅”］，在滇缅公路一些急弯陡坡路段加铺弹石路面。抗战胜利后，这些上海石工师傅留在云南并培养出一批本地弹（tán）石技工队伍，这就是云南弹石路发展的初端。既然云南省的现代弹（tán）石路来源于上海，我们就要来考证上海的弹（tán）石路历史。

对老上海来说，弹（tán）街路是再熟悉不过的了。这种由卵石、碎石铺筑的路面，已经有几百年的历史（图 8）。在 20 世纪 50 年代，全上海约有 4000 条弹街路、弹街弄堂，一时“鼎盛”。在上海，弹（tán）街路，又称“弹（tán）格子路”、“片弹（tán）石路”、“弹（tán）硌路”。用这种石块铺的路上海人叫作“da 岐 g 岬 1 徂”，此仅是口语而未见诸文字，谁也弄不清这“da 岐 g 岬 1 徂”该怎么写，于是人们根据“da 岐 g 岬 1 徂”的音义写作“弹（tán）硌路”、“弹（tán）疙路”、“弹（tán）咯路”、“弹（tán）街路”等。在 1949～1960 年间，上海市政建设局为改善上海市政和市民出行方便，铺筑了许多“da 岐 g 岬 1 徂”，在他们的施工报告和记录资料中，一律使用“弹街”或“弹街路”。联系到前面叙述的原因，“da 岐 g 岬 1 徂”的规范书写应该为“弹（tán）街”或“弹（tán）街路”。

从上面的叙述可以看出，弹石路中的“弹”应理解为“弹（dàn）”——在古汉字中有硬质球状物的意义，古代的火炮的炮弹就是一种大小如拳的铁弹。没有读 tán 的合理解释还有：①不是路面有弹力，否则应称为弹性路面，而非弹石路面；②弹石路面中的“弹石”指的是路面所用材料，即石头的形状像古代的炮弹；③古代命名多采用象形的方式，不可能在命名上考虑到太多的力学理论等。

从中我们可以确定，弹石路中的“弹”字的意义应该确定为“弹（dàn）”的意思，但是我们传统的称谓却一直是弹（tán）石路，既然字面意义应该是弹（dàn），而为什么念成弹（tán）了呢？经过多方查找论证，我们从上海的方言中找到了答案。上海一些地方方言中讲所谓的“弹（dàn）子”，“弹（dàn）弓”，都念为“弹（tán）子”，“弹（tán）弓”，所以弹石路的弹本意为 dàn，但是老上海方言话传统的发音为 tán，所以听音传义，就成了弹（tán）石路。这就是弹（tán）石路名称的由来。

（三）块体路面的特点

从云南省的使用情况来看，块体路面具有以下特点：坚固耐久，清洁少尘；适应中、重型车辆通行；因地制宜，就地取材，建设养护技术要求低，施工难度小；绿色环保，不污染环境，节约能源；建设养护成本低，性价比较高；能满足农村公路的行车要求和通行能力要求；便于群众投工投劳，且道路的技术荷载参数基本满足行车要求（表 1、表 2）。不足之处是传统的块石路面平整度相对沥青路面、水泥路面差，行车噪声较大。

云南楚雄妥海至爱尼山公路弯沉实测值统计表 表 1

桩 号	L_0（0.01mm）	S（0.01mm）	土基干湿类型	土质
K0+000～K9+000	116.25	28.36	中湿	砂性土
K9+000～K24+100	126.23	23.56	中湿	砂性土
K24+100～K31+000	134.62	29.36	中湿	砂性土
K31+000～K42+000	116.25	27.36	中湿	砂性土

云南楚雄妥海至爱尼山路面当量回弹模量表 表 2

桩　　号	季节影响系数 K_1	$L=(L_0+Z_aS)K_1K_2K_3$	E_t（MPa）
K0＋000～K9＋000	1.5	238.19	68.86
K9＋000～K24＋100	1.5	267.99	61.20
K24＋100～K31＋000	1.5	242.36	67.67
K31＋000～K42＋000	1.5	235.94	69.51

传统的弹石路由于弹石仅经人工粗加工，其平整度、行车舒适性等较差。所以云南省在总结传统弹石路的基础上，一直在不断思考、探索更好、更先进的块体路面。目前，云南省研究的新型块体弹石即水泥混凝土预制整齐块体路面类型，已得到了交通部的肯定和认可，认为此路面结构可作为路面硬化类型，广泛应用于通乡公路通畅工程中，并以《关于采用整齐块体弹石路面代替沥青及水泥路面请示的批复》（交公路发〔2007〕28 号）进行了批复同意。

经过创新发展的水泥混凝土块体路面与传统弹石路面相比，具有以下特点：

（1）与传统弹石路面相比，整齐块体可以实现半机械化、半工石化施工，原材料利用率和生产效率高，并且这样生产的块体规格、强度容易控制，容易满足质量要求。

（2）整齐块体路面整洁、美观、干净少尘，抗滑性能好、行车振动小，安全、舒适，路用性能满足农村公路的要求（图 8）。

图 8　昆明吴井路块石路面

（3）建设、养护费用低。通过试验分析，整齐块体路面的养护费用为沥青路面的 60％左右，从建设成本加养护费用综合来看，整齐块体路面总成本为沥青路面的 45％左右，所以整齐块体路面具有较大的优势。

（四）云南省混凝土块体路面发展情况

云南省于1939年由上海引进弹石路面铺筑技术，在昆畹线大理境内铺筑了20多公里的弹石路面；新中国成立后，弹石路面在云南省公路建设中得到更广泛地应用，特别是1970年前后4年间，全省掀起了弹石路面修建高潮，并在会泽—黄梨树43公里弹石路施工现场召开了全省弹石路面修建现场会，该段弹石路面在2001年改建为沥青路面前使用了20多年；进入80年代后，云南公路建设速度逐渐加快，特别是县乡公路的建设在国家以工代赈等扶贫政策的支持下，得到了飞速发展，但由于建设资金有限，加之云南省无沥青资源，一些非主干线国道、省道都难以铺筑沥青路面，而土路面和泥结碎石路面已难以适应日益增长的交通量和人们对乘车的舒适性、安全性等方面的需求，因此，人们又把目光转向能就地取材、造价低廉、坚固耐用的弹石路面。近10多年来，农村公路中的弹石路以每年1000多公里的速度增长，既缓解了资金紧张的矛盾，又改善了路况，提高了路面服务质量（图9）。

图9　文山州丘北县水泥混凝土块体路面

特别是2000年以来，我省农村公路取得了长足的进步，“十五”末期全省农村公路通车里程达14.24万公里，有92.8%的乡镇、86.8%的行政村通了公路。全省农村公路路面硬化总里程达14016公里，是新中国成立以来到“九五”末这50年路面硬化总里程的两倍。其中，新增水泥路面3008公里，沥青路面3764公里，弹石路面7334公里。农村公路路面硬化率由“九五”末期的5.44%提高到“十五”末期的14.47%。特别是县道的硬化率，由“九五”末期的14.25%提高到“十五”末期的36.75%。即使在高等级路面高速发展的今天，到2007年底，云南省仍有近900公里弹石路面在国省干线中应用，全省弹石路面总里程已经超过14792公里（图10）。

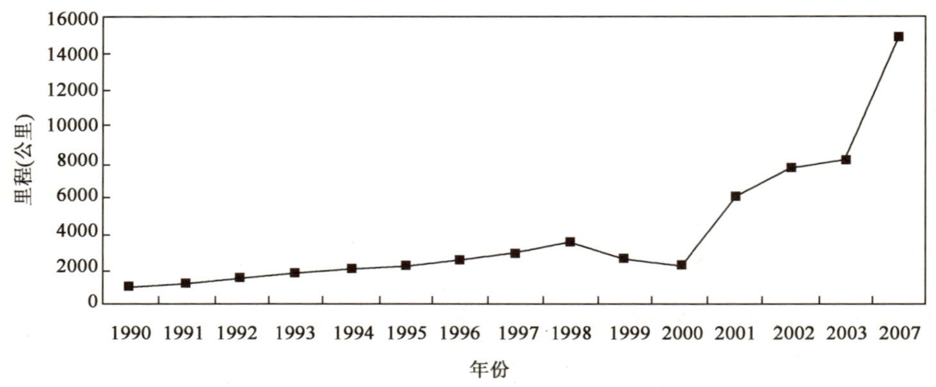

图 10　1990～2007 年云南省弹石路面里程统计

云南省从 2005 年就开始研究新型块体路面形式，主要是水泥混凝土块体路面，经过近几年的研究和推广，无论在理论上还是在规模上都有了较明显的成果。水泥混凝土块体路面的主要特点是：路面结构强度较高、耐磨性好、技术简单、施工方便、开放交通所需时间短、成本较低、平整度高、景观效果好等。目前水泥混凝土块体路面已接近 1000 公里，并且在水泥混凝土块体路面的研究上，也达到了较高的理论深度，水泥混凝土块体路面技术研究课题通过国内著名专家鉴定，已达国际先进水平，且研究成果还荣获了云南省 2008 年科技进步二等奖。我省的水泥混凝土块体路面不但得到了交通部领导的肯定，也得到了国内同行的肯定，国内多个省区乃至东南亚一些国家的同行相继来到我省参观考察混凝土块体路面技术，并已在当地进行推广。

四、水泥混凝土块体和弹石路面在现阶段农村公路建设中的应用与推广

至 2007 年底，云南省农村公路中，弹石路面里程达 14000 多公里，弹石路面之所以在云南省公路建设，特别是农村公路建设中，具有较强的生命力，主要是由云南省农村公路建设的基本状况、建设能力与规模和弹石

路面的优点决定的。

（一）云南省农村公路的基本状况

云南地处祖国西南边陲，全省国土面积 39.4 万平方公里。其中，山区、半山区占 94%以上，人口 4400 多万，除汉族外，还分布有 25 个少数民族。与西藏、四川、贵州、广西等四省（区）接壤，周边与越南、老挝、缅甸等国家相连。云南地势北高南低，北部最高海拔 6740 米，南部最低海拔 76.4 米，大部分地区海拔平均在 2000 米左右。全省辖 16 个州、市，129 个县市区，1342 个乡镇，13960 个行政村，是一个边疆、民族地区、以公路运输为主要方式的内陆省份。2007 年底，云南省纳入交通部统计的公路总里程为 200333.23 公里，其中，农村公路拥有量高达 177844.754 公里。按技术等级分，二级以上公路里程 1761.627 公里，仅占农村公路总里程的 0.99%；四级公路里程达78881.192公里，占农村公路总里程的 44.35%；等外路里程 93113.497 公里，占农村公路总里程的52.36%。按路面类型分，硬化路面（弹石、沥青和水泥路面）里程 25815.573 公里，占农村公路总里程的 14.52%，弹石路面13811.659公里，占 53.5%；沥青路面 7608.92 公里，占 29.47%；水泥路面 4394.994 公里，占 17.03%（图 11、图 12）。2008 年，按“十一五”农村公路建设到村要求，我省积极开展了通乡通畅和通村公路通达的建设，分别完成了 2800 公里和 14000 公里（完成情况详见表 3）。

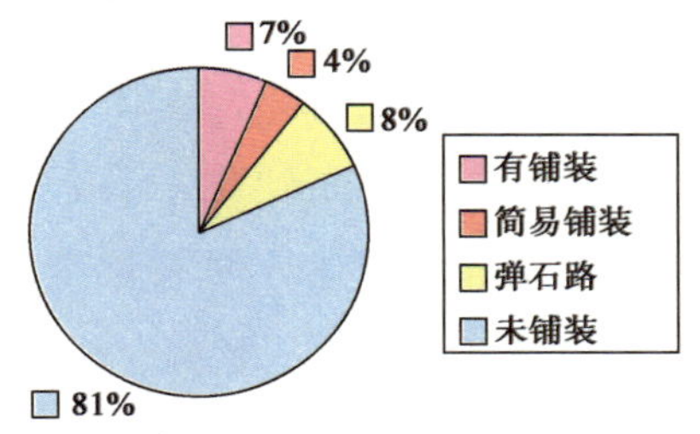

图 11　2007 年云南省农村公路路面构成图

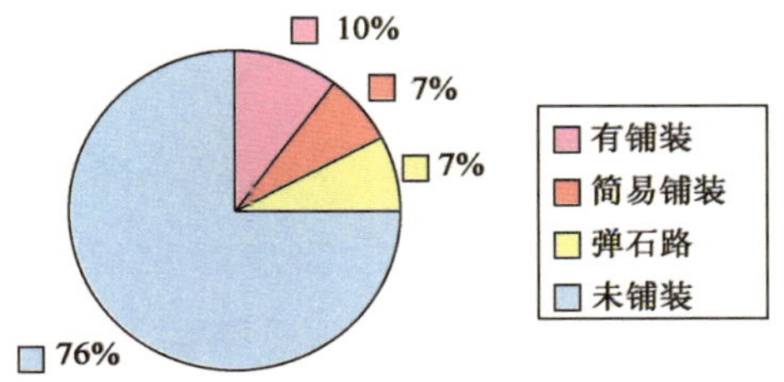

图 12　2007 年云南省公路路面构成图

2008年云南省农村公路完成情况 表3

项目 目标	乡镇通畅情况				建制村通达（通畅情况）						
	乡镇总数	建成沥青（水泥）路（公里）	新增沥青（水泥）路数（个）	通沥青（水泥）路占比重（%）	建制总数（个）	建成公路（公里）	新增通公路建制村数（个）	通公路建制村占比重（%）	建成通沥青（水泥）路建制村（个）	新增通沥青（水泥）路建制村（个）	通沥青（水泥）路建制村占比重（%）
部省共建“十一五”目标	1525	25000	796	90	13960	79000	7019	98	—	—	—
2008年建设目标	1342	2500	76	63.4	13960	12840	1360	70.5	—	—	—
2008年实际完成	1342	2800	87	64.2	13960	14186	1376	70.6	623	78	15.6
2009年建设目标	1342	7500	225	81	13960	20460	2109	85.7	—	—	—
2010年建设目标	1342	3500	155	90	13960	21000	2000	98	—	—	—

（二）云南省农村公路建设资金能力分析

云南省是一个经济欠发达省份，地形地貌复杂，山高谷深，江河纵横，高原与山地、丘陵占94%，山间盆地（坝子或河谷）仅占6%。按我省“十一五”农村公路建设规划，要实现全部乡镇路面硬化和98%的行政村通公路，还需建设567个乡镇路面硬化和6504个行政村通公路，任务十分艰巨。为此，根据我省实际情况，我省交通人提出了坚持以“三提高”为重点，加强农村公路建设，完成好新建设农村公路两万公里目标。主要措施有：一是实施“通畅工程”、坚持对现有公路网进行改造，提高技术等级，提高抗灾能力，特别是要着力提高路面等级，重点是通乡路面硬化工程建设，经济较为发达的地区路面改造以水泥路面、沥青路面为主，弹石路为辅；经济欠发达的地区以弹石路面为主。二是实施“通达工程”。逐步改变通村公路中有路无桥、晴通雨阻的现状，完善桥涵配套工程，继续解决行政村通公路问题，打通没有通路或机动车的村。三是根据经济发展水平，在昆明、玉溪、红河等经济较发达的州市，由地方政府逐步实施行政村公路路面硬化工程。四是修筑经济、社会效益比较明显的口岸路、旅游路、开发路、断头路、联网路，努力提升农村公路整体服务水平（图 13)。

“十二五”期间，全省要建设的25000公里弹石、沥青和水泥路面工程，大多地处高原山区，路基工程量大，配套工程多，建设成本高，将面临巨大的资金需求。按四级公路标准全部铺筑沥青路面（造价为50～90万元/公里）计算投资，25000公里公路需要125亿～225亿元的资金，按5年平均分配则需要25亿～44亿元/年。由于云南省可支配财政和可调控财力低，投入的资金总量不足，农村公路建设面临巨大的资金缺口。仅以2001～2003年为例，每年省级投入农村公路的建设资金仅3亿元左右，加上群众投工投劳，也只能完成不到7亿元的农村公路建设投资。

图 13 楚雄姚安改造后的农村公路

从上述情况可以看出，一方面，我们有大量公路路面需要实施“通畅工程”而硬化；另一方面，我们每年资金缺口又很巨大。根据交通部对下一步农村公路建设提出的“处理好农村公路建设六个重大关系”要求，处理好“建设能力与规模”的关系在云南省显得极为重要。因此，选择适合的路面类型，就成为处理好农村公路建设能力与规模关系、建设与养护关系的关键，这是因为不同的路面类型决定了不同的工程投资规模、养护投资和日常养护费用。我们假设在25000公里路面硬化工程中，有20000公里的公路铺筑块体路面，则可以节约60亿～140亿元的建设投资。

因此，我认为坚持沥青（水泥）路与块体路面并举方针，大力推广能满足行车要求和通行能力、投资省、养护成本低、施工工艺简单的块体路面（水泥混凝土块体或弹石路面），对加快云南省农村公路建设具有重要的现实意义，既可明显提高通过能力和好路率，保持路况稳定，又可使有限的资金在农村公路建设中产生了较好的经济、生态及社会效益。

（三）混凝土块体和弹石路面结合农村公路建设实际的应用

1. 农村公路建设中路面多形式的探索与研发

我省的农村公路分散，建设受地域影响因素多，各地社会经济发展情况不一，地形地质水文条件差异大。为了充分利用原有道路资源，结合当地的自然条件，云南交通人对农村公路的路面结构形式进行了多元化的探索与创新，围绕“就地取材、节约成本、保护环境、技术简便、利于推广、便于养护”的方针，结合实际，在水泥混凝土路面、整齐块石路面、半整齐块石路面、天然石材块体路面、砖块路面等方面，进行了研究与探索。从众多试验材料中选择，水泥混凝土块体材料的各项技术试验参数可满足公路工程技术质量要求，并以自然、生态、环保、工厂化生产、质量便于控制、施工技术简便、即铺即用、美观大方等多项独特的优点，成为了农村公路建设中路面材料的首选。混凝土块体作为农村公路建设中的铺筑材料，其工厂式的生产，使混凝土的凝固保养得到专业控制，质量较以往有很大的提高。其施工工艺并不复杂，经简单培训后的民工便可上岗。路面不但能满足农村公路使用上的各项技术指标，而且能够在很短的建设时间内完成施工作业并投入通车使用，方便农民出行。这些特性恰恰最适合我省的农村公路，能较快地在我省大部分经济不发达的农村地区推广使用，可有效缓解农村公路建设与筹资的矛盾。

以上研发成果得到交通部的充分肯定，被交通部作为全国农村公路建设实用路面类型进行推广，我省交通人结合交通运输部建设农村公路的任务安排，在昆明、玉溪、文山等地进行了推广试验铺筑。

2. 混凝土块体符合交通部相关技术要求

交通部制定的《农村公路建设标准指导意见》以及云南省交通行业地方标准《云南省农村公路弹石路面技术标准与质量管理规定》，对路基路面的规定如下：

（1）因受自然、经济和其他条件限制不能一次到位的路面工程，应按照总体设计、分期实施的原则先通后畅，使前期工程在后期能充分利用；

（2）路面类型应根据交通量、自然和社会环境、地产材料和建设资金状况等因素合理选用。

天然块体路面也是充分结合云南省农村公路大多地处山区、道路等级低、交通量较小、乘车的舒适性要求不高、自然环境较差、沿线石料丰富和建设资金筹集困难的实际，而发展起来的一种具有云南特色的路面类型。此外，可以通过使用专门设备对石料进行加工，使传统的“弹石”变成半整齐块石（次高级路面）或整齐块石（高级路面），从而达到农村公路次高级以上路面铺装率的要求（图 14）。

3. 混凝土块体能满足农村公路行车和通行能力要求

图 14　切割块石工艺

云南省农村公路大多地处山区，主要为乡镇连接县城的低等级道路（四级或等外公路），主要承担运输农副产品、农用物资及农民出行，交通量较小，每昼夜通常只有几十辆到百辆汽车及农用车、畜力车通行，对乘车的舒适性要求不高。而从目前营运的 8000 多公里弹石路面情况看，砂石路面上铺筑弹石路面后，行车速度可从 20 公里/小时提高到 40 公里/小时以上，行车条件好的路段最高时速可达 80 公里/小时，好路率大幅度提高，路况稳定，能满足非国道主干线交通量的需要（图 15），也满足现阶段农村公路交通量发展的需要。同时，农村公路大多道路线形差，急弯、陡坡较多，正好可以发挥弹石路面前期良好的防滑性能。混凝土块体路面以其独特的技术优势——统一生产、质量可靠、施工简单、造价较低、平整度高、提升公路景观效果，在我省农村公路中被首选推广采用，为我省建设社会主义新农村发挥了极大的作用，这项技术还引起了外国道路专家的兴趣（图 16）。

图 15 天然石块机械加工后在昆明西山区农村公路上铺筑的效果

图 16 外国专家参观块石铺筑工艺

4. 块体路面造价和使用分析

云南省农村公路技术等级低，抗灾能力弱。这些公路多为民工修建，资金投入有限，许多桥梁、涵洞、排水和防护工程未实施，路线线形较差。特别是全省在国家投入国债资金，实施通县油路和县际公路工程共 8246 公里沥青路面后，许多交通量相对较大、路基状况较好的已完成沥青路面的改造；若修建沥青（或水泥）路面，将面临巨大的资金压力。一方面，实施通县油路和县际公路工程国家的补助虽然已达 50 万元/公里，但实际的工程造价大多在 60 万元/公里以上，最高达 90 万元/公里以上；另一方面，必须对路线进行较大的完善和提高，完善路线的排水实施和防护工程，确保路基的强度和稳定，路基工程量较大。虽然农村公路建设标准低于县际公路，但其工程造价却接近县际公路，而国家对农村公路的建设补助是极其有限的。目前，我国对“通达工程”的补助标准仅为 10 万元/公里，还需要地方配套 10 万元/公里，而多数地区为国家或省级贫困县，地方财政配套困难，配套资金不能按时、足额到位，大多地州市欠工程款已达几千万元以上，资金缺口较大。

云南省石料资源丰富，充分利用沿线丰富的石料资源和廉价的劳动力，基本不受施工机械设备的制约，可大大降低工程造价，克服云南省路用沥青全靠从省外和国外进口，运距远、价格高的缺点，还可通过农民工采备石料，增加农民收入。在石料缺乏的地方，可采用水泥混凝土块体代替天然弹石。水泥混凝土块体作为路面硬化材料，可就便选用当地生产的水泥，这样还可拉动当地经济（图 17）。表 4 为不同路面类型建设费用比较情况。从表中可以看出，弹石路面的造价仅为沥青路面的 1/5 左右，混凝土块体路面的也仅为 1/2～1/3。因此，采用弹石路面铺筑，能够真正实现用较少的费用就能达到改善、提高路面等级和服务质量的目的，真正贯彻和执行我省农村公路建设中“等级多标准、路面多形式”的建设策略。因而，天然（水泥混凝土）块体路面是现阶段云南农村公路建设中性价比最高的首选材料。

不同路面类型建设费用比较表 表 4

路面类型	建设费用（万元/公里）		
	一般造价	最低造价	最高造价
沥青路面	55～75	50	90
弹石路面	10～15	9	20
水泥混凝土块体路面	25～40	25	50

注：本表依据通县油路和县际公路工程及云南省弹石路面（四级公路）施工造价得出（包括路基工程的改造费用）。

5. 水泥混凝土块体及弹石路面的养护与维修费用分析

图 17 云南江川县混凝土块体路面施工现场

沥青路面的养护需要组建养护站（所），必须投入大量的资金购置专用的养护机械和设备，必须对养护工人进行专门的养护培训，这对养护资金紧缺，技术工人严重缺乏的地方道路建设和养护单位来说，是一个沉重的负担。农村公路的养护政策是：省级人民政府交通主管部门负责编制下达农村公路养护计划，统筹安排和监管农村公路养护资金，县级人民政府是本地区农村公路管理养护的责任主体，省级人民政府交通主管部门每年在统筹安排养护费时，用于农村公路养护工程的资金标准：县道每年每公里 7000 元，乡道每年每公里 3500 元，村道每年每公里 1000 元。但许多地方公路管养经费仍未纳入地方财政，即便纳入地方财政的地区财政也十分困难，拨付极少的经费（甚至不拨付）养护道路，致使农村公路养路费缺口巨大。

块体路面的养护、维修工艺简单，主要是路面缝隙填料和坑塘的修补及排水设施的保养，耗用材料少、用工省，养护工人进行简单的培训就可上岗，日常养护费用低，一般不用购置专用的养护机械和设备，养护站（所）建设所需资金少。图 18 为不同路面养护费用比较情况，从图中可以看到，弹石路面的养护费用仅为沥青路面的 40%，比砂石路面还低 30%～40%，可节约大量的养护费用，缓解养路资金紧张的矛盾；同时，云南省复杂的地形和频繁的自然灾害损失严重，每年国、省道上的水毁修复资金都难以拨付到位（图 19），农村公路的水毁修复资金更难以落实，而块体路面具有投入较少的资金就可及时修复水毁工程的优点，可大大降低水毁损失和节约修复资金。

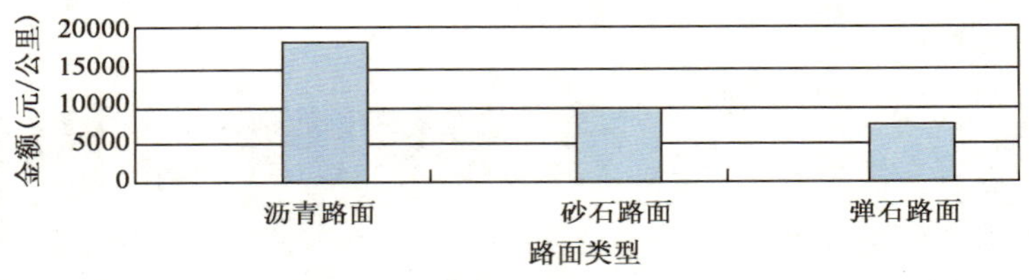

图 18　不同路面养护费用比较

注：按省管公路拨付费用统计。

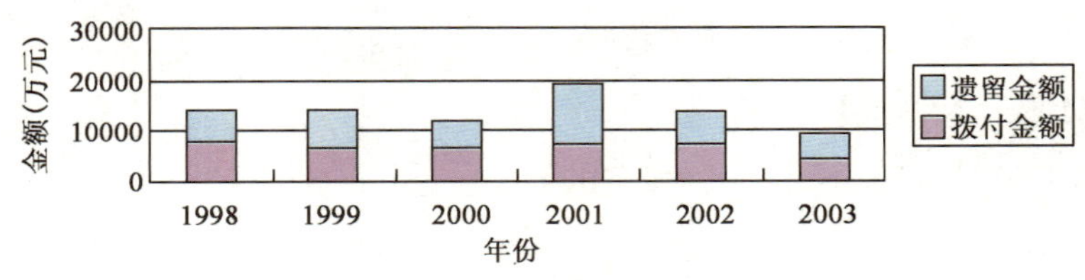

图 19　每年水毁资金拨付情况

6. 路面坚固耐用、使用周期长，清洁少尘

云南省二级以下公路沥青路面大修周期一般为 5～8 年，而弹石路面的大修一般都在 15 年以上，有的可长达 20 多年，使用年限比沥青路面延长一

倍以上，可节约大量的路面大修费用，道路的年均使用费大大降低。同时，弹石路面营运过程中，清洁少尘，不污染周围环境，水泥混凝土块体路面还具有平整、美观的独特优点，能大幅提升公路本身及沿线的景观效果（图20）。

7. 块体路面前期工程在后期能充分利用

随着社会经济的发展，人民生活水平的不断提高和交通量的不断增长，人们对道路的舒适性必将提出更高的要求，修建沥青（或水泥）路面也势在必行。这时，弹石路面就可以作为沥青（或水泥）路面的底基层，在上面铺筑基层后，即可铺筑沥青（或水泥）路面，前期的弹石路面工程能为后期的沥青（或水泥）路面充分利用，提高路面服务水平（图21）。

图20　弹石路与周边环境的有机结合

图21　利用原弹石路基加铺水泥路面

8. 水泥混凝土块体路面的施工工艺控制

铺筑水泥混凝土块体路面工程，最重要的是铺筑工艺的施工与控制。可以说，铺筑工艺的好坏，决定了一个水泥混凝土块体路面项目的成败。施工工艺控制得好，路面的质量就能达到既定的技术要求，反之则可能出现不达标的情况。水泥混凝土块体路面的主要施工工艺如下。

（1）路面垫层。路面垫层以砂为主要材料，是路面承载持力的重要层，其可将来自最表层的荷载重力均匀传递给路基，起到上面黏合块体面层、下面传导重力的作用。水泥混凝土块体路面铺筑要求垫层施工要做到：厚度适当（通常为10～20cm）；根据当地气候特点，选择适合的水灰比，含水率不宜过大；粒料颗粒应均匀（避免出现大块骨料）；摊铺平整等。

（2）水泥混凝土块体面材。铺筑前应先对水泥混凝土块体面材进行色泽的筛选，以颜色相近为宜。铺筑时，应立杆挂线，使块体铺筑平整、边缘齐顺；块体纵向的铺筑应错缝施工（图 22），避免出现通缝（路幅中间除外），这样块体间相互嵌实，可充分发挥块石间的整体受力，有效抵抗路面纵向摩擦力。

（3）嵌缝。水泥混凝土块体路面大面铺筑完成后，嵌缝是一个细微而重要的工艺，如果缺省这一工序，路面块体与块体之间就无法咬合而形成整体，孤立的块体极容易被外力破坏。路面如果有一块损毁，在行车荷载作用下，就会造成以先损坏的块体为中心的，导致放射性的周边块体的破坏。这说明，嵌缝是路面结构整体化的一道重要工艺。

图 22　水泥混凝土块体路面施工的立杆挂线和错缝工艺

（4）压实。水泥混凝土块体路面总体铺筑完成后，应选择吨位适当的胶轮压路机进行压实。压实的作用是使块体路面结构黏结、路面总体的荷载沉降而形成稳定结构。

9. 铺筑水泥混凝土块体路面工程的质量管理

为保证水泥混凝土块体路面工程的质量，云南省交通厅出台了地方标准《云南省农村公路弹石路面技术标准与质量管理规定》，云南省公路局制定并下发了《云南省县乡公路建设和养护管理办法》、《云南省县乡公路弹石路面修建、养护技术质量标准规定》和《云南省弹石路面技术标准》，使农村公路弹石路建管养工作制度化、规范化、标准化，并要求在公路的建设过程中，要建立工地试验室，对实地材料和施工的质量进行检测，强化监理职责，采用政府监督、法人管理、社会监理、企业自检的四级质量保证体系和质量责任追究制等多种质量控制手段，确保农村公路建设工程的质量（图 23、图 24）。

图 23　水泥混凝土块体的工厂式生产

图 24　工地试验室对施工材料进行试验检测

五、结论

通过以上分析可以看到，水泥混凝土块体和弹石路面具有满足行车要求、工程造价和养护成本低、施工和养护技术简单、使用周期长、路况稳定等优点；投入较少的资金就能达到改善提高路面硬化率和道路服务质量的目的，可快速地推进云南省农村公路路面硬化的总体建设步伐，同时也可极大地缓解云南省农村公路建设和养护资金紧张的矛盾。因此，除了在路网规划中道路等级高，承担重要运输任务、交通量大、地理位置特殊、旅游公路和当地经济状况好的农村公路应一次铺筑沥青（或水泥）路面以外，从云南农村实际出发、用科学发展的观点与理论作为指导，我省大部分农村公路建设中铺筑经济、适用的弹石或水泥混凝土块体路面是十分必要的，是切实可行的。

农村公路建设是一项长期而又繁重的任务，要解决的问题很多，我们要坚持农村公路建设“关键在发动、重点是管理、成败在质量、提高靠科技、长效在养护、核心是政策的工作原则”，因地制宜、实事求是，真抓实干，就一定能按质、按量、按时地完成好云南省农村公路的建设任务。

对云南省农村公路沥青路面管理养护的思考

党和国家高度重视“三农”问题，提出了建设社会主义新农村的战略目标，交通部也提出了“修好农村路、服务新农村”的发展目标。因此，进入新世纪后特别是近五年来，云南省农村公路沥青路面建设进入了快速发展期。2006 年启动的通乡油路工程建设，掀起了全省农村公路硬化路面的新高潮，今后 3～5 年内将新增沥青路面 2 万公里，届时，全省地方管养农村公路沥青水泥路面里程将超过 3.5 万公里。此外，国家还将启动通村油路工程建设，预计全省将改建硬化路面 7.8 万公里，如 10％采用沥青路面结构，将新增沥青路面近 1 万公里，全省农村公路沥青水泥路面里程将超过 4.5 万公里。因此，如何管好养好这些沥青水泥路面，保障国家优质资产保值增值，是新时期交通行业发展的一个重要课题。

一、云南省农村公路沥青路面建设的发展现状

几十年来，云南省农村公路沥青路面建设取得了长足发展，特别是近十年来呈跨越式增长态势，回顾总结发展的历程，主要具有起点低、起步晚、发展快的特点。

1979 年，全省地方管养的农村公路仅拥有沥青水泥路面 452 公里，且大部分在厂矿专用公路上，类型多为手摆片石基层、层铺法沥青表处路面、渣油路面，多分布于昆明地区。改革开放后，我省农村公路发展进入新阶段，到 1985 年全省公路普查时，六年时间新增了沥青路面 331 公里，这一时期的沥青路面以沥青表处为主。1986 年到 1995 年期间，全省新增沥青路面 1141 公里，这一时期的沥青路面，前期以表处路面居多，后期以上拌下贯式路面居多，基层多以手摆片石、泥结碎石、填隙碎石为主。1996 年后，

省交通厅提出“三提高”的发展方针，我省农村公路建设进入新阶段，沥青路面在这一时期增加较快，到2001年底，五年间新增4046公里，这一时期的农村公路沥青路面结构由表处贯入式路面向热拌沥青混合料路面发展，基层也开始普遍采用水泥稳定粒料结构和级配碎石结构。2001年后，发展进入快速阶段，2002年至2003两年新增沥青水泥路1117公里，2003年到2007年五年间新增沥青水泥路面7574公里。

经过50多年的发展，到2007年底，全省地方管养的农村公路里程达到了173194公里。其中，县道39566公里、乡道97671公里、村道31422公里、专用公路4535公里，有高等级公路1308公里，三级路2182公里，四级路76615公里，等外路93090公里，有沥青路面10111公里，水泥路面4551公里，未铺装路面158532公里（其中：弹石路面12897公里）。农村公路路面质量有了较大的改善，五年沥青路面新增量超过前53年的总建设完成量。

二、云南省农村公路沥青路面管理养护存在的主要问题

沥青路面养护是一项技术性很强而又需要精细化管理的工作。由于我省农村公路沥青路面建设起点低，发展晚，加之长期投入不足，导致了管理养护经验缺乏、机械化程度低，技术手段落后。

（一）资金不足

我省农村公路管理养护工作长期执行的政策是“地方自筹，省给补助，多方筹资，群众投工”。主要的资金来源是省补助的汽车养路费、地方自收的拖拉机养路费，地方财政投入和群众投工的折资。省补助的汽车养路费在1997年以前为每年5000万元，后增加到7000万元，用于补助养护全省已达14万多公里的农村公路养护（不含村道），其中县道年均公里补助1000元，乡道年均补助220元。拖拉机养路费最高时期达到7000万元，随着农村公路运输车辆的更新，拖拉机减少，目前全省能够收取的拖拉机养

路费约3000万元。地方财政投入，主要是将地方公路养护管理人员经费由财政承担，实现支持转移。目前全省实际上每年投入农村公路的养护经费不足1亿元，按14万公里农村公路计，每公里年均投入费用约700元。这些费用主要是用于维持日常的路面小修保养和水沟、路肩的养护及重大灾情发生时的应急抢险保通工程。

随着全省沥青路面里程的迅速增加，沥青路面养护的工作量大大增加，大中修工程的需要量将越来越多。国家开始了农村公路管理养护体制改革工作，省级汽车养路费将按照县道7000元、乡道3500元、村道1000元标准投入农村公路大中修工程，每年省级将投入达6.4亿元，是过去省级投入的近10倍。虽然投入加大了，但由于沥青路面的增加，按照交通部沥青路面每年大修5%，中修8%的要求，所需大修沥青路面里程将超过2000公里，中修里程将超过3200公里，按平均每公里大修投入50万元计算，仅大修的投入将达到10亿元。养护资金不足的难题仍然困扰着行业的发展。因此，如何解决这一难题仍是现阶段农村公路发展中需要解决的难题。

（二）经验缺乏

长期以来，我省农村公路的路面类型以砂石路面和弹石路面为主，沥青路面发展主要是在20世纪90年代中后期，且主要集中在昆明、曲靖、玉溪、红河等地。到2001年底全省还有34个县的县城所在地没有通沥青水泥路，这些县区不要说地方公路管理人员，连省管公路管理养护人员也没有养护过沥青路面。2003年通县油路工程实施完成后，才实现了县县通油路，而且沥青路面主要集中在国省干道。因此，地方公路管理养护人员，长期没有养护沥青路面的工作经历，缺乏养护实际工作经验。对于沥青路面养护所需的工艺、工序要求和质量控制要点不了解、不掌握。

（三）机械化程度低

长期以来，我省农村公路养护工作主要依靠传统的手工作业，基本上是靠锄头加铁锹，根本谈不上什么机械化养护，完全是劳动密集型的生产方式，全省各地农村公路养护机构没有从事沥青路面养护所需的大型养护机械设备。根据形势的发展，省公路局提出了在农村公路养护工作上逐步实现养护机械化，并于2005年3月举办了全省农村公路沥青路面机械化养护现场演示会，使全省农村公路养护一线管理人员和技术人员才开始接触了解沥青路面的机械化和规范化养护。同年，省公路局为沥青路面里程较多的18个县区配置了沥青路面综合养护车，农村公路沥青路面养护机械化工作才开始启动。

（四）技术手段落后

长期以来，我省农村公路养护生产工作以传统手工作业为主，以农民代工养护为主，养护人员亦工亦农，文化程度低、劳动技能水平低，缺乏使用操作养护机械的技能，对新技术新材料新工艺不了解、不掌握，学习提高难度大。只能从事基于传统简单劳动技能的工作，缺乏专业性很强的沥青路面养护所必需的技术手段。

三、云南省农村公路沥青路面建设可持续发展的对策与建议

要巩固好农村公路特别是沥青路面的建设成果，实现我省农村公路的可持续发展，加强沥青路面养护工作尤为重要，在思路上坚持走“建养并重，开拓创新”的发展之路；在措施上，要强化沥青路面常规的、成熟的管理养护做法，加强建设理念的创新，走资源节约型交通发展之路。同时，要进行多渠道筹资，加大投入力度，巩固建设成果。

（一）充分认识养护管理工作的重要性，坚持建养并重，实现可持续发展

公路建设是一个长期的、复杂的过程，整个公路建设作为一个系统，主要可分为公路规划阶段、公路建设阶段和公路养护管理阶段，这三者是一个有机的整体。但从目前实践看，精力主要集中在公路建设阶段，而对其他两阶段重视不够，无法使整个公路建设过程达到整体最优；而且，在

每一阶段的实施过程中，对下一阶段实施的影响考虑不足，即在项目规划时未充分考虑未来发展，在设计时又未充分考虑施工，施工时又未考虑将来的使用与维护，因而无法达到最佳。这种公路建设的过程不利于在各阶段全面贯彻可持续发展的思想。

因此，必须坚持“建养并重”，把公路养护作为建设阶段的延续，充分认识到加强养护管理是实现交通又快又好发展的根本要求；是保持交通事业可持续发展的重要途径；是建设节约型交通行业的必然选择；是构建便捷、通畅、高效、安全的综合运输体系的重要基础。要站在落实科学发展观和建立资源节约型社会的高度，深刻认识加强公路养护管理工作的重大意义，牢固树立“建设是发展，养护也是发展，而且是可持续发展”的理念，增强紧迫感和责任感，统一思想，采取措施，狠抓落实。

（二）加强管理、突出重点，搞好沥青路面养护

多年来，在公路养护管理工作中，我们制定了一系列规章制度和办法措施，有力地规范了全省公路养护管理工作。在国省干线的沥青路面养护工作中，总结出了加强预防性养护、延长路面使用周期、加大大中修工程投入、实现标本兼治的养护工作思路。

1. 大力推行机械化养护，努力实现“三个转变”

在农村公路养护中，要实现从劳动密集型向管理效益型的转变，从手工操作型向机械化、规范化养护型的转变，从粗放生产型向节约科学型的转变。要使用全新的管理方式，先进的养护机械设备，现代化的技术手段来进行沥青路的养护作业，特别要突出机械化养护这一现代养护的基本形式和重要手段。

2. 加强初期和日常保养、维护路况质量

沥青路面小修保养工程是维护路面正常使用、保持路面使用质量、延长路面使用周期的重要技术措施，一般分为初期保养、日常保养和预防性养护。通过加强沥青路面初期养护，及时采取行之有效的技术手段，完善路面建设中的不足，巩固路面建设成果。加强日常养护，及时安排处治影

响路面养护质量的路基、桥涵、公路水毁等工程，减轻沥青路面使用后产生的疲劳开裂、老化和磨损现象的进一步发展，保障路况质量，提高公路服务水平，服务新农村建设。

3. 加强预防性养护，延长路面使用周期

预防性养护是一种养护理念，其基本出发点是通过早期养护，延缓路面的病害发展过程，从而推迟后期进行维修重建时间，延长路面使用周期，最终获得更高的费效比。实践证明，实施预防性养护可以获得很好的费效比，可以达到事半功倍的效果。抓住预防性养护最佳时机，沥青路面尚处于良好状况，或只有某些病害先兆时，是沥青路面预防性养护的最佳时机，预防性养护就是未雨绸缪。在沥青路面尚处于良好状况时，应该考虑到小修计划；当沥青路面只有某些病害先兆时，要马上进行防御性处理。有计划、有步骤地采取早期预防性防护措施，可以在很大程度上改善路用性能，防止过早出现病害，延长路面使用寿命并可节约养护成本。目前，预防性养护在我省已经开始实施，并取得了很好的社会和经济效益，全面推行预防性养护已经具备条件，但仍需进一步加大推进力度。

4. 加大大中修工程投入，实现标本兼治

对于路况较差的地段，特别是超期服役严重的路段，要加大沥青路面大修工程的投入比例，通过对大修工程的投入，恢复路况水平，提高公路的服务质量，减轻日常养护的工作压力。同时，用于预防性养护的中修投入也不能减少，要通过中修工程来减少或延缓大修工程，达到减少投入的目的。

（三）创新建设理论，走资源节约型交通发展之路

农村公路总量多，养护资金投入有限、管理经验不足，如果在农村公路沥青路面的发展中，还沿用国省干线公路沥青路面养护工作思路，需要的资金投入量是难以筹措的。因此，在农村公路沥青路面的养护管理工作中，需要创新工作思路和理念，在建设阶段就要综合考虑后期的管理、养护、运营等阶段的综合成本，实现统筹发展。

1. 坚持工程建设中的全寿命周期成本理念

建设项目资源节约工作必须贯穿在整个项目实施的全过程，不仅是在前期工作，而且要落实在建设实施阶段，更要体现在项目建成后的运营维护阶段。因此，从勘察设计工作开始，就要统筹考虑规划、建设、养护、运营的全过程，解决工程结构的耐久性、抗疲劳性、安全性、养护维修的可行性、防灾减灾的有效性，以及环境景观的协调性等问题，不为日后留下隐患，实现工程项目使用寿命更长、环境更美、投资更省、使用者更加方便的总体目标。

2. 要科学确定技术标准，合理运用技术指标，坚持“等级多标准、路面多型式”的原则

在满足安全性、功能性条件下，科学确定技术标准，合理运用技术指标。在路面标准上，坚持“水泥路和弹石路为主，沥青路为辅”的原则。综合考虑“沥青路面、水泥路面、弹石路面、砂石路面”的合理使用，统筹工程全过程，实现项目建设管理养护工作的综合统筹，合理分配资源。在通乡通村路面硬化中，坚持水泥路和弹石路相结合，坝区以水泥路为主，山区以弹石路为主，过集镇路段铺筑水泥路面，交通量小山区路段可铺筑砂石路，少铺或不铺沥青路面。在我省通乡通村硬化工程，要认真推广运用“混凝土预制整齐块石弹石路”这一云南品牌的路面结构，特别是在没有重载交通量、连接单一乡镇和通建制村的公路项目上应广泛推广，可降低造价，减少筹资压力，避免新增债务，同时，可以降低养护投入，减少养护工作压力。

3. 要坚持提高创新能力，加强技术服务和技术指导，更新建设理念

提高创新能力，大力推动理念创新、技术创新、管理创新和制度创新，是走资源节约型交通发展之路的动力。这就要求我们走资源节约型农村公路交通发展之路，从我省的省情出发，从工程实际出发，解决制约和影响农村公路交通发展、资源合理利用、生态环境保护的技术问题。在我省多年来建设农村公路中，我们提出的“四多一化”的原则和建设弹石路这一

理念，就体现了这一思想。在这几年的实际工作中，我们还创新发展了整齐块体弹石路面，这一符合农村公路实际、得到上下各级政府和交通部门广大干部职工认可的路面结构，也体现了创新的思想和理念。

在农村公路沥青路面的管理养护工作中，还应长期坚持这一理念，要实实在在地实现路面养护方式由粗放生产型向集约科学型的转变，实现养护资金效益最大化，延长路面使用周期，使养护生产早日步入周期性养护的良性循环。要坚持科技创新、科学发展的原则，结合我省沥青路面养护特点，大力推广和应用新材料、新工艺、新技术。如在建设沥青路面时，要使用好强基薄面的技术，使路面基层满足长期使用，路面损坏后，只重新建设沥青面层，减少养护工程投入。

（四）坚持筹资多渠道，是巩固农村公路沥青路面建设成果的最大保障

有可靠、稳定的资金来源渠道，是农村公路养护体制改革成功的基本保障。过去管养存在的不足，首要的问题是养护资金短缺、投入严重不足。面对农村公路总量多、养护任务繁重、资金需求量大的实际，只有建立稳定的资金来源渠道，才能巩固农村公路建设成果。在农村公路养护筹资中，还必须坚持多方筹资的原则，拓宽渠道，稳定来源，增加投入，提高效果。

1. 加大省级汽车养路费的投入

要按国务院办公厅 2005 年 49 号文件精神，按照县道 7000 元/年公里、乡道 3500 元/年公里、村道 1000 元/年公里的标准，加大汽车养路费对农村公路养护的投入，主要用于养护工程，同时加强资金使用监管，提高资金使用效果。

2. 争取各级地方政府加大养护投入

各级地方政府是农村公路养护工作的责任主体，有责任增加对农村公路养护工作的资金保障。一是将定岗核编后的管理人员经费纳入同级财政；二是将农村公路日常养护经费纳入年度财政预算；三是增加自然灾害发生时的应急抢险的资金保障。

3. 继续坚持“人民公路人民养”和“谁受益谁出资（劳）”的方针

继续坚持“社会出资一点、农民投工投劳一点、沿线受益企业捐一点”的“多个一点”办法筹措资金，拓宽资金渠道，同时增强沿线受益群众的爱路护路意识和氛围。

我省农村公路在十来年间取得了跨越式发展，在农村社会经济发展和社会生活中发挥了重要作用，也是建设社会主义新农村的重要基础设施。我们一定要坚持以新的思想、新的理念、新的要求、新的标准来建设养护农村公路，大力弘扬“质量创新”、“理念创新”“科技筑路”和“以人为本”的建设、养护理念，积极推广运用新技术、新材料、新工艺，做到建设一条路、养护一条路、美化一条路，努力创造畅通、平整、美观、绿化、安全的通行环境，方便农民群众出行，促进公路环保、节约和可持续发展，努力实现公路与人文、环境的和谐统一。

农村公路管理养护体制改革是实现有路必养的关键

改革开放30年来，经过云南省各级政府、交通公路部门和广大人民群众的艰苦奋斗，全省农村公路建设取得了巨大成就。农村公路里程由1979年的27391公里，增加到2008年的181088公里，增加了6.6倍；高等级公路增长了100倍，沥青水泥路面增加了48倍。公路通车里程飞速增长，公路技术等级和路面状况较大改善，公路通达水平较大提高。在取得这些成绩的同时，农村公路管理养护问题显得越来越突出。加强农村公路管理养护，可以确保公路处于较好使用状态，延长公路使用周期，巩固农村公路建设成果，充分发挥农村公路在当地经济和社会发展中的基础作用。但是，受思想认识和经济发展水平的制约，如何建立全面的农村公路养护管理体系，确保农村公路完好，是一个急需解决的突出问题。

2005年，国务院办公厅印发了《国务院办公厅关于印发农村公路管理养护体制改革方案的通知》（国办发〔2005〕49号）（以下简称国办发〔2005〕49号文），这是农村公路管理养护体制改革方面最重大的决策，农村公路管养工作迎来了春天。2006年，交通运输部等三部委又下发了《交通部、国家发展改革委、财政部关于进一步做好农村公路管理养护体制改革的通知》（交公路发〔2006〕400号）（以下简称交公路发〔2006〕400号文），明确了农村公路管理养护体制改革的具体要求。根据国务院和三部委的文件精神，云南农村公路管养体制改革经历了2006年宣传发动、制订改革试点方案；2007年试点，制订改革方案；2008年全面实施改革的过程。从农村公路养护体制改革全面实施以来的情况看，突显了农村公路管理养护体制改革是实现有路必养的关键。

一、改革前——通车里程较长，管养水平较低，通行能力较弱

（一）2006年农村公路的基本情况

从通车里程上看，2006年全省农村公路拥有量172863公里，按行政等级分，县道39252公里，乡道97848公里，专用道4648公里，村道31115公里。按技术等级分，有二级以上公路1249公里，三级公路1765公里，四级公路73745公里，等外公路96105公里。在这些公路中，晴雨通车里程89323公里，占通车总里程的51.50%。从农村公路管理机构、人员编制及经费情况看，2006年除思茅、迪庆、昆明三个州市外，13个州市设有公路管理处，129个县，除五华、盘龙外，127个县设有地方公路管理段。全省正式在编职工2988人，退休职工971人，长期合同工772人，农民代表工5768人，合计10499人。正式职工工资使用养路费的1630人，占2988人的54.55%；合同工工资使用养路费的418人，占772人的54.15%；农民代表工工资使用养路费的5186人，占5768人的89.9%。除省补养护资金7000万元外，有45个县对正式职工进行了全额补助，21个县对正式职工实行了差额补助。各级地方财政在农村公路养护方面的支出为2127万元，主要对从事农村公路养护的职工工资进行补助，占职工工资总额的30.75%，省补养路费的三分之二用于职工工资支出。

（二）全省农村公路管理养护主要形式

2006年以前，我省农村公路管养执行的是以“省给补助、地方自筹、多方筹资”的原则。农村公路管理养护经费主要来源是：省级汽车养路费收入补助，各地拖拉机养路费收入，各级财政补助，群众投工投劳等。在组织形式上，坚持“县道县养、乡道乡养”的形式，各州市交通局下设地方公路管理处，负责对本辖区内的农村公路管理养护实行行业指导；各县市区在县级交通局下设地方公路管理段，负责对本辖区的县道进行管理养护，对乡道的养护管理给予指导；各地、州（市）交通局结合本地实际，

逐年总结出了一些成功的做法和成熟的经验，比如思茅景东县几十年来开展的“爱路护路月”的活动，墨江县用人大条例规范农村公路养护工作，大理州明确了养护工作内容和州财政费用补助标准等。

在养护方式上，全省采取了灵活多样的做法，使有限的资金发挥了最大的效益。在县道上，根据交通量的大小，全省普遍采取了常年养护、季节性养护、临时性养护的方式；在力量的组织上，常年养护的，以正式职工带领农民代工为主进行养护；季节性养护的，以农民代工为主；临时性养护的，以临时工为主；在承包方式上，采取领工承包、家庭承包、个人承包、集体承包等灵活多样的方式。在乡道养护上，以农民协议工、群众投劳突出性养护为主。

（三）农村公路管理养护存在的主要问题

改革前，农村公路管养工作虽然取得了一些成效，但仍存在对农村公路管养工作重要性认识不到位、资金投入不足、管理和养护水平低下等问题。

1. 认识上，“重建轻养”的观念普遍存在

“建设是发展，养护也是发展，而且是可持续发展”的理念，没有在各级党委政府和公路交通部门得到强化，重建设投入轻养护投入，以建代养现象突出，没有认识到公路的管理和养护工作是一项长期性的工作，是一项系统的工程，是确保建设成效全面发挥的手段。

2. 资金上，经费投入不足的现象突出

农村公路管理养护经费投入不足，导致农村公路可持续发展能力比较低。很大一部分州、市、县财政困难，根本无力投入养护经费。从 2006 年的数据看，全省各州、市、县在农村公路管养上投入的资金只有不到 3000 万元，再加上省级补助的 7000 万元，不足 1 亿元的资金即便是全部用于养护工程，平均到 17 万公里农村公路上，每公里不足 600 元，并主要用于县道公路养护，乡村道长期处于当地政府组织沿线受益群众突击养护的状况，失养失管现象突出。省补养护经费的三分之二用于农村公路管养人员经费

支出，直接投入到农村公路养护工程上的费用少，农村公路养护质量提高难。

3. 技术上，公路养护工艺和手段落后

云南农村公路由于自然、地质条件复杂，建设时投入较少，公路技术等级较低，配套设施不足，抗灾能力、通行能力比较弱，养护难度较大。由于公路养护资金投入有限，只能长期使用一些比较传统的养护工艺和养护手段，养护效率不高。而且随着沥青路面和水泥路面里程的增长，养护工艺和手段落后，养护队伍专业化程度低等问题，直接影响农村公路养护专业化和机械化的实现。

4. 管理上，公路管理规范化进程缓慢

由于机构不够健全，投入不足和偏重于建设等原因，导致农村公路管养队伍建设各项措施不够有力，影响了管养队伍的稳定和人员素质提高，进而导致在农村公路管理制度的建设，管理方法的探索，管理技术、科研攻关等方面，受到了极大的制约，尤其是管理机制落后，发挥和调动乡镇村级管养农村公路的积极性不够，特别是乡村道的管养没有落到实处。思考和探索日常养护有效方式不够，存在乡道和村道失管失养情况。直接影响了农村公路管理规范化的进程。

由于农村公路管养不到位，导致农村公路在农村经济和社会发展中的基础性作用没有得到充分发挥，农村公路建设成果没有得到有效保护，广大农民群众越来越强烈的出行需求没有得到充分满足。

二、改革中——着力破解难题，抓好改革试点，规范管养措施

为了有效破解农村公路管养工作中的难题，推进农村公路发展，根据国务院和三部委的文件精神，以“有路必管，管应到位，有路必养，养则优良”目标，全力抓好云南农村公路管养体制改革工作。

经过三年工作，我省农村公路管养工作得到了全所未有的重视，取得了阶段性明显效果，“县为主体、分级管理”的管养体制基本形成，管理机

构及队伍建设得到加强，州（市）、县（市、区）级农村公路管理机构建立健全，人员编制落实、经费纳入同级财政预算，全省 90.1%的乡镇成立了农村公路（交通）管理所（站）。“统一领导，分级管理，以县为主，乡村参与”和“县道县管、乡村配合，乡村道乡村管、县级公路部门行业指导监管”的管养模式初步形成。三年来主要改革历程如下。

（一）2006 年，全力做好动员，制订试点方案

在国办发〔2005〕49 号文下发后，云南省交通厅和省公路局就认真组织学习，全面领会国办发〔2005〕49 号文件的精神实质，准确把握农村公路管理养护体制的改革方向。同时结合交公路发〔2006〕400 号文的要求，成立了云南省农村公路管养体制改革领导小组及办公室，负责对全省农村公路养护体制改革的指导监督，并要求全省 16 个州（市）也成立管理养护体制改革领导小组，负责本辖区的农村公路管养体制改革工作的领导工作。在此基础上，经过广泛的调查研究，确定了在 21 个县、市进行改革试点，精心制定了《云南省农村公路养护体制改革试点方案》及实施细则，对我省农村公路管理养护责任主体、资金来源、管养分离、养护市场化改革等都作了详细规定，为改革试点成功奠定了坚实的基础。

（二）2007 年，全力抓好试点，完善改革方案

2007 年，在省政府的统一领导下，全省有代表性的 21 个县进行了管理养护体制改革试点工作。各试点县市成立了农村公路管养改革领导小组，结合本地农村公路实际和经济水平，制订了改革试点方案，经县级人民政府批准后实施。试点方案重点对如何理顺农村公路管理体制，落实养护责任，健全养护机制，稳定养护资金来源等方面，进行了探索。

为使试点工作取得成效，省级改革领导小组及办公室以责任主体、省级补助资金、管养机构人员经费来源等重点方面为切入点，通过采取分阶段、分重点实施，现场指导和集中解决共性问题相结合，加强经验交流和培训等措施，有力地推进了改革试点工作。尤其是在试点过程中，通过全

面落实国办发〔2005〕49号文，明确了县级人民政府的主体地位；以按规定的资金补助标准落实养护资金为杠杆，促进了试点县市将农村公路管养机构人员经费纳入同级财政预算；通过制定实施《云南省农村公路养护管理办法》、《云南省农村公路大中修工程管理规定》、《云南省农村公路质量检验评定标准》，规范了农村公路养护的管理，确立了农村公路管养分离的运行机制。从试点的效果看，各试点县的养护工作发生了根本性的转变，农村公路的路容、路貌有明显改善，路况质量有较大提升，县道、乡道、村道的好路率同比分别增长了2.9％、10.96％、8.42％。

在按试点方案抓好试点的同时，根据试点过程发现的问题，及时对试点方案进行修订，在此基础上制定了《云南省农村公路管理养护改革方案》。

（三）2008年，全力落实方案，全面总结经验

2008年，省级改革领导小组及办公室根据省政府批复的《云南省农村公路管理养护体制改革方案》，在全省全面开展了农村公路管养体制改革工作。根据试点县的经验，以实现“有路必管，管应到位，有路必养，养则优良”为目标，把工作重点放在明确县级人民政府在农村公路管养工作中的主体地位，健全组织机构，建立稳定资金来源渠道，建立农村公路养护运行机制，强化基础管理工作等方面。

经过全省各级交通部门和全体公路人的努力，我省农村公路管理养护工作取得阶段性的明显效果，农村养护工作得到全所未有的重视。“县为主体、分级管理”的管养体制基本形成，管理机构及管理队伍建设得到加强，16个州（市）、128个县（市、区）级农村公路管理机构基本建立健全，人员编制得到落实，经费纳入同级财政预算。全省90.1％的乡镇成立了农村公路（交通）管理所（站），大部分管理站落实了专兼职人员，开展了工作，部分行政村还设立了交通协管员；各级政府和部门职能职责基本明确，“统一领导，分级管理，以县为主，乡村参与”的农村公路管养责任模式基本形成。部分州（市）、县（市、区）级配套农村公路养护资金10133万

元。我省农村公路新的管养运行机制在实践探索中逐步形成，管养分离、养护社会化、市场化探索稳步推行，初步形成“县道县管，乡村配合；乡村道乡村管，公路部门行业指导监管”的管养模式；农村公路日常维护小修保养采取社会公开竞争方式，选择有条件的单位，家庭及个人承包养护，侧重选择沿线农民群众承担养护工作；养护大中修工程按照规定，采取公开招标或邀请招标的方式确定施工单位。有的县还积极探索乡村道的管养形式，充分调动公路沿线受益单位，村级组织和农民群众爱路护路的积极性，采取出钱出力，投工投劳投料养护乡村公路，有的村级还成立了农村公路养护协会，专门负责村公路的管护。县级交通部门或公路部门统一管理农村公路养护经费的使用，按照省确定标准，采取定额补助和以奖代补方式安排，分月度、季度和年度检查考核兑现，实行必要的奖惩。全省农村公路管理养护体制改革工作在推进深化，农村公路管养工作得到加强，路况水平较大提高，养护生产效率和公路综合服务功能得到提高。

回顾三年来农村公路管养体制改革工作，我们深深体会到，我省农村公路之所以能够取得成果，一是国家创造的政策环境是前提。如果没有国办发〔2005〕49号和交公路发〔2006〕400号文件精神，没有党中央和国务院对农村公路工作的重视，就不可能在全省上下统一思想，形成共识，营造出利于农村公路管养体制改革的良好环境。二是厅党组重视改革工作是关键。农村公路管养体制改革取得阶段性成果，与省交通运输厅党组非常重视改革工作的一贯作风是分不开的。厅党组多次专门研究农村公路管养体制改革工作，尤其是厅长，非常重视农村公路管养体制改革工作，多次过问改革进展和听取改革情况汇报，及时就一些重大问题给予明确指导。三是明确的改革方案目标是基础。农村公路管养体制改革方案明确了以实现“有路必管，管应到位，有路必养，养则优良”为目标，这一目标不仅可以实现农村公路建设成果的巩固，更为重要的是，这一目标体现了广大人民群众的直接需求，使改革具有深厚的群众基础。四是全面的兑现省级补助是保障。农村公路养护改革的关键是资金保障，我省按照国办发

〔2005〕49号文确定的农村公路养护资金省级补助标准要求，克服困难，筹措5.5亿多元的资金全面兑现省级补助，是改革前的近10倍，有力地保障了农村公路改革的推进。

三、改革后——强化主体责任，巩固改革成果，提升服务功能

始于2006年的农村公路管养体制改革，经过全省各级党委和政府及交通部门的努力，虽然取得了一定的效果，但仍然存在一些问题，比如发展不平衡的问题，改革进度上不同步，效果上差距大；机构不落实的问题，有机构无编制，或编制不足，兼职现象较为突出；资金不配套的问题，大部分州（市）、县两级财政没有按省级要求配套农村公路日常养护资金，存在省级补助养护资金被调整使用的问题；管养不到位问题，工作职责职能不清，落实目标责任制力度不够，管理机制落后，省级公路管理部门质量监管手段单一，力度不够等等，有些问题甚至会影响改革推进和深化。因此，应在农村公路养护上坚“核心是政策、关键在发动、重点是资金、成败在质量、提高靠科技、长效在管理”的工作原则，强化主体责任，巩固改革成果，提升服务功能。

（一）落实改革政策，强化主体意识，突出农村公路基础作用

各级党委政府和交通部门要认真贯彻落实国办发〔2005〕49号和交公路发〔2006〕400号文件精神以及《云南省人民政府办公厅关于印发云南省农村公路管理养护体制改革方案的通知》（云政办发〔2007〕172号）的要求，结合行政管理体制改革，明确各级的职能职责，将各级的责权落实到位，构建“统一领导，分级管理，以县为主，乡村参与”的责任模式；努力克服“重建轻养”的意识，引导各地认识到“公路建设出政绩”，“公路管养则体现形象”，“公路建设是发展”，“公路管养是可持续发展”，使大家认识到公路管理养护在巩固农村公路建设成果、公路资产保值增值、体现行业行政能力方面的作用。

强化爱路护路意识，创建全社会支持公路管养的环境。一方面，要利用检查验收、评比表彰、宣传报道等手段，全面推动管养工作。通过加强宣传工作，强化县级人民政府对于农村公路工作的责任主体意识，让各级政府把乡村公路的养护管理工作列入年度工作考核中，真正将农村公路公路养护从行业行为转变为政府行为，发挥好政府主导作用，实现提高资金效率和统筹发展的目标。另一方面，通过爱路护路宣传动员，充分调动和发挥农民群众的积极性和主动性，以村规民约等多种方式激发农民群众养路、护路的热情；通过民主决策的方式引导群众，可有效缓解乡村管养资金不足，管理半径不到位的难题。

（二）强化监管手段，提高农村公路管养效率

农村公路管养体制改革的目标是“有路必管，管应到位，有路必养，养则优良”。要实现这一目标，就要通过理顺体制，建立机制，更需要强化监管。因此，必须把监管作为下步工作的重点。

一是要推进目标责任制，切实落实管养责任。认真推进和完善农村公路管养工作目标责任管理，是加强管理，落实分级职责任务的有效手段。省级管理部门要继续与各州市交通局签订农村公路养护目标责任书，把进一步深化农村公路管养体制改革和养护生产及养护管理工作任务作为考核内容，层层落实和明确权责。

二是要积极探索管养分离、推进农村公路养护市场化运行机制。农村公路养护体制改革成败的关键是建立起管养分离、市场化运作的新机制。要保证各级投入的养护资金可靠地用于养护工程中，首先，要科学核定各级公路管理机构的管理人员，控制好管理人员的数量，并坚持逢进必考的方针，提高管理人员素质。其次，要完成养护公司的资质核定工作，逐步在一定区域内通过招投标方式获得公路养护权。第三，要培育全省的养护市场，全面实行养护工程费制度，所有等级公路的大中修等养护工程向社会开放，逐步采取向社会招投标或邀标的方式，择优选定养护作业单位。鼓励具备资质条件的公路养护公司跨地区参与公路养护工程竞争，形成健

康发展的养护市场。对等级较低、自然条件特殊等又难以通过市场化运作进行养护作业的农村公路，要积极探索实行干线支线搭配，建设、改造和养护一体化招标以及采取个人（农户）分段承包等方式进行养护。

三是要认真抓好农村公路养护工程质量管理。要按照相关规定要求，加强工程质量的监督管理，建立健全工程质量管理制度，加强质量管理力量强化施工质量现场管理，建立管理台账和施工记录，推行工程质量责任制度、追究制度和奖惩制度，确保农村公路养护工程，特别是大中修工程的质量。同时，要严格日常养护工作，提高农村公路路况水平，按新的《公路技术状况评定标准》，建立具体的考核指标，明确考评办法，为群众出行提供良好公路服务。

四是要加强养护资金的管理，确保专款专用。农村公路养护资金必须设立专户，将养护资金用好、用出成效，坚决制止和杜绝将养护经费挪作他用，确保农村公路养护资金的使用安全。针对目前发现的调整使用比例和挪用的问题，必须引起各级监管部门的高度重视，认真整改纠正。同时，将对养护资金审计作为监管的主要手段之一，对省补农村公路养护资金进行专项审计；州市须对县级养护资金进行监管，必须保证专款专用。对于养护资金的管理使用，要严格按照国家养护资金使用管理规定和省厅的有关规定，认真实施计划预算管理，科学合理的做好安排，把有限的资金管好用好。

五是要抓管养经验和模式、方式的总结推广。针对改革中发现的问题，要加快农村公路管养新体制和机制的配套政策、规范及标准的研究，及时总结各地探索的各种管理模式，加强归纳和提升，通过组织专题参观考察学习和经验推广，引导学习借鉴；加强农村公路业务技术的培训，重视新技术、新工艺、新材料、新设备的推广；抓好技术业务档案和数据库的建设，为规范化管理打好基础。

（三）强化投入机制，保障农村公路持续发展

确保稳定的养护资金渠道是建立农村公路管养长效机制的关键所在，

所以，要建立养护资金固定投入机制，确保农村公路养护资金得到落实，使农村公路走上良性发展的道路，保障农村公路持续发展。为此，必须从两个渠道解决养护资金的问题。

一是要充分利用主渠道落实资金，即国办发〔2005〕49号文中明确的省级的公路养路费和地方政府的财政资金。从我省改革的情况看，省级的公路养路费基本能够落实，但地方政府的财政资金却因重视程度和经济发展水平等因素不能到位。因此，各级党委、政府要从建设社会主义新农村的大局出发，认真落实农村公路养护的资金渠道。省级主管部门也可以采取必要的措施和手段，促使州（市）县（市）两级财政配套农村公路养护资金。如将全省各地情况划分1～3类，分别制定配套标准，明确配套比例，省级补助与规定的地方配套资金相衔接，有效地促使地方配套，缓解养护资金不足矛盾。

二是要用制定政策吸引社会资金。各地要按照因地制宜的原则，制定相应政策，鼓励社会团体、企业和个人出资、捐资用于农村公路养护。也可以吸收、借鉴农村税费改革前“村提留、乡统筹”资金中固定比例用于农村公路设施管护的办法，在财政转移支付资金中安排一定比例用于农村公路养护。

三是要利用政策引导以工代资。各地要充分利用村民自治“一事一议”政策，引导沿线村民投工投劳，形成“上头补一点，财政挤一点，社会各界捐一点，受益群众出一点”的农村公路养护资金投入机制，管养好农村公路。尤其是对于乡道和村道公路的养护，采取以工代资形式养护公路还可以增强沿线群众的护路爱路意识。

（四）强化行业指导，推动农村公路管养创新

公路管理和养护工作是一项长期的工作，也是一项系统的工作，具有较强的专业性。因此，必须在组织结构、生产结构和基础管理方面强化行业指导工作，提高农村公路管养水平。

一是要做好农村公路管养组织结构调整的指导工作。在全面进入社会

主义市场经济和信息化社会的今天，公路管理养护工作也面临着不断适应形势变化的问题，要较好地推进农村公路管养的发展，不仅要针对劳动对象的变化而调整组织结构，更要针对生产工具和生产技术的提升而调整组织结构。近期的重点就是努力落实机构人员。加强省、州（市）、县（市、区）、特别是乡镇公路管养机构的建设力度，配备足够的工程技术人员和专业管理人员，使之与所管养公路相适应。同时，要探索专业养护和农民承包养护相结合的养护方式，优化资源配置，既能发挥农民群众的积极性，又能发挥专业养护队伍的作用。

二是要做好农村公路管养生产结构调整的指导工作。公路的使用具有周期性，我们管养的生产结构必须要与时俱进地适应我们每一个时期的工作重点。目前的重点是适应沥青水泥路面快速增长的实际，不断适应经济和社会发展，适应农村经济和社会发展对农村公路交通条件的需要。因此：

一方面，要加强预防性养护和规范化养护工作。各级交通部门要从贯彻落实科学发展观，建设节约型行业的高度，充分认识沥青水泥路面推行预防性养护和规范化养护的重要性和紧迫性，加强科学分析力度，研究公路技术状况的衰减规律，科学制订养护计划和养护措施；加大预防性养护和规范化养护的投入，实现全寿命周期公路养护成本最小化。积极推广应用预防性养护和规范化养护的新设备、新技术和新工艺，逐步实现检测自动化、分析数字化、管理信息化、决策科学化，体现行业发展先进水平。

另一方面，要提高养护机械设备的使用率。公路养护机械化是行业实现转型的基础，是行业先进生产力的标志。近年来农村公路的上等级化，油路化的发展形势已经表明，传统的锄头、粪箕、推车等生产工具不能适应沥青、水泥路面养护，必须使用先进的设备才能保证养护的时效和质量。在农村公路养护上，要按照资源整合的思路，综合利用好目前国省干线公路机械化养护设备，推进养护工作机械化进程，逐步实现路面养护机械化。

“通、平、美、绿、安”是公路管理养护工作的发展目标，要重视农村公路的绿化。公路绿化具有稳固路基、保护路面、延长沥青路面的使用年限、降低公路养护成本、美化路容、诱导汽车安全行驶、保护环境、减轻噪声等功能。随着社会的不断进步和农村公路快速发展，建设一批畅通、洁净、优美的农村绿色生态景观通道，成了广大人民群众的迫切需要。各级公路部门要从探索新农村建设新途径高度，去认识农村公路绿化的重要性，以满足交通功能要求为主，兼顾景观舒适性、生态适应性以及经济实用性为原则，抓好农村公路绿化工作，使农村公路成了乡间的一道亮丽风景线。

三是要做好农村公路管养基础管理方面的指导工作。在公路管养基础管理方面，要以充分发挥公路基础设施服务功能为出发点，加大管理职责落实力度，全面提高公路管理水平。其重点是管理制度的建立健全和管理措施的落实、创新。因此：

一方面，要以管理科学化为目标，不断提高公路管养的效率和水平。各级公路管养部门要强化管理职能和服务理念，改进管理方式，不断提高公路管理的效率和水平。要建立健全以计划、财务、安全和养护质量为代表的公路管养各项制度，做到公路管养工作有规可依，不断推进管理科学化进程。同时，抓好各项制度和措施的落实，不断创新农村公路养护管理机制。

另一方面，要抓好公路管养队伍建设工作。把人才培养的重点放在提高人才的素质和能力上，建立一支结构优化、服务意识强、职业素养高的公路管养队伍，提高公路管养队伍的综合素质。要以增强行业凝聚力为目标，抓好公路行业文化建设工作，不断创新行业文明创建的载体，丰富行业文化内涵。

三来年，全省农村公路管养体制改革的成效是明显的，基本实现了“理顺体制，建立机制”的目标。但我们必须清醒地认识到，农村公路管养体制改革是进入 21 世纪交通运输行业的重大事件，必定会对农村公路的科学发展产生重大影响，必定会对整个交通运输行业的科学发展产生重大影响，必定会对农民、农业和农村问题的解决产生重大影响，必定会对整个经济和社会发展产生重大影响。改革方案的全面实施对于农村公路管养来讲只是一个开始，改革确立的管养体制，要靠符合实际的管养机制来维护；管养体制的优越性，要靠管养的高效率、高质量来体现。因此，全省各级党委、政府和交通部门要本着“强化主体责任，巩固改革成果，提升服务能力”的宗旨，坚定不移地强化以县为主体的管养体制，根据公路行业发展现代化的要求，与时俱进地创新机制，全力提高农村公路服务国民经济发展，服务社会主义新农村建设，服务农民群众出行的能力。